U0295407

国家出版基金项目
NATIONAL PUBLICATION FOUNDATION

"十四五"国家重点图书出版规划项目
核能与核技术出版工程

先进核反应堆技术丛书（第二期）
主编 于俊崇

高通量工程试验堆及其应用

High Flux Engineering Test Reactor and Its Applications

孙寿华　赵　光
唐锡定　赵　鹏　编著

上海交通大学出版社
SHANGHAI JIAO TONG UNIVERSITY PRESS

内容提要

　　本书为"先进核反应堆技术丛书"之一。主要内容包括世界上主要的高通量研究堆概况,我国自主设计、建设的高通量工程试验堆的建设背景、设计特征、主要系统设备、运行和应用情况,在高通量工程试验堆上研发出的核燃料和材料的典型辐照考验、放射性同位素辐照生产、单晶硅嬗变掺杂、反应堆老化评价和延寿等技术。本书可供相关院校研究者、研究生、本科生以及核行业设计、建造、运行、管理人员等阅读和参考。

图书在版编目(CIP)数据

　　高通量工程试验堆及其应用/ 孙寿华等编著.
上海：上海交通大学出版社,2025.1. --(先进核反应堆
技术丛书). -- ISBN 978 - 7 - 313 - 30916 - 7
　　I. TL411
　　中国国家版本馆 CIP 数据核字第 2024LZ2354 号

高通量工程试验堆及其应用

GAO TONGLIANG GONGCHENG SHIYANDUI JI QI YINGYONG

编　　著:	孙寿华　赵　光　唐锡定　赵　鹏		
出版发行:	上海交通大学出版社	地　　址:	上海市番禺路 951 号
邮政编码:	200030	电　　话:	021 - 64071208
印　　制:	苏州市越洋印刷有限公司	经　　销:	全国新华书店
开　　本:	710 mm×1000 mm　1/16	印　　张:	25
字　　数:	420 千字		
版　　次:	2025 年 1 月第 1 版	印　　次:	2025 年 1 月第 1 次印刷
书　　号:	ISBN 978 - 7 - 313 - 30916 - 7		
定　　价:	208.00 元		

先进核反应堆技术丛书

编 委 会

主 编

于俊崇（中国核动力研究设计院，研究员，中国工程院院士）

编 委（按姓氏笔画排序）

王丛林（中国核动力研究设计院，研究员级高级工程师）

刘　永（核工业西南物理研究院，研究员）

刘天才（中国原子能科学研究院，研究员）

刘汉刚（中国工程物理研究院，研究员）

孙寿华（中国核动力研究设计院，研究员）

杨红义（中国原子能科学研究院，研究员级高级工程师）

李　庆（中国核动力研究设计院，研究员级高级工程师）

李建刚（中国科学院等离子体物理研究所，研究员，中国工程院院士）

余红星（中国核动力研究设计院，研究员级高级工程师）

张东辉（中核霞浦核电有限公司，研究员）

张作义（清华大学，教授）

陈　智（中国核动力研究设计院，研究员级高级工程师）

罗　英（中国核动力研究设计院，研究员级高级工程师）

胡石林（中国原子能科学研究院，研究员，中国工程院院士）

柯国土（中国原子能科学研究院，研究员）

姚维华（中国原子能科学研究院，研究员级高级工程师）

顾　龙（中国科学院近代物理研究所，研究员）

柴晓明（中国核动力研究设计院，研究员级高级工程师）

徐洪杰（中国科学院上海应用物理研究所，研究员）

霍小东（中国核电工程有限公司，研究员级高级工程师）

总　　序

　　人类利用核能的历史可以追溯到 20 世纪 40 年代,而核反应堆这一实现核能利用的主要装置,即于 1942 年诞生。意大利著名物理学家恩里科·费米领导的研究小组在美国芝加哥大学体育场取得了重大突破,他们使用石墨和金属铀构建起了世界上第一座用于试验可控链式反应的"堆砌体",即"芝加哥一号堆"。1942 年 12 月 2 日,该装置成功地实现了人类历史上首个可控的铀核裂变链式反应,这一里程碑式的成就为核反应堆的发展奠定了坚实基础。后来,人们将能够实现核裂变链式反应的装置统称为核反应堆。

　　核反应堆的应用范围甚广,主要可分为两大类:一类是核能的利用,另一类是裂变中子的应用。核能的利用进一步分为军用和民用两种。在军事领域,核能主要用于制造原子武器和提供推进动力;而在民用领域,核能主要用于发电,同时在居民供暖、海水淡化、石油开采、钢铁冶炼等方面也展现出广阔的应用前景。此外,通过核裂变产生的中子参与核反应,还可以生产钚-239、聚变材料氚以及多种放射性同位素,这些同位素在工业、农业、医疗、卫生、国防等许多领域有着广泛的应用。另外,核反应堆产生的中子在多个领域也得到广泛应用,如中子照相、活化分析、材料改性、性能测试和中子治癌等。

　　人类发现核裂变反应能够释放巨大能量的现象以后,首先研究将其应用于军事领域。1945 年,美国成功研制出原子弹;1952 年,又成功研制出核动力潜艇。鉴于原子弹和核动力潜艇所展现出的巨大威力,世界各国竞相开展相关研发工作,导致核军备竞赛一直持续至今。

　　另外,由于核裂变能具备极高的能量密度且几乎零碳排放,这一显著优势使其成为人类解决能源问题以及应对环境污染的重要手段,因此核能的和平利用也同步展开。1954 年,苏联建成了世界上第一座向工业电网送电的核电站。随后,各国纷纷建立自己的核电站,装机容量不断提升,从最初的 5 000 千瓦发展到如今最大的 175 万千瓦。截至 2023 年底,全球在运行的核电机组总数达到了 437 台,总装机容量约为 3.93 亿千瓦。

核能在我国的研究与应用已有 60 多年的历史,取得了举世瞩目的成就。

1958 年,我国建成了第一座重水型实验反应堆,功率为 1 万千瓦,这标志着我国核能利用时代的开启。随后,在 1964 年、1967 年与 1971 年,我国分别成功研制出了原子弹、氢弹和核动力潜艇。1991 年,我国第一座自主研制的核电站——功率为 30 万千瓦的秦山核电站首次并网发电。进入 21 世纪,我国在研发先进核能系统方面不断取得突破性成果。例如,我国成功研发出具有完整自主知识产权的压水堆核电机组,包括 ACP1000、ACPR1000 和 ACP1400。其中,由 ACP1000 和 ACPR1000 技术融合而成的"华龙一号"全球首堆,已于 2020 年 11 月 27 日成功实现首次并网,其先进性、经济性、成熟性和可靠性均已达到世界第三代核电技术的先进水平。这一成就标志着我国已跻身掌握先进核能技术的国家行列。

截至 2024 年 6 月,我国投入运行的核电机组已达 58 台,总装机容量达到 6 080 万千瓦。同时,还有 26 台机组在建,装机容量达 30 300 兆瓦,这使得我国在核电装机容量上位居世界第一。

2002 年,第四代核能系统国际论坛(Generation IV International Forum,GIF)确立了 6 种待开发的经济性和安全性更高、更环保、更安保的第四代先进核反应堆系统,它们分别是气冷快堆、铅合金液态金属冷却快堆、液态钠冷却快堆、熔盐反应堆、超高温气冷堆和超临界水冷堆。目前,我国在第四代核能系统关键技术方面也取得了引领世界的进展。2021 年 12 月,全球首座具有第四代核反应堆某些特征的球床模块式高温气冷堆核电站——华能石岛湾核电高温气冷堆示范工程成功送电。

此外,在聚变能这一被誉为人类终极能源的领域,我国也取得了显著成果。2021 年 12 月,中国"人造太阳"——全超导托卡马克核聚变实验装置(Experimental and Advanced Superconducting Tokamak,EAST)实现了 1 056 秒的长脉冲高参数等离子体运行,再次刷新了世界纪录。

经过 60 多年的发展,我国已经建立起涵盖科研、设计、实(试)验、制造等领域的完整核工业体系,涉及核工业的各个专业领域。科研设施完备且门类齐全,为满足试验研究需要,我国先后建成了各类反应堆,包括重水研究堆、小型压水堆、微型中子源堆、快中子反应堆、低温供热实验堆、高温气冷实验堆、高通量工程试验堆、铀-氢化锆脉冲堆,以及先进游泳池式轻水研究堆等。近年来,为了适应国民经济发展的需求,我国在多种新型核反应堆技术的科研攻关方面也取得了显著的成果,这些技术包括小型反应堆技术、先进快中子堆技术、新型嬗变反应堆技术、热管反应堆技术、钍基熔盐反应堆技术、铅铋反应堆技术、数字反应堆技术以及聚变堆技术等。

在我国,核能技术不仅得到全面发展,而且为国民经济的发展做出了重要贡献,并将继续发挥更加重要的作用。以核电为例,根据中国核能行业协会提供的数据,2023 年 1—12 月,全国运行核电机组累计发电量达 4 333.71 亿千瓦·时,这相当于减少燃烧标准煤 12 339.56 万吨,同时减少排放二氧化碳 32 329.64 万吨、二氧化硫 104.89 万吨、氮氧化物 91.31 万吨。在未来实现"碳达峰、碳中和"国家重大战略目标和推动国民经济高质量发展的进程中,核能发电作为以清洁能源为基础的新型电力系统的稳定电源和节能减排的重要保障,将发挥不可替代的作用。可以说,研发先进核反应堆是我国实现能源自给、保障能源安全以及贯彻"碳达峰、碳中和"国家重大战略部署的重要保障。

随着核动力与核技术应用的日益广泛,我国已在核领域积累了丰富的科研成果与宝贵的实践经验。为了更好地指导实践、推动技术进步并促进可持续发展,系统总结并出版这些成果显得尤为必要。为此,上海交通大学出版社与国内核动力领域的多位专家经过多次深入沟通和研讨,共同拟定了简明扼要的目录大纲,并成功组织包括中国原子能科学研究院、中国核动力研究设计院、中国科学院上海应用物理研究所、中国科学院近代物理研究所、中国科学院等离子体物理研究所、清华大学、中国工程物理研究院以及核工业西南物理研究院等在内的国内相关单位的知名核动力和核技术应用专家共同编写了这套"先进核反应堆技术丛书"。丛书内容包括铅合金液态金属冷却快堆、液态钠冷却快堆、重水反应堆、熔盐反应堆、新型嬗变反应堆、多用途研究堆、低温供热堆、海上浮动核能动力装置和数字反应堆、高通量工程试验堆、同位素生产试验堆、核动力设备相关技术、核动力安全相关技术、"华龙一号"优化改进技术,以及核聚变反应堆的设计原理与实践等。

本丛书涵盖的重大研究成果充分展现了我国在核反应堆研制领域的先进水平。整体来看,本丛书内容全面而深入,为读者提供了先进核反应堆技术的系统知识和最新研究成果。本丛书不仅可作为核能工作者进行科研与设计的宝贵参考文献,也可作为高校核专业教学的辅助材料,对于促进核能和核技术应用的进一步发展以及人才培养具有重要支撑作用。我深信，本丛书的出版，将有力推动我国从核能大国向核能强国的迈进，为我国核科技事业的蓬勃发展做出积极贡献。

于俊崇

2024 年 6 月

前　言

核反应是人类 20 世纪最为激动人心的发现之一。1932 年英国物理学家查德威克发现了中子,1938 年人类又发现铀原子核被中子轰击时会发生裂变现象,裂变反应在释放巨大能量的同时会释放 2~3 个中子,这些发现让人类很快意识到产生链式裂变反应并利用核裂变能的可能。

1942 年意大利著名物理学家费米教授领导的研究小组在美国芝加哥大学体育场建成了世界上第一个可控的链式裂变装置——核反应堆,人类从此进入核能利用的新纪元。1952 年美国研制成功核动力潜艇,1954 年苏联研制成功世界上第一座向工业电网送电的核电站。

核裂变的主要产物是热能和中子、γ 射线,通常将利用热能作为主要目的的反应堆称为动力堆,将利用中子、γ 射线作为主要目的的反应堆称为研究堆。反应堆的寿命主要取决于其结构材料耐中子、γ 射线的辐照能力,新型材料在应用于动力堆之前必须在研究堆中进行耐中子、γ 射线能力的考验,出于加速核能发展的需要就必须建设中子通量水平比动力反应堆高 1 个数量级左右的反应堆——高通量研究堆。高通量研究堆除了用于核燃料和材料辐照考验以外,还可用于生产放射性同位素。放射性同位素已是工业、农业、医学、环保、军事、航天等领域的重要原材料,现广泛用于无损检测、疾病诊断、癌症治疗、育种、食品灭菌、害虫防治、深空探测等领域。

我国于 1979 年建成了高通量工程试验堆(high flux engineering test reactor, HFETR),该堆工程代号为 49-3,因此又称为 49-3 堆。HFETR 是我国自主设计、建造的第一座大型压壳式研究堆,以动力堆燃料组件、堆用材料辐照考验为主,兼顾高比活度放射性同位素的生产,设计功率为 125 MW,最高热中子注量率(中子通量水平用中子注量率表示)达 6.2×10^{14} cm^{-2} · s^{-1},最高快中子注量率达 1.7×10^{15} cm^{-2} · s^{-1},建成时中子通量水平居世界第三、亚洲第一,其建成标志着我国核反应堆工程技术达到了一个新的水平。

该反应堆自建成以来,承担了我国绝大部分燃料组件、堆用结构材料的辐照试验,以及数十种同位素的研发和生产,是我国独立自主地研究、设计、建造核动力装置及核电站和进一步发展核科学技术的重要手段和研发平台。

本书对 HFETR 的概况进行介绍,并总结 HFETR 在 40 余年的运行中完成的一系列物理实验、辐照试验、辐照后检验、辐照生产同位素等应用情况和技术,为读者呈现了该反应堆的全貌,也是对该反应堆应用的一个全面总结,希望能为后续高通量反应堆等工程试验堆的设计、调试、运行、应用等提供参考。

本书的写作框架和大纲由孙寿华、赵光、赵鹏提出并审定,各章撰写人员如下:第 1 章,何川、赖立斯;第 2 章,王亚军、陈艺元;第 3 章,刘鹏、王江文;第 4 章,蔡文超、韩良文、王宏业、刘文磊;第 5 章,唐锡定、操节宝;第 6 章,宋霁阳、熊飞飞;第 7 章,杨文华、斯俊平、孙胜、赵文斌;第 8 章,李波、胡映江、曹骐;第 9 章,宋雨鸽;第 10 章,温榜、冯伟伟、潘荣剑;第 11 章,刘登奎、王建强、何琳;第 12 章,漆明森、王玮;第 13 章,康长虎;第 14 章,邓云李、李松发;附录,田晓瑞、吴红伟。

在本书的撰写过程中,许余、陈启兵、李子彦、许莉、彭军等提供了很多帮助,在此表示感谢。

作者虽长期从事高通量工程试验堆安全运行及应用技术研究工作,但由于水平和知识面的局限,难免有疏漏之处,敬请读者批评指正。

目　　录

第 1 章
高通量研究堆概述

核能(或称原子能)是指通过原子核反应而释放的能量。科学家自 19 世纪末起,逐渐揭开了原子核的神秘面纱,人类自此便拉开研究和利用核能的序幕:

1895 年,伦琴发现了 X 射线。

1896 年,贝可勒尔发现了放射性。

1897 年,汤姆孙在研究阴极射线时发现电子。

1898 年,居里夫人发现了放射性元素钋与镭。

1905 年,爱因斯坦提出质能方程。

1919 年,卢瑟福发现了质子。

1932 年,查德威克发现了中子。

1938 年,哈恩用中子轰击铀原子核,发现了核裂变现象。

1942 年 12 月 2 日,由费米领导的小组在美国芝加哥大学成功启动了世界上第一座核反应堆,即芝加哥一号堆(Chicago Pile-1,CP-1),成为人类利用核能时代的开端。

反应堆是指能够维持可控自持链式核裂变反应的装置,根据用途可将反应堆分为研究堆和动力堆。

动力堆一般指将核裂变产生的热能用于动力推进、发电、供热等的反应堆。人类第一次实现核能发电是在 1951 年 12 月 20 日,美国爱达荷州国家反应堆试验站(爱达荷国家实验室的前身)建造的实验增殖反应堆 I 号(EBR - I)发出了只够点亮实验室的 4 只 150 W 灯泡的电力,后来经过改进,最终可为整个实验室供电。1954 年,苏联建成世界上第一座核电站,该核电站作为第一代核能系统之一,其利用浓缩铀作为燃料、石墨作为慢化剂、水作为冷却剂,电功率为 5 000 kW。随着技术的更新迭代,世界各国相继发展出第二代、第三代核能系统,目前正在研发第四代核能系统。

研究堆是利用堆芯中子或 γ 射线来进行科学研究的设施,其大致分为两类。一类是中子源用堆,其热中子注量率一般在 10^{13} cm^{-2} · s^{-1} 数量级,能在堆物理、材料、化学、同位素、医学、工业技术和教学培训等广泛领域开展研究工作;另一类是高通量反应堆,也称为工具堆,其中子注量率一般在 10^{14} cm^{-2} · s^{-1} 数量级及以上,这类堆最初是为核电反应堆研发提供基础测试数据而建造的[1]。

研究堆相比于动力堆,其系统更简单,运行温度较低,需要的燃料更少,随着燃料的使用而积累的裂变产物也要少得多;研究堆的燃料采用比核电站富集度更高的铀,通常为富集度高达 20% 的 ^{235}U,称为高丰度低浓铀(high-assay low-enriched uranium,HALEU)。目前,仍有一些较老的研究堆使用 ^{235}U 富集度超过 90% 的高浓铀燃料(high enriched uranium,HEU)。

从 1942 年美国建造第一座研究堆 CP-1,到 1970 年代开始蓬勃发展至今,全球研究堆经历了 80 多年的发展历程。当今世界一半在运行的研究堆寿期已超过 40 年,70% 左右的研究堆寿期超过 30 年。到了今天,研究堆的用途愈加广泛,主要在以下领域应用:教育和培训、核燃料及材料辐照考验、中子活化分析、放射性同位素生产、地质年代学、嬗变、中子照相、材料结构研究、瞬发伽马中子活化分析、正电子源、中子俘获疗法、测试等[2-3]。因此,在新时代的研究堆设计中,主要有以下发展方向。

(1) 以某些功能为主,做到一堆多用。当前研究堆都朝着提高堆的性能,扩大堆的使用范围和功能,尽量减少堆运行费用的方向发展。当今世界,科学技术发展的速度不断加快,因此就更需要多功能、多用途的新堆型出现。但若用途过多则没有主次,会带来一些难以解决的问题,因此最好能做到以某些功能为主,兼顾一堆多用[4]。

(2) 使用高通量紧凑堆芯。进入 20 世纪 80 年代,美国、德国、日本等国相继开展降低研究堆燃料富集度的研究工作,为了补偿 ^{235}U 富集度的降低,必须大幅度提高燃料的铀密度,使相同体积的堆芯包含更多的 ^{235}U。计算表明,对于紧凑堆芯,^{235}U 富集度由 93%(高富)降到 45%(中富),就需要把铀的密度从 2.8 g/cm^3 增加到 6.5 g/cm^3。随着燃料制造工艺的逐步发展,出现了新型燃料 U$_x$Si$_y$-Al,为降低铀富集度创造了条件,使研究堆的发展进入一个新的水平,并影响了世界上高通量研究堆发展的趋势,即中子束流堆、倒中子陷阱堆逐渐成为主流,并出现了高通量紧凑堆芯[4]。

（3）提高安全性。① 研究堆运行状态变化多,并且运行人员要较多地接近堆芯和实验设备,人为因素是影响研究堆安全的特别重要的因素,因此应适当提高新堆的自动化水平,以尽量减少对运行人员的依赖;② 新堆应尽量具备两套独立的停堆系统,把"未能停堆事故"的概率降至最低;③ 设计时应使反应堆具有较高的内在安全性和较大的负反应性温度系数,使反应堆具有较强的自我保护能力;④ 尽量采用非能动安全系统和可靠的余热排出系统[4]。

（4）发展第四代快堆。目前,世界上缺乏快堆研究能力,特别是对于第四代反应堆开发的快中子材料测试。世界上几乎所有的研究堆都是热慢中子堆,俄罗斯季米特洛夫格勒的钠冷快中子实验反应堆 BOR-60 是唯一的快中子研究堆,于 1968 年首次达到临界状态(简称首次临界),退役后将被多用途钠冷快中子研究堆(MBIR)取代,其辐照能力是 BOR-60 的 4 倍。2018 年 2 月,美国众议院通过的一项两党法案授权 20 亿美元用于建造"多功能试验堆(versatile test reactor, VTR)快中子源",该快中子源应作为"国家用户设施(the nuclear science user facilities, NSUF)"运行,用于"开发至少 300 MW 的先进反应堆设计、材料和核燃料"[5]。

（5）燃料低浓化[1]。研究堆燃料比动力反应堆燃料富集度更高(现在通常约为 20%,为高丰度低浓铀,最高铀富集度或大于 90%),这意味着具有较少的 ^{238}U,因此使用的燃料具有较少的锕系元素和较低的放射性衰变热量。裂变产物的比例与用过的动力反应堆燃料没有太大区别。燃料组件通常是铀铝合金板或圆柱体。浓缩程度更高,一个研究堆只需要几公斤的铀,而动力堆可能需要一百吨铀。研究堆通常在低温下运行(冷却剂温度低于 100 ℃),但在其他方面运行条件很苛刻。虽然动力反应堆燃料以约 5 kW/cm^3 的功率密度运行,但研究堆燃料在燃料芯体中可能为 17 kW/cm^3。此外,燃耗要高得多,因此燃料必须承受裂变造成的结构损坏,并容纳更多的裂变产物。

高浓铀(HEU,^{235}U 富集度大于 20%)允许更紧凑的堆芯,具有高中子注量率和更长的换料周期。因此,直到 20 世纪 70 年代末,许多反应堆都使用 HEU 燃料,大多数最先进的反应堆都采用富集度大于 90% 的 HEU 燃料。共有 171 座研究堆使用高浓铀堆芯建造,到 2022 年,其中的 71 座已转换为使用低浓铀(low enriched uranium, LEU),但 28 座已关闭。自 20 世纪 70 年代初以来,对安全问题的关切有所增加,特别是因为许多研究堆位于大学或其他民用地点,其安全性远低于存在大量高浓铀的军事武器设施。自 1978 年以来,只有一座反应堆,即德国伽兴的慕尼黑研究堆Ⅱ(FRM-Ⅱ)是用高浓铀燃料建造的,目前已有 20 多座研究堆转为使用低浓铀燃料[6]。

1.1 高通量研究堆的现状

在核能科学领域,高通量研究堆是一种非常重要的工程试验堆,具有较高的中子通量水平,堆内通常有多个不同的辐照空间和特殊辐照设施,可用于先进动力堆、研究堆的研发,或用于材料、化学、同位素、医学等领域的辐照研究工作。高通量研究堆是反应堆核燃料、核材料研究的核心,能够促进核能科学、尖端材料和燃料的研发,为满足国家对安全可靠的能源资源需求和环境保护提供了有力的基础。

高通量研究堆主要有以下作用。

(1)支持核科学基础和应用技术的研发。

(2)为现役反应堆和未来先进反应堆的新燃料、新材料的研发提供测试和验证平台。

(3)支持设计和建造新型动力堆、研究堆、聚变堆及特种堆等。

(4)开展反应堆工程技术研究,促进新分析模型的研究和验证,以改善现有核能系统。

(5)为医药、科研、工业领域生产放射性同位素。

高通量研究堆是发展核动力的重要设备,各发达国家都拥有一座甚至数座这样的试验堆,特别是 20 世纪 50 年代和 60 年代中期是建造这种堆的高峰。现在大型核电站的堆型逐渐集中到以轻水堆为主,其中压水堆型已占主导地位,这些成就与在高通量研究堆上进行的研究试验密切相关。至今,高通量研究堆仍在各种新型反应堆的研究及已有堆的安全运行和提高经济效益等方面,起着关键性的指导作用。

与美国、俄罗斯、欧洲相比,我国在高通量研究堆领域的差距主要体现在以下几个方面。

(1)高通量研究堆数量较少。

(2)我国在役高通量研究堆的快/热中子注量率水平、辐照能力与美国、俄罗斯有明显差距。美国、俄罗斯在运行的高通量研究堆实际中子注量率水平已经达到 2.0×10^{15} cm^{-2} · s^{-1} 甚至更高,在建的已经达到 5.0×10^{15} cm^{-2} · s^{-1} 及以上,在研的已经达到 1.0×10^{16} cm^{-2} · s^{-1} 及以上;由于多种原因,我国在运行的高通量研究堆实际中子注量率低于 1.0×10^{15} cm^{-2} · s^{-1}。

（3）中子能谱及辐照环境单一。我国在役试验研究堆主要是以热中子能谱为主的水冷堆,对于有快中子能谱需求的材料辐照能力单孔道仅约 5 dpa/a[①]。

（4）配套试验设施少且性能偏低。随着核能发展及新型反应堆研发任务大幅增加,在役试验研究堆的在线测量系统、辐照试验回路、辐照后性能测试等配套设施,已无法满足瞬态行为模拟实验、典型工况模拟实验、特殊核材料与核燃料研发等科研任务的需求。

（5）核燃料及材料的辐照监测及检测技术差距明显,我国亟待加强辐照测试平台及能力建设。

1.2　高通量研究堆的发展趋势

目前,世界上高通量研究堆以轻水冷却慢化的热中子反应堆为主,只有俄罗斯的 BOR-60 为快堆[7]。

美国能源部核能开发管理办公室针对先进核能系统的革新型核燃料及材料的辐照测试需求进行了全面评估,于 2018 年 12 月公布了相关研究报告。图 1-1 给出了先进核能系统材料及核燃料辐照测试需求,现役Ⅲ代核电厂的

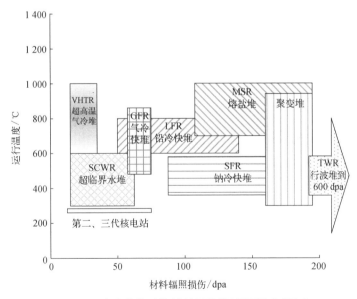

图 1-1　先进核能系统材料及核燃料辐照测试需求

---

① "dpa"指原子平均离位,在业内常用于表示材料辐照损伤的单位。

核心结构材料需要承受 80 dpa 的辐照损伤,铅冷/铅铋快堆需要承受高达 50～150 dpa 的辐照损伤,钠冷快堆核心结构材料需要承受 100～200 dpa 的辐照损伤,聚变堆核心结构材料辐照损伤达到 160～200 dpa 及以上。

核燃料及材料辐照测试能力主要由反应堆中子注量率水平决定,中子注量率水平越高,辐照测试能力越强,核燃料及材料的辐照测试时间则越短,可显著提高先进核能及核技术的研发进度。

高通量研究堆不仅要承担核燃料及材料的辐照考验与性能测试等科研任务,还要承担第四代及未来先进核能系统关键技术集成验证等重大使命。因此,各国都在对现有高通量研究堆进行技术改造,以满足多种类型的辐照试验任务。

然而,在下一代先进试验堆、第四代及先进核能系统、聚变反应堆及其他革新型反应堆领域,目前运行的高通量研究堆面临着先进核燃料及材料辐照能力不足、缺乏超热谱及快谱辐照环境及条件、无法开展反应堆瞬态及典型事故工况核燃料及材料行为模拟试验等问题。

为了支持将来多种类型反应堆的研究与建设,新建一座功能强大、专用的基础研究设施来进行各种必要的测试是十分重要的,可以提高反应堆燃料和材料的性能和安全性,以及验证潜在的新燃料和新材料。

目前,美国、俄罗斯等核大国及经济强国,为了抢占世界核能及核技术的领导地位,都投入巨资,大力开发建设功能强大的高通量多功能堆综合研究设施,如美国的 VTR、俄罗斯的 MBIR 等,中子注量率已达到 5.3×10^{15} cm^{-2} · s^{-1} 及以上[8],并具备大幅提升的条件。

为了适应核能科学的发展,下一代的高通量研究堆应该具有以下发展趋势。

(1) 向多功能、多用途方向发展,提高反应利用效率,除了设置辐照孔道外,还要建设多条大型试验回路系统。

(2) 向冷却能力更强的金属冷却快中子反应堆方向发展,堆芯及试验回路的最大中子注量率水平需在现有高通量研究堆水平上实现质的飞跃。

1.3　世界各国高通量研究堆概况

世界上在运行的高通量研究堆中,中子注量率最高的反应堆为俄罗斯国家原子能公司(ROSATOM)的 SM-3,最大热中子注量率为 5.0×10^{15} cm^{-2}·s^{-1},最大快中子注量率为 2.0×10^{15} cm^{-2}·s^{-1},始建于 1958 年 1 月,于 1961 年 1 月 10 日首次临界。目前,美国运行的高通量研究堆中,能提供最高稳态中子注量率的反应堆是美国能源部(US DOE)橡树岭国家实验室(ORNL)的高通量同位素堆(high flux isotope reactor,HFIR),最大热中子注量率为 2.5×10^{15} cm^{-2}·s^{-1},最大快中子注量率为 1.0×10^{15} cm^{-2}·s^{-1},始建于 1961 年 7 月,并于 1966 年 8 月首次临界[7]。

世界上的高通量研究堆主要用于核燃料、堆用结构材料的辐照考验,如美国的先进试验堆(ATR)。ATR 是美国能源部(DOE)爱达荷国家实验室(INL)试验堆区(TRA)建造的第三代试验堆,目的是研究高强度中子和伽马(γ)辐射对反应堆材料和燃料的影响。ATR 最大功率为 250 MW,目前以110 MW 的功率运行,于 1967 年开始投入运行,已开发出了大量利用 ATR 能力的试验方法。ATR 被认为是世界上技术最先进的核试验反应堆之一,在反应堆运行周期内能提供恒定和可变的中子注量率,使反应堆内辐照条件能满足各方试验的需求,如美国政府、外国政府、私人研究者和商业公司对中子辐照试验的需求。ATR 堆芯包含 40 组燃料组件,在堆芯中以蜿蜒形式排列,由此产生了以 3×3 阵列排列的 9 个"通量阱"。燃料组件由焊在两片侧板之间的弧板(弧形板)组成,形成一个 45°角的扇形正柱体。ATR 目前服务于政府计划以及商用和国际研究,具有大型试验体积、大量试验位置、高注量率、可改变快中子注量率与热中子注量率比、恒定的轴向功率分布、功率斜升能力、个别试验控制、较高的反应堆利用率、频繁的试验变动、支持设施等能力[9]。

一部分高通量研究堆用于超铀元素生产,如美国的 HFIR。HFIR 是一座以铍作为反射层、轻水冷却和慢化的通量阱型反应堆,使用高浓缩^{235}U 作为燃料,HFIR 能产生平均 2.3×10^{15} cm^{-2}·s^{-1} 的热中子注量率,运行功率为 85 MW,是美国用于凝聚态物质研究的最高注量率的反应堆中子源,它提供了世界上最高的稳态中子注量率。HFIR 产生的热中子和冷中子主要用于研究物理、化学、材料、工程和生物学。1958 年 11 月,美国原子能委员会(AEC)决定在橡树岭国家实验室建设 HFIR,主要用于同位素研究和生产。自 1965 年首次投入使用以来,HFIR 的核心用途已扩大到包括材料、燃料和核聚变能源研究,以及用于医疗、核、探测器和安全目的的同位素生产和研究[10]。

有的高通量研究堆还可用于开展中子散射实验研究、中子核分析技术研究、非动力核应用技术研发等,如中国先进研究堆(China advance research reactor,CARR),CARR 是一座加压轻水冷却、重水反射的池式反应堆,核功率为 60 MW,最大热中子注量率为 8×10^{14} cm^{-2} · s^{-1},于 2010 年 5 月 13 日首次临界,位于中国原子能科学研究院。反应堆堆芯容器及堆内构件位于堆水池中央,在功率运行时,冷却剂由上向下强迫流动冷却堆芯。停堆后,堆芯靠冷却剂逆转形成自然对流冷却。堆芯容器及堆内构件主要功能是对燃料组件起定位、支撑作用,以及对控制棒组件和跟随体组件提供导向和冷却剂通道,对堆底小室进行屏蔽。CARR 作为多用途的研究堆,其主要目的是开展各种研究工作,包括核科学实验、反应堆工程技术研究、核技术的研发与应用等。CARR 最基本的应用设施是提供中子束流和中子辐照场的 9 条中子束流水平孔道和 26 个垂直辐照孔道。除此以外,其配套建设可用于出入堆运输所需的燃料、同位素、单晶硅工艺运输系统,热室及辐照后检验所需的设施,以及靶件辐照所需的配套冷却回路等[11]。

据 IAEA Research Reactor Database 显示(未完全统计),截至 2024 年 6 月,世界上在运行的高通量研究堆共有 40 座,还有一些高通量研究堆处于暂时停闭、退役、在建等状态,概况见表 1-1(未完全统计)。

表 1-1　世界主要高通量研究堆概况

国　家	设施名称	最大热中子注量率/(10^{14} cm^{-2} · s^{-1})	最大快中子注量率/(10^{14} cm^{-2} · s^{-1})	类型	热功率/MW	状态
中　国	HFETR	6.4	17	罐式	125	运行
	CARR	8	6	池罐式	60	运行
	CMRR	2.4	3.7	池式	20	运行
俄罗斯	PIK	45	8	罐式	100	运行
	MIR. M1	5	1	池式	100	运行
	WWR-TS	1	4.9	罐式	15	运行

（续表）

国　家	设施名称	最大热中子注量率/$(10^{14}\ cm^{-2}\cdot s^{-1})$	最大快中子注量率/$(10^{14}\ cm^{-2}\cdot s^{-1})$	类型	热功率/MW	状态
俄罗斯	BOR-60	2	37	罐式	60	运行
	SM-3	50	20	罐式	100	运行
美　国	ATR	10	5	罐式	250	运行
	NIST	4	2	重水堆	20	运行
	HFIR	25	10	罐式	85	运行
	MURR	6	1	池罐式	10	运行
法　国	JHR	7.3	6.4	池罐式	100	在建
	Osiris	2.7	2.6	池式	70	退役
	ILL High Flux Reactor	15	—	罐式	58.3	运行
澳大利亚	OPAL	2	2.1	池式	20	运行
比利时	BR2	3	10	池罐式	100	运行
捷　克	LVR-15 Rež	1.5	3	罐式	10	运行
印　度	HFRR	10	1.8	池式	40	计划建设
印度尼西亚	RSG-GAS	2.52	2.29	池式	30	运行
日　本	JMTR	4	4	池式	20	永久关闭
韩　国	HANARO	5	2.1	池式	30	运行
荷　兰	HFR	2.7	5	池罐式	45	运行
波　兰	MARIA	3.5	1	池式	30	运行

1.4　高通量工程试验堆概况

高通量工程试验堆(HFETR)是我国首座高通量研究堆,也是我国自主设计、建造的用于核燃料辐照考验、堆用材料辐照试验和同位素生产的一座大型压力壳型工程试验堆,兼顾核技术应用、人员培训。

在 20 世纪 60 年代,我国已经利用游泳池式反应堆和重水反应堆开展了一系列反应堆燃料和结构材料辐照效应的研究工作,但两种堆在中子注量率、辐照孔道尺寸以及厂房布局等方面都存在一定局限性。为了适应我国核电事业的发展规划和国家对高比活度同位素的需求,提出自主设计、建造我国首座高通量研究堆。1965 年,我国正式开展了高通量研究堆的研究工作,包括套管型燃料组件、铍组件以及堆物理、热工水力、结构力学等方面的预研。1968 年,HFETR 建造正式列为国家重点项目。1970 年初,HFETR 总体设计方案确定,同年 9 月通过国家订货会议,在全国 16 个省、市,200 多个厂、院、所落实了 3 万多台件的设备加工。1971 年,工程破土动工。1972 年,反应堆主厂房建成。1979 年,实现首次临界。1980 年底,实现高功率运行。

1.4.1　高通量工程试验堆组成和设计特点

HFETR 总体组成如图 1-2 所示。为满足反应堆运行、辐照试验需求,还配套建设了三废处理、辐照后检验热室、放化分析实验室、物理试验等设施。

反应堆和反应堆各系统主要分布在反应堆厂房、空压机厂房、通风中心厂房、3 个泵站中。其中,反应堆厂房是 HFETR 的核心厂房,布置有反应堆、反应堆主要工艺系统、热室、放化实验室等,由呈东西走向的三段组成,每段长度为 48 m。反应堆布置在反应堆厂房中段,反应堆控制室、辐照试验工艺间、辐照回路控制室、放射化学实验室等也布置其中。反应堆厂房另外两段分别为配套的热室、反应堆主要工艺系统所在厂房。

HFETR 在工程建设时,充分考虑了当时的国情和我国核能发展的需要,按照中子注量率高、节省核燃料、一堆多用、立足国内的基本原则进行设计。为使工程兼具设计上的先进性和建造上的现实性,在充分调研论证和多方案优选的基础上,确定了以高浓铀为燃料、轻水为慢化剂和冷却剂、铍为反射层、热功率为 125 MW 的压力壳型反应堆总体方案。

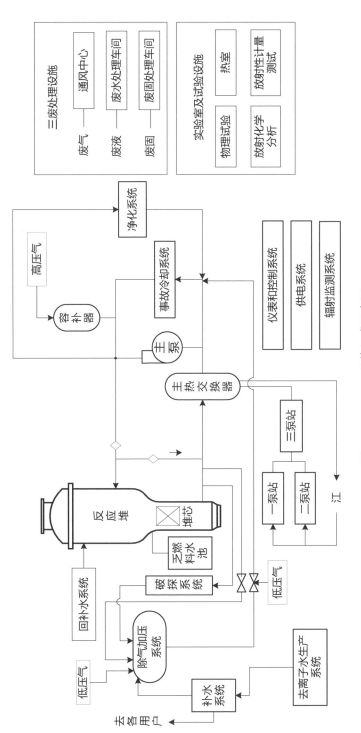

图 1 - 2　HFETR 总体组成示意图

建成的 HFETR 设计功率为 125 MW、最高热中子注量率为 6.2×10^{14} cm^{-2}·s^{-1}、最高快中子注量率为 1.7×10^{15} cm^{-2}·s^{-1}，采用轻水作为冷却剂和慢化剂，铍作为反射层，采用具有高富集度 ^{235}U 的多层薄壁套管型燃料组件。建成后，在反应堆功率、热中子注量率和快中子注量率方面与我国其他研究堆相比有数倍甚至成数量级的提高，从而增强了我国中子辐照研究的能力，成为亚洲最大的工程试验堆，在世界范围内也属于前列。经过堆芯低浓化改造后，HFETR 燃料组件 ^{235}U 富集度由 90% 改为 19.75%，部分参数发生变化，使用高、低浓铀燃料组件堆芯的主要参数列于表 1-2。

表 1-2 HFETR 高浓铀和低浓铀堆芯的主要参数

序号	参 数 名 称	高浓铀堆芯	低浓铀堆芯
1	堆功率/MW	125	125
2	最大快中子注量率/(cm^{-2}·s^{-1})	1.7×10^{15}	1.034×10^{15}
3	最大热中子注量率/(cm^{-2}·s^{-1})	6.2×10^{14}	3.61×10^{14}
4	^{235}U 富集度/%	90	19.75
5	反应堆入口主冷却剂温度/℃	50	50
6	反应堆入口压力/MPa	1.648	1.648
7	反应堆出口主冷却剂温度/℃	71	71
8	一炉运行寿期/d	20	30
9	堆芯 ^{235}U 装载/kg	7~18	25.6
10	最小临界质量(^{235}U)/kg	1.9	2.8
11	^{235}U 平均燃耗/%	34~45	55
12	燃料平均比功率(以 ^{235}U 计)/(kW·kg^{-1})	9 600	4 482.8
13	堆芯平均功率密度/(kW·L^{-1})	610	460
14	k_∞	1.78	1.51
15	k_{eff}	1.226	1.103

（续表）

序号	参　数　名　称		高浓铀堆芯	低浓铀堆芯
16	反应性温度系数($\Delta K/K^{①}$)/℃		-3×10^{-4}	-2.32×10^{-4}
17	平衡中毒 $\Delta K/K$		-0.05	-0.03
18	瞬发中子寿命/s		7.8×10^{-5}	2.369×10^{-5}
19	控制棒价值	安全棒组 $\Delta K/K$	0.067	0.024
20		补偿棒组 $\Delta K/K$	0.239	0.119
21		单根调节棒 $\Delta K/K$	0.0059	0.0047
22		全部控制棒 $\Delta K/K$	0.299	0.143
23	额定工况燃料组件最小烧毁比		1.95	2.70
24	燃料组件中冷却剂流速/(m·s^{-1})		10	6.95
25	燃料组件最大表面热负荷/(W·m^{-2})		3.68×10^{6}	2.324×10^{6}
26	燃料组件表面最高温度/℃		195	170.1
27	每盒燃料组件冷却流道面积/mm^{2}		1 561	1 561

注：① $\dfrac{\Delta K}{K}$ 是常用于表示反应性单位的符号，无量纲；1 pcm $= 10^{-5}\dfrac{\Delta K}{K}$。

HFETR 设计具有中子注量率高、多层套管型燃料组件、堆芯布置灵活、堆上部操作空间大、辐照孔道尺寸大、独立单元母管制的特点。

1）中子注量率高

为了获得较高水平的中子注量率，尽可能提高 HFETR 的辐照能力、缩短辐照周期，加快燃料和材料研制定型进度，在堆型的选择上对压力管型和压力壳型反应堆进行了比较。虽然压力管型反应堆没有大型压力容器，加工制造容易，但相比之下，压力壳型反应堆的结构材料较少、结构材料的中子吸收较少，且堆芯布置更紧凑，可达到更高的中子注量率；同时采用多层套管式的高浓铀燃料组件，进一步提升了反应堆中子注量率。

2）多层套管型燃料组件

HFETR 采用多层套管形式燃料组件，保证燃料组件具有良好的性能和结构稳定性。燃料组件主要部分由带燃料芯体的 6 层同心圆套管和不带芯体的内外同心 2 层套管(共有 8 层)组成,以增强其导热面积,尽量降低反应堆铀装量,提高堆芯中子注量率、体积比功率,具有放热面积大、组件表面流速高、结构简单、灵活等特点。同时,燃料组件中心快中子注量率高,其最内层套管可以更换为辐照件,进行材料辐照,增强了反应堆的辐照能力。

3) 堆芯布置灵活

堆芯按规则的三角点阵布置,栅格板上有 313 个栅孔,其中 18 个为控制棒占用,燃料组件、铝组件及非导管型的辐照件可在堆芯其余位置灵活布置。设计 9 个考验回路孔道,可根据实际需要启用,不用的孔道在装入填塞块后即恢复为一般的栅孔。小样品可利用燃料组件、铍组件、铝组件的中心孔进行辐照。通过燃料组件和铍组件在堆芯的不同布置,可以获得不同的中子能谱,以适应各种不同的考验要求。

4) 堆上部操作空间大

控制棒传动机构布置在压力容器下部,反应堆压力容器上部有较大空间,以供布置辐照装置,并便于堆芯换料操作。

5) 辐照孔道尺寸大

大尺寸辐照孔道有利于扩大辐照试验件的尺寸,从而更有利于模拟核电站燃料组件的实际状态。我国原有试验堆辐照孔道直径最大仅为 110 mm,HFETR 辐照孔道直径最大可达 230 mm,大多数孔道直径达 150 mm。

设计并安装有 2 个高温、高压燃料组件辐照考验回路,已圆满完成多项辐照试验。该堆不仅可为压水堆核电站开展辐照研究,而且也为高温气冷堆和钠冷快堆的实验研究预留了设备安装空间,同时在堆结构方面已为整体包装式的钠辐照回路预留了条件。

6) 独立单元母管制

主冷却系统母管上设置有 5 台主泵和 10 台主热交换器,1 台主泵和 2 台主热交换器组成 1 个单元,共分成 5 个单元,可以灵活选择 3～5 个单元投入运行。不同的主冷却系统运行方式可以满足不同辐照试验的需要,同时节省了运行成本。

HFETR 于 1979 年 7 月开始短路管调试,对主冷系统和与其相配套的系统及设备进行调试。1979 年 10 月,进行反应堆及主工艺系统的综合调试,完成了重要实验和测试,完成了设备整修及新增、制造、安装、调试,并于 1979 年 12 月 27 日首次临界。

1.4.2　高通量工程试验堆运行及应用情况

1980 年 9 月,进行零功率、低功率物理试验及提升功率试验。

1980 年 12 月 16 日,达到满功率运行。

1994 年 10 月,首次将高温高压考验回路辐照装置装入堆芯,开展辐照试验。

2000 年 4 月,HFETR 第一根低浓燃料组件入堆进行辐照考验。

2006 年 11 月,开始向低浓化堆芯过渡。

2007 年 1 月,实现全低浓燃料组件堆芯装载。

HFETR 是在 20 世纪 60 年代设计、70 年代建造的,是我国建造较早、运行历史较长的反应堆。为满足反应堆运行、安全性的需要,对 HFETR 进行了大量系统改造,主要包括 6 次集中技术改造和部分零散技术改造,这些改造解决了系统设备老化、设计不足的问题,选用工艺更佳、性能更好的设备,提高反应堆的安全性和运行稳定性,为实现 HFETR 长期高功率稳定运行奠定了基础。HFETR 改造主要从以下几个方面考虑。

1) 改造老化的设备

系统设备老化是每个设施均会面临的问题,一般通过检查、更换零部件确保设备状态以满足使用需求,但设备可维修性会不断降低,当设备维修成本较大时,就需使用新设备替换原设备。HFETR 上大量的技术改造均是为了解决设备老化问题,进行系统、设备更新,HFETR 上的这类改造主要涉及仪表、电机、蓄电池、电缆、电器柜等。

2) 适应新的安全标准

HFETR 在设计、建造时,我国尚未建立完善的核安全法律法规及研究堆监管体系,没有建立系统性核设施安全标准。随着我国核能事业的发展,安全标准不断完善,为适应相应安全标准,进行了大量的技术改造。比如,HFETR 建设时系统、设备未进行抗震鉴定、试验,1995 年完成反应堆厂房结构、设备及关键部件的追溯性抗震分析和安全评定,地震载荷取 7 度(对应加速度为 $0.125g$,g 为重力加速度),2005 年补充进行一些部件和系统的抗震分析和安全评定。2008 年"5·12"地震后,提高了评估标准,统一按 $0.15g$ 进行评估。2011 年福岛核事故发生后,与严重事故相关的系统和设备都按 $0.21g$ 进行抗震评价。2021 年,在运行许可证延续过程中,全面进行物项抗震分析。根据这些评估、分析结果,HFETR 通过技术改造满足抗震要求,典型改造方式为更换满足抗震要求的设备、增设设备抗震防护罩、采取措施降低表面载荷等。

3）新技术的应用

随着技术不断发展，采用新技术的设备具有更低的运行成本、更高的设备可靠性、可有效减轻人员劳动强度等优势，HFETR 也通过技术改造使新技术得到应用。比如：热工仪表原设计采用 DDZ-Ⅱ型，存在零点漂移、稳定性差等问题，后改用 SPEC-200 系统盘装仪表解决了此问题。随着技术进步，后又改用基于 FirmSys 平台的过程测量系统，进一步提高了系统稳定性；应急电源原使用的充电机组、可靠机组方式实现不间断供电，操作复杂、维护成本高，后替换为不间断电源装置（UPS）代替充电机组、可靠机组，更易于使用和维护。

此外，通过调试、试验发现 HFETR 原设计上存在的一些不足，于是进行了技术改造。比如主泵机械密封原采用单端面内装单弹簧平衡型机械密封，在使用中漏水量不满足要求，通过设计变更，这个问题得到了很好的解决，后续运行情况验证这些技术改造是成功的。在技术改造中不仅解决了 HFETR 的原有不足，同时也解决了部分设备因长期运行逐步老化的问题，使 HFETR 安全性得以保证并持续改进。

至今，HFETR 已安全运行 40 余年。随着核燃料和材料辐照考验、放射性同位素生产需求的不断增长，HFETR 同时利用设计预留的辐照孔道数最高达 10 个，同时堆内装入高温高压考验回路装置有 3 个，每年功率运行超过 240 天，运行业绩在世界研究堆中属于前列。

自 HFETR 运行以来，利用该堆开展了大量的试验研究、同位素辐照生产及辐照加工等工作。完成了数十种核燃料组件的辐照考验、反应堆用材料辐照试验，并利用附属热室、放化实验室完成辐照后检验、性能分析。另外，还利用 HFETR 进行了数十种高比活度医用和工业用同位素研发、单晶硅中子嬗变掺杂、γ 辐照试验等工作。

HFETR 的运行和利用极大地促进了我国核能与核技术的发展，取得了丰硕的科研成果，培养和锻炼了大批高素质的人才，推动了我国研究堆法律法规体系的建设和完善，对我国核能事业的发展做出了不可替代的重大贡献。

参考文献

[1] 张肇源. 高通量工程试验堆的特点、现状和应用[J]. 核动力工程,1985,6(6): 44-49.

［ 2 ］　National Research Council of the National Academies. Progress，challenges，and opportunities for converting U. S. and Russian Research Reactors［M］. Washington：The National Academies Press，2012.

［ 3 ］　International Atomic Energy Agency. The applications of research reactors［R］. Vienna：IAEA，2001.

［ 4 ］　王家英，董铎. 现代研究堆技术与安全发展的特点[J]. 清华大学学报(自然科学版)，1998,38(4)：117 - 118.

［ 5 ］　Heidet F，Roglans-Ribas J. Versatile test reactor conceptual core design［J］. Nuclear Science and Engineering，2022,196：23 - 37.

［ 6 ］　World Nuclear Association. Research reactors［EB/OL］.［2021 - 8 - 24］https：//world-nuclear. org/information-library/non-power-nuclear-applications/radioisotopes-research/research-reactors. aspx♯：～：text＝Research％20reactors％20comprise％20a％20wide％20range％20of％20civil，a％20neutron％20source％20for％20rese arch％20and％20other％20purposes.

［ 7 ］　International Atomic Energy Agency. Research reactor database（RRDB）［R/OL］.［2024 - 6 - 22］https：//nucleus. iaea. org/rrdb/♯/home.

［ 8 ］　仇若萌，马荣芳，郭慧芳，等. 俄罗斯多用途试验堆 MBIR 建设及发展规划［R］. 北京：中国核科技信息与经济研究院，2021.

［ 9 ］　Idaho National Laboratory. Advanced test reactor national scientific user facility users' guide［R］. State of Idaho：Idaho National Laboratory，2009.

［10］　Oak Ridge National Laboratory. High flux isotope reactor（HFIR）user guide［R］. State of Tennessee：ORNL，2011.

［11］　王玉林，朱吉印，甄建霄. 中国先进研究堆应用及未来发展[J]. 原子能科学与技术，2020,54(S1)：213 - 217.

第 2 章

反应堆本体

反应堆本体是高通量工程试验堆(HFETR)的核心设备,利用堆芯核燃料在中子的作用下发生裂变反应,形成高注量率中子场,为辐照试验和放射性同位素生产提供中子源和 γ 射线源,并提供冷却和辐照装置安装等条件。

HFETR 在设计、制造和建造阶段,研究堆工程设计的安全原则和设计准则既无国标也无部标可循,是无数老一辈科技工作者,集 16 个省、市及 200 多个厂、院之力,完成了 270 多项工程试验,攻克了大量核心技术难关,特别是突破了燃料组件、控制棒驱动机构和压力壳材料、尺寸、结构方面多项关键技术,才确定了如今的反应堆本体材料、结构、尺寸等。

2.1 总体结构

HFETR 反应堆主要由压力容器、燃料组件、控制棒、铍组件、铝组件、热屏蔽、围桶、栅格板、支撑和固定结构等组成,总高为 11.86 m,直径最大处为 3.2 m,结构如图 2-1 所示。

堆芯位于反应堆压力容器中部,由围桶、栅格板、铝填块、燃料组件、控制棒、辐照考验装置和铍组件(或铝组件)等部件构成,堆芯部件的自重和水力载荷通过栅格板和堆芯支架传到压力容器底板上,堆芯支架安装在压力容器底板上。堆芯部件被围桶环绕,安装在栅格板上,栅格板由 6 根圆管和 5 块环板组成的堆芯支架支撑。支承板由螺钉固定到堆芯支架中间的支承环上,支承板支撑着控制棒导管和控制棒齿轮齿条传动机构。围桶外面是由 4 层钢桶组成的内热屏蔽,内热屏蔽及水隙构成了铁-水屏蔽层,以降低压力容器壁的热应力和快中子注量率。

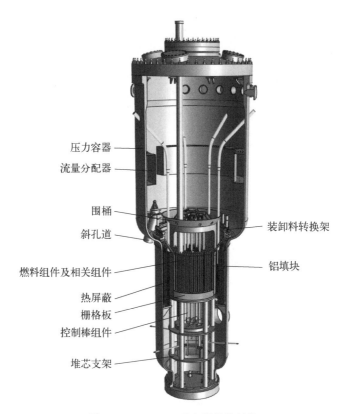

压力容器

流量分配器

围桶

斜孔道

燃料组件及相关组件

热屏蔽

栅格板

控制棒组件

堆芯支架

装卸料转换架

铝填块

图 2-1　HFETR 反应堆总体结构

堆芯有 313 个栅元,每根燃料组件、铍组件、铝组件均占据 1 个栅元,并可按需要布置和调换位置。18 根控制棒及辐照孔道在堆芯的位置是固定的,在堆芯栅格板上对辐照孔道的开孔设计了特殊结构,在不使用辐照孔道时,其位置可以恢复成普通栅元以布置燃料组件或铍、铝等组件。堆芯预留有 9 个考验回路的位置,同时还有材料试验孔道 2 个。此外,还在堆芯周围布置有 19 个电离室导管,用于安装测量中子注量的电离室,分内、外两层布置,内层 7 个,外层 12 个。堆芯栅元和孔道布置如图 2-2 所示。

一次水进、出口都位于压力容器一侧,一次水从压力容器上部进入,经入口处设置的流量分配器均匀分配后,通过其上下盖板的许多小孔均匀流入,从上往下流过堆芯,以免水直接冲击辐照孔道,再从压力容器下部的出口处流出。

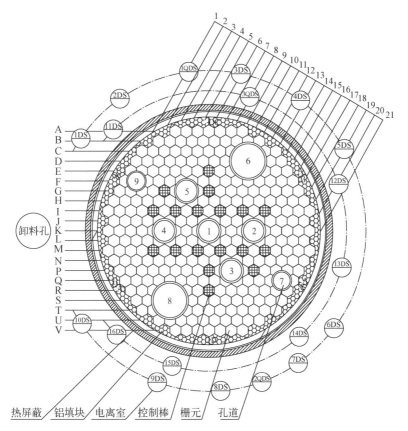

图 2-2   HFETR 堆芯栅元和孔道位置示意图

注：图中 1～9 数字是辐照孔道的编号。

2.2   压力容器

压力容器是反应堆一次水压力边界的重要组成部分，为反应堆提供冷却和其他运行条件，并为停堆后的各种操作提供条件，内部包容反应堆堆芯、慢化剂、冷却剂、反应性控制机构、辐照试验装置及其支撑机构等堆内部件和构件。

1）压力容器设计

考虑到 HFETR 堆芯燃料组件和考验件操作频繁，并且必须有适应各种任务变化的灵活性，压力容器结构方案设计如下：

（1）一次水在压力容器内从上向下以单流程流动；

（2）为了便于布置考验孔道、装置，并使堆顶有较大的操作空间便于换料操作，压力容器上部直径扩大，同时将控制棒驱动机构布置于压力容器下部；

（3）在压力容器上封头有 4 个椭圆操作孔，在平顶盖上设有辅助操作孔，使换料时不需要拆卸辐照孔道和打开封头的平顶盖；

（4）在压力容器的上部和中部间的过渡段设置斜孔道，打开后乏燃料水池与压力容器相通，便于燃料组件、铍组件等出入的操作；

（5）在压力容器上部和中部间的过渡段安装有装卸料转换架，在倒换料时，可将燃料组件、铍组件等临时放置其上，通过旋转装卸料转换架完成压力容器内周向各方位与斜孔道之间的转运，方便换料操作。

HFETR 在压力容器的设计、制造和建造阶段，由于研究堆工程设计的安全原则和设计准则既无国标也无部标可循，是按当时的国际与国内特别是国内的惯用原则和准则进行设计的。参照化工容器设计和国外有关核工业容器设计的规范，并以相关工程试验数据为依凭，压力容器设计参数列于表 2-1。

表 2-1　压力容器设计参数

参　数　名　称	设　计　值
设计压力/MPa	2.16
工作压力/MPa	1.648
水压试验压力/MPa	2.45
设计温度/℃	80
堆入口压力/MPa	1.648
堆出口压力/MPa	1.18

2）压力容器结构

压力容器高为 11.83 m，容积为 58.6 m^3，总质量约为 60 t，由上封头、筒体、底板 3 个部分组成。

上封头由球体、平顶盖组成，上封头球体部分通过螺栓安装在筒体上，平顶盖安装在上封头球体上。上封头球体厚为 80 mm，球体中央开有直径为 1 430 mm 的孔，中央孔周围另有 4 个 450 mm×600 mm 的椭圆操作孔和一个

φ100 mm 的装卸料转换架操作孔,一般换料操作可不必拆卸辐照孔道,也不必打开平顶盖。平顶盖直径为 1 560 mm,厚度为 210 mm,平顶盖上开有 11 个考验装置的通出孔、3 个辅助操作孔和 2 个排气孔,考验装置通出孔与堆芯预留的考验回路位置和材料辐照位置相对应,考验装置通出孔的直径分别有 240 mm、165 mm、140 mm、120 mm、65 mm 5 种。上封头结构如图 2-3 所示。

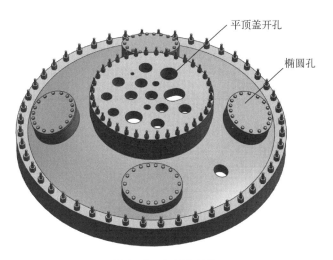

图 2-3　上封头结构

筒体由上筒体、上过渡段、中筒体、下过渡段、下筒体的主体部分,以及安装在筒体上的斜孔道、流量分配器等压力容器结构件组成,上、中、下 3 个不等直径的筒体用过渡段连接。上部空间大且结构材料少,试验孔道多,材料用 1Cr18Ni9Ti 不锈钢。主体部分的筒体用轧制不锈钢板卷焊而成,其中上筒体内径为 3.2 m,壁厚为 50 mm,其上有一个内径为 696 mm 的进水管嘴和流量分配器;中筒体内径为 2.15 m,壁厚为 30 mm,其上有一个出水管嘴,尺寸与进水管嘴相同,另外 18 根控制棒传动轴从中筒体上穿出,内热屏蔽通过支架安装在中筒体上;下筒体内径为 1.44 m,壁厚为 30 mm。上筒体与中筒体之间是上过渡段,中筒体与下筒体之间是下过渡段。上、下过渡段分别用 50 mm 和 30 mm 厚的轧制不锈钢板卷焊成锥形筒,然后热压而成。其中,上过渡段上有一个内径为 300 mm 的卸料斜孔道,与乏燃料水池相通,同时装卸料转换架安装其上。

底板直径为 1 715 mm,厚为 220 mm,底板与下筒体之间使用法兰连接,并用1Cr18Ni9Ti材料以O形密封环和密封焊接进行双道密封。底板上开有3个直流考验孔道,对应的是直径为146.5 mm的考验管通出孔和1个排污管,不使用直流考验管时,孔用活动密封塞塞住,考验管与孔之间用填料函和密封机构密封。

2.3　燃料组件

燃料组件与铍组件、铝组件等共同构成反应堆堆芯,实现链式裂变反应,提供考验所需的中子。燃料组件直接关系到反应堆的设计参数,为了提高单根组件的功率密度以提高堆芯中子通量密度,在设计时尽可能缩小燃料厚度和水隙,以增大散热面积,提高功率密度。在选择水隙厚度时,也考虑到使堆芯处于适当的少水欠慢化状态,以提高堆芯中子谱的硬度。通过上述措施:一方面可以减少试验孔道内放入样品后的中子注量率降低幅度;另一方面可以提高反射层的中子注量率,扩大实验空间。

基于以上考虑,HFETR燃料组件设计为多层套管形式,由上端头、6层燃料管、内套管、外套管、下端头组成,总长为1.51 m,燃料管长度为1.1 m,最大外径为64 mm,其组成如图2-4所示。

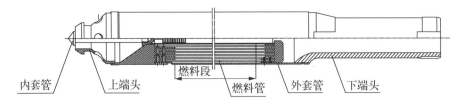

图 2 - 4　HFETR 燃料组件组成示意图

燃料组件的主要部分是由带燃料芯体的6层同心套管(即燃料管)和不带芯体的内外套管共8层同心套管组成。除外套管外,每层套管的外表面沿轴向有3条互成120°角的肋,其作用是提高燃料组件刚度,防止流道变形,进而防止燃料组件在中子场畸变情况下产生热弯曲,以保证冷却水水隙。内套管从燃料组件上端头插入燃料组件的中心孔内,内套管上段有吊装头,可将其抓取出并更换为辐照件,从而利用燃料组件中心的高中子注量率进行小型材料样品的辐照试验和同位素辐照生产。燃料组件的8层套管结构位置如图2-5所示。

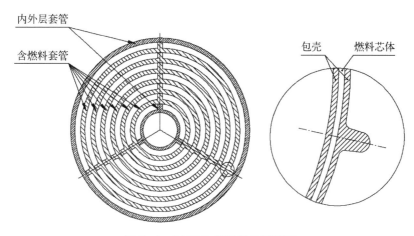

图 2-5　HFETR 燃料组件横截面

1）燃料管

燃料管长为 1.1 m、厚为 1.5 mm,其中的燃料芯体部分长为 1 m、厚为 0.5 mm,由内、外 2 层 0.5 mm 厚的铝包壳包裹。

燃料芯体原设计采用富集度为 90% 的铀铝合金,为响应国际上推进的研究和试验性反应堆低浓化(the reduced enrichment for research and test reactor, RERTR)项目,改用富集度为 19.75% 的 U_3Si_2 - Al 弥散型燃料芯体,这也是大多数世界上研究堆实现从高浓铀向低浓铀转化中采用的燃料芯体。这种芯体是使 U_3Si_2 燃料颗粒均匀弥散在金属铝粉中压制成芯坯,进而形成弥散燃料的结构,具有较好的热稳定性能、冶金性能、辐照稳定性。

2）内、外套管

内、外套管均采用 LT24 铝合金,外套管经淬火后自然失效处理,壁厚为 1.5 mm。内、外套管具有良好的抗腐蚀性能,较小的热中子吸收截面,热导率高,较好的加工性能以及一定的强度。

3）上、下端头

上端头用于燃料组件吊装,下端头插入栅格板以固定燃料组件在堆芯的位置。上、下端头也采用 LT24 铝合金。

2.4　铍组件和铝组件

铍组件主要作为反应堆中子反射层和部分慢化剂,同时利用铍的光激中子效应来消除反应堆启动盲区;铝组件主要用于栅元填充。

1) 铍组件

铍具有中子吸收截面小(纯铍的热中子吸收截面为10 mb),反射截面大和耐辐照的特点,因此 HFETR 利用铍作为中子反射层和部分慢化剂、控制棒跟随体,以及利用铍的光中子来消除反应堆启动盲区。铍由于有光中子存在,使得在加入相同反应性的情况下,得到的稳定周期要长些,等待的时间也要长些。在 HFETR 常用的 30~100 s 中子倍增周期范围内,这种影响不显著。由于铍的光中子的平均寿命比^{235}U 的缓发中子长,使停堆后的剩余功率下降得比较缓慢。

铍组件由吊装头、铍棒、下插头以及中心孔内的小铍棒组成,其结构如图 2-6 所示。其中铍棒是对边距离为 62.5 mm 的正六角形棒,长为 1.1 m。每根铍组件以插入件式插在栅格板上,占据 1 个栅元的空间,可任意调换位置并可调换 6 个方向,其材料采用核纯金属铍制成的国产热等静压铍块。

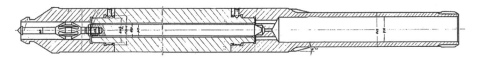

图 2-6　铍组件结构

小铍棒设计成直径为 17 mm 的圆棒状,上端靠螺纹连接小铍棒吊装头。当小铍棒插入六角铍棒中心孔后,在小铍棒和六角铍棒间形成均匀对称的 1.5 mm 环形间隙。

根据考验任务的需要,也可将铍组件中心孔中的小铍棒取出,铍组件中心孔就成为 1 个直径为 17 mm 的小辐照孔道,可以放置辐照样品或装置。为适应不同考验任务的需要,还设计有各种不同尺寸的横截面为梅花状的异形铍套筒。

2) 铝组件

铝组件外廓尺寸与铍组件的相同,材料为 LT24,铝组件结构如图 2-7 所示。铝组件分 2 种类型,即空心铝组件和实心铝组件。根据考验任务的需要,也可将铝组件中孔中的铝棒取出,换成相应尺寸的辐照靶件。实心铝组件与空心铝组件所不同的是无中孔的整体结构,其顶部的吊装头改为球形。

图 2-7　铝组件结构

2.5　控制棒组件及传动机构

　　HFETR反应性控制全部依靠控制棒实现,未设可燃毒物和化学补偿控制系统,控制棒是实现反应堆启动、停堆、功率调节及保护的关键设备。

　　HFETR设置有18根控制棒,每根控制棒在堆芯各占1个固定栅元,以堆芯中心呈对称布置,每根控制棒所占栅元位置均有1根控制棒导管,对控制棒起定位、导向的作用,控制棒在堆芯布置位置如图2-8所示。

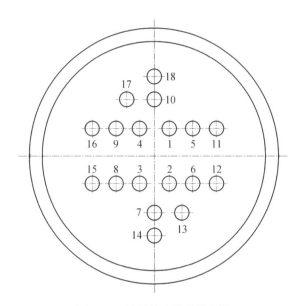

图 2-8　控制棒在堆芯的位置

　　HFETR控制棒按功能分为安全棒、补偿棒、调节棒(又称自动棒)。其中,设置安全棒2根、调节棒2根、补偿棒14根。安全棒用于反应堆紧急停闭;补偿棒用于补偿燃耗、中毒等反应性损失以及手动调节反应堆功率;调节棒与功率自动调节系统共同实现反应堆功率自动调节,可将反应堆功率稳定在设定水平。

　　图2-8最中心4根编号为1~4的控制棒均采用电磁离合器来控制驱动齿轮的轴与电机驱动轴的离合,都可通过电磁铁释放,在自重与水力作用下快速掉到底部,使反应堆安全停闭,选用对称位置的2根作为安全棒,另外2根作为补偿棒。其余控制棒采用齿轮齿条啮合刚性传动方式,从堆的下部来控

制堆的启闭,可由电机带动下插到底,实现反应堆安全停闭,其中有 2 根设置为调节棒,剩下的控制棒作为补偿棒。

2.5.1 控制棒组件结构

控制棒组件由吸收体、跟随体和齿条组件 3 个部分组成,结构如图 2-9 所示。吸收体是控制反应性部分;齿条是传动部分,实现控制棒上下移动;跟随体处于吸收体和齿条之间,在吸收体提出活性区后起到填充吸收体位置、防止出现较大水腔的作用。

1) 吸收体

控制棒吸收体是由芯体和不锈钢包壳组成的圆管,外径为 47 mm、长为 864 mm、壁厚为 7 mm,其中芯体为 $\phi46$ mm $\times 5$ mm 的圆管,不锈钢包壳厚度为 0.5 mm,材料为 1Cr18Ni9Ti,芯体与包壳之间有一定空隙,不锈钢包壳可以保护芯体不与冷却剂接触,防止芯体受冲刷而剥落。

调节棒吸收体材料为不锈钢,其余控制棒吸收体的芯体有 Ag-In-Cd 和 ^{59}Co 2 种不同的材料。作为安全棒和大当量的补偿棒采用的材料是 Ag-In-Cd 合金,其成分——质量分数分别为 Ag—80%、In—15%、Cd—5%。较小一些当量的补偿棒还可采用 ^{59}Co 作为吸收体材料,一方面作为控制材料,另一方面生产 ^{60}Co 同位素。

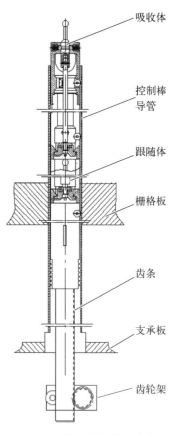

图 2-9 控制棒结构示意图

吸收体
控制棒导管
跟随体
栅格板
齿条
支承板
齿轮架

2) 跟随体

跟随体有随动组件和铍随动体 2 种,用于在控制棒提出活性区后,填充吸收体的位置,防止堆芯出现较大的水腔。在吸收体与跟随体之间还有长度为 200 mm 的不锈钢过渡段作为连接件。

控制棒随动组件由 6 层管套装组成,中间 4 层为燃料管,内外 2 层为不含燃料的套管,其管间水隙为 2 mm,外套管外径为 51 mm。其因燃料燃耗等因素不再使用,现已更换为铍随动体。

铍随动体与随动组件外形结构相同,材料为铍。

3）齿条组件

齿条组件中的齿条是直径为 35 mm 的圆棒,全长为 1 430～2 204 mm,材料为 1Cr17Ni2。在长为 1.2 m 的下端铣有模数为 2 mm 的齿。齿条上部套装有弹簧和迷宫式阻尼节流塞,由螺母、销钉与直径为 51 mm 的 1Cr18Ni9Ti 连接管连接为一体,连接管上部与跟随体连接为一体,同时连接管上装有 3 个导向轮和开有 3 个 12 mm×130 mm 的流水槽,使吸收体、跟随体、齿条 3 个部件连成一体,成为安全棒装置中的运动部件。

2.5.2　传动机构

控制棒通过传动机构驱动,并由专门的导管约束控制棒在导管内移动,每根控制棒对应一套控制棒传动机构,传动机构大部分在压力容器外,通过一根传动轴穿入压力容器中筒体,带动控制棒实现其上下移动。控制棒传动机构也是反应堆保护系统、功率调节系统、反应性控制系统的伺服机构,采用了布置在压力容器下部和压力容器外的控制棒传动间内的设计,使反应堆压力容器上部有较大空间,以供布置辐照装置,并便于堆芯的换料操作。根据设计要求,对控制棒传动机构进行特性实物模拟实验。

控制棒传动机构由齿轮轴组件、密封体组件、位置指示组件、单向超越离合器和电磁摩擦离合器(可快速落棒的设置离合器,不可快速落棒的不设置)、减速箱等组成。传动机构原理如图 2-10 所示。

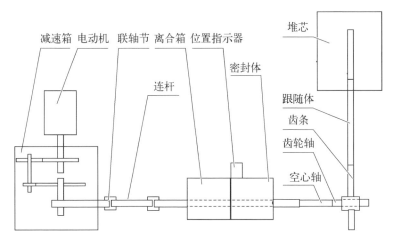

图 2-10　控制棒传动机构原理

齿轮架组件下部装有齿条导轮和装齿轮滚动轴承用的 2 个孔,中部是 $\phi60$ mm×12 mm 的 1Cr18Ni9Ti 管子,上部是快速落棒时缓冲用的阻尼套管(可快速落棒的设阻尼缓冲机构,不可快速落棒的调节棒、补偿棒未设置)和控制棒铝导管插座,法兰盘上有 4 个孔,由 4 个 M16 的螺栓固定齿轮架组件于堆芯支架的支承板上。

齿轮轴组件在齿轮两端安装滚动轴承,此轴承装入控制棒装置中齿轮架的两轴承孔内,构成齿轮与齿条的啮合。长为 2 m、$\phi35$ mm×5 mm 的 1Cr18Ni9Ti 的齿轮轴,以锥销使齿轮轴和齿轮与万向节头连成一体,万向节头又以花键与密封体组件的密封轴连成一体。

密封体组件的密封轴上装有 2 个滚动轴承和 1 个推力轴承,还装有 12 道密封动环和 2 个骨架式橡胶密封圈及 1 个齿轮,内侧 2 道密封的环供压力容器不排水检修生物屏蔽层外侧的传动机构时用,4 道密封动环以防内漏,6 道密封动环和密封圈以防外漏。齿轮通过惰轮与位置指示组件的齿轮啮合,给出同步传动,可反映棒的位移。密封轴的另一端与单向超越离合器的法兰盘连接成一体。密封体上装有 12 个密封静环和高压密封水进出水口,两端由法兰盘与压力容器连管和离合器连成一体。

位置指示组件主要作用是反馈控制棒的棒位,向主控室反应堆操作人员提供控制棒在堆芯高度的位置信息。

单向超越离合器由外套、内轴、3 个弹子和 3 个弹簧等组成,外套与密封体的密封轴和电磁摩擦离合器的衔铁连成一体,内轴通过双万向节与变速箱的输出轴连成一体,同时用单键与电磁摩擦离合器的一对摩擦片连成一体。

电磁摩擦离合器由线包、线包套筒、衔铁、摩擦片、外套、轴承等组成。最中心的 4 根控制棒设有电磁离合器,可实现快速落棒。

变速箱由箱体、一对齿轮传动和一对蜗轮蜗杆组成。

2.5.3　控制棒运行

控制棒的运行可分为提棒、落棒两类,其中安全棒可通过释放电磁离合器,使控制棒组件中运动部件直接脱离控制棒组件而受重力和水流冲击实现快速落棒。

1) 提棒

提升控制棒组件时,电磁摩擦离合器吸合,电机输出旋转运动,经减速箱调节换向并传递至双万向节,通过双万向节带动单向超越离合器的内轴转动,单项超越离合器内轴又带动电磁摩擦离合器的摩擦片转动,由于电磁摩擦离合器是吸合的,运动传递至法兰盘,又带动密封轴和齿轮轴转动,最终带动控制棒组件的齿条向上移动。因为齿条组件和随动铍组件及控制棒组件由双卡子片连接为一体,所以控制棒便向上移动。

同时,齿条移动带动齿轮架组件的导轮转动,使密封体组件中的轴转动,并通过惰轮带动位置指示组件中的齿轮转动,驱动位置指示器组件的滑块位移,当滑块上的触点碰到行程开关时电机断电,则上述所有的运动终止。电磁摩擦离合器不吸合时,则不能提棒。

2) 安全棒快速落棒

电磁摩擦离合器断开时,落棒运动与提棒时的运动相同,只是方向相反。当安全棒快速落棒时,电磁摩擦离合器断电,控制棒装置中运动部件脱离传动机构,运动部件的自重和水的冲力使控制棒迅速下落。当控制棒装置中的运动部件下落时,控制棒传动机构中的运动件也全部跟随运动(单向超越离合器的内轴除外)。在迅速落棒时,如果出现卡住现象,由于电磁摩擦离合器断电的同时电机反转,通过单向超越离合器强迫带动控制棒下落,越过卡住段后又可继续迅速落棒。

3) 其他棒落棒

在反应堆设计时,14 根补偿棒中有 2 根根据需要也可实现快速落棒。无电磁摩擦离合器的补偿棒不可快速落棒,只是靠电机驱动带动实现升降。

2.6　堆内结构件

堆内结构件是指除燃料组件、铍组件、铝组件、控制棒等栅元组件和辐照孔道以外的构成堆芯和反射层的结构件,包括栅格板、铝填块、围桶、内部热屏蔽、电离室孔道等。

1) 栅格板

栅格板是堆芯和反射层的支承件,起固定堆芯各类组件下部位置的作用,同时承受约 100 t 的水力载荷,其由堆芯支架支撑。考虑到进行反应堆内部操作时,需要有足够的操作空间以及保证尽可能少的位置干涉,只在反应堆活性区下方使用一块栅格板作为支承,在活性区上方不使用栅格板,燃料组件、铍组件、铝组件等堆芯部件在活性区上部空间的固定则靠各自的上端头相互定位,并由围桶和铝填块进行周向约束。栅格板结构如图 2-11 所示。

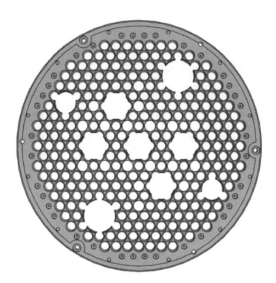

图 2‑11　栅格板结构示意图

栅格板的直径约为 1.4 m,厚度约为 240 mm,其上开有 313 个栅元孔(栅元孔按照 64 mm 栅距呈三角形排列,可插放燃料组件、铍组件、铝组件或外形尺寸与燃料组件相同的靶件等)、18 个控制棒导管孔及 9 个多瓣形孔。其中,多瓣形孔与 9 个辐照考验孔道相对应,也可以在多瓣形孔位置安装相应的填塞块后变更为栅元孔形式,填塞块与栅元孔间通过销钉定位,以保障安装位置的精度。为了防止填塞块在装卸过程中掉落到栅格板下面,在设计填塞块转移及安装的专用工具时,增加了防止填塞块脱离、掉落的保护结构。

在栅格板的上端面,沿直径为 1 300 mm 的圆周开有 12 个直径为 20 mm 的定位孔,定位孔用于与铝填块配合。栅格板的下端面装有测燃料组件出口水温的热电偶。栅格板安装在支架上,并用销钉作为径向定位,限制栅格板的径向移动。

2) 铝填块

铝填块是活性区从多边形到圆形的过渡部分,共有 12 个,填块下端由销钉与栅格板定位,上端由销钉与紧固环配合,紧固环起定位固紧铝填块的作用,材料为 LT24。铝填块的齿形与堆芯组件外缘的正六角形配合,按在活性区外圆所处位置不同,分为 4 种不同类型,结构如图 2‑12 所示。

图 2‑12　铝填块结构

3）围桶

围桶用于支撑控制棒导管支架，并对流入堆芯的冷却剂进行引流，同时包覆堆芯。围桶由 2 个圆锥形筒和 1 个圆柱形筒体组焊而成。下部的锥形筒通过起法兰作用的环板把围桶固定在压力容器上过渡段的集流桶支承环上。圆柱形筒体则包围着整个堆芯。上、下 2 个锥形筒上开有 7 个内层电离室导管的穿通孔；下部锥形筒上设有 38 个流水迷宫，以提供适量的冷却水来冷却内热屏蔽。控制棒导管支架的固定端安装在圆柱形筒体上端的内侧。围桶下端用滑动配合套在栅板外面，允许在围桶与栅板之间由于热膨胀量不同而产生相互的轴向位移，其结构如图 2 - 13 所示。

图 2 - 13　围桶结构示意图　　　　图 2 - 14　内部热屏蔽结构

4）热屏蔽

为了减弱压力容器和反应堆外的混凝土生物屏蔽层所受的快中子注量率及 γ 剂量率，以达到保护压力容器和反应堆外的混凝土生物屏蔽层的目的，在堆芯与压力容器之间设置热屏蔽层，称为内部热屏蔽。

内部热屏蔽由 4 层同心圆筒组成，结构如图 2 - 14 所示。其高为 1.9 m，各层厚度由内向外分别为 20 mm、20 mm、30 mm、40 mm，层间水隙均为 25 mm，材料为 1Cr18Ni9Ti 不锈钢。

内部热屏蔽安装在 6 个沿圆周均布的热屏蔽支座上，该支座焊在中筒体的内壁上。每个热屏蔽支座的圆周位置与堆芯支架的 6 根圆管柱子相对应，每个热屏蔽支座上通过一个螺栓把支架的圆柱管子横向顶住，阻止支架和活性区由于冷却水单边出口造成压力不平衡而引起的径向跳动。

2.7　压力容器结构件

压力容器结构件是指安装/固定在压力容器上的结构，主要包括流量分配器、装卸料转换架、斜孔道。

1）流量分配器

流量分配器用于分配从堆入口母管处进入反应堆的冷却剂，使冷却剂在反应堆内的流动沿压力容器内周向分布均匀，并减小水流对压力容器内部构件的横向冲击。位于上筒体内进水管嘴位置对准主冷却剂进水管嘴，整体呈环形水箱式（并非一整个环形，而是在斜孔道上方中断），其截面为宽 300 mm、高 800 mm 的矩形。流量分配器材料为 1Cr18Ni9Ti，外侧焊在压力容器上筒体的内壁上，箱体外侧焊有试验管支撑架、小样品导线固定架等。

主冷却剂由进水管进入流量分配器后，约有 80% 的水经流量分配器上盖板的孔流出，然后经 180° 角转弯后向下进入堆芯。少量的水经流量分配器下盖板的孔流出，进入堆芯外围。

2）装卸料转换架

装卸料转换架用于装卸料作业时，对待操作组件的方位进行转换，以便于堆上作业，同时也是操作堆内组件的临时存放架。

装卸料转换架可视为一个大型的止推球轴承，由底座、钢球、大齿轮及其上的部件组成。带滚道的底座安装在压力容器上过渡段部分的围桶环板上，带滚道的大齿轮由堆顶用操作工具通过齿轮轴传动，大齿轮上带有 6 个杯形座、3 个吊筒座，用以插放燃料组件、铍组件和运输组件用的吊筒等，其结构如图 2-15 所示。

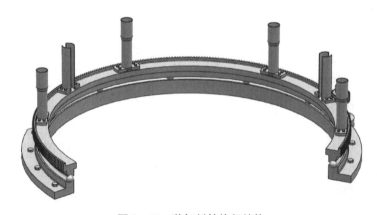

图 2-15　装卸料转换架结构

3）斜孔道

斜孔道是压力容器侧壁上过渡段用于燃料组件等放射性组件转移的通

道。由于从反应堆卸出的乏燃料组件带有很高的放射性,且卸出的乏燃料组件仍要保持冷却条件,因此需要在水下进行操作以保证人员和燃料组件的安全,为此设置斜孔道。斜孔道连接反应堆与乏燃料水池,直径为 300 mm,一般由专用斜孔道密封塞进行密封,结构如图 2-16 所示。

卸料时先用长柄工具打开斜孔道密封塞,挂在斜孔道附近的斜孔道密封塞吊架(焊接在压力容器内壁)上,然后再用长柄操作工具通过椭圆孔和斜孔道,在不少于 3 m 深的水下实施卸料操作。斜孔道上端面在操作时距离水面还有 4.35 m 的水层。

图 2-16 斜孔道及其密封塞结构

2.8 反应堆支撑和固定结构

反应堆支撑和固定结构为堆芯、围桶、内部热屏蔽层等堆内结构件,以及压力容器、电离室导管等提供支持,由堆芯支架、压力容器的支撑以及电离室导管的支撑 3 个部分组成。

1) 堆芯支架

堆芯支架是栅格板和整个活性区的承重架,它由 6 根支柱圆管、上环板、下环板、支承环、支承板及 2 个工艺环组成,其结构如图 2-17 所示。

栅格板坐落在上环板上,上环板上 7 mm 深的槽用以引出栅格板底面上的热电偶导线。下环板用螺钉固定在底板上。支承板上有通过直流考验管及控制棒装置用孔,控制棒装置的齿轮架组件就安装在支承板的下端面上。

2) 反应堆压力容器的支撑

整个压力容器由焊在上过渡段上的 8 块压力容器支座支撑。压力容器支座由 3 个 35°、5 个 37°的分支座在圆周 320°范围内分布而成。分支座间的间隙分别为 6 个 4°、1 个 6°。在斜孔道处有 40°的

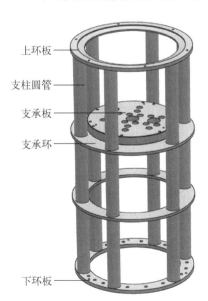

上环板

支柱圆管

支承板

支承环

下环板

图 2-17 堆芯支架结构

空档。压力容器支座的材料仅在与压力容器接触的部分为不锈钢,其余为碳钢,用螺钉固定在安装架上。通过螺钉孔间隙的调节,允许压力容器在受热后而引起的径向位移。

3)电离室导管的支撑

内层电离室导管由压力容器上筒节的外侧斜向伸入压力容器内,经过圆滑过渡后垂直插至围桶的外侧。导管斜入压力容器时,将其外径分别与压力容器的内外壁焊接使其固定,导管插至围桶的外侧时,经过了围桶上端两层喇叭状锥面上的通孔,此孔壁限制了导管的径向位移,但允许导管的轴向位移。

第3章

反应堆冷却及其相关系统

反应堆内链式核裂变产生的热量必须被顺利导出才能保证其持续、稳定、安全运行,这一功能主要由设置的反应堆冷却系统完成。为保证冷却系统功能的可靠性,通常还设置了一些必要的且与冷却相关的系统。高通量工程试验堆(HFETR)与动力堆相比,由于它们的使用任务和设计特点不同,系统的设置也有区别。

HFETR 冷却系统是二回路式的,包括一次冷却系统和二次冷却系统。一次冷却系统(也称主冷却系统)是封闭循环系统,它将堆芯热量带出,经主热交换器将热量传输给二次冷却系统。二次冷却系统为开放系统,将热量最终释放于环境中。HFETR 冷却系统由主冷却系统,二次冷却系统,与冷却系统相关的一次水事故冷却、容积补偿器、除气加压、净化、破探等系统,以及与二次冷却相关的二次水事故冷却、二次水污水监测、二次水隔离等系统组成。

3.1 主冷却系统

HFETR 主冷却系统是反应堆工艺系统中的核心系统,其主要功能如下:在反应堆以正常功率运行时,将反应堆内产生的热量载出,通过主热交换器传给二次冷却系统工质;在 HFETR 停堆后,也可通过主冷却系统带走堆内的衰变热。主冷却系统与其相连的其他系统共同组成一次水压力边界,构成了防止裂变产物释放到环境中的第二道安全屏障。

主冷却系统的主要设计参数列于表 3-1。

1) 组成

HFETR 主冷却系统由反应堆压力容器、堆入口母管、堆出口母管、5 个并联的换热单元组成,流程如图 3-1 所示。

表 3-1 主冷却系统主要设计参数

设 计 参 数	设 计 值
主冷却剂总质量流量/(t/h)	5 600
主冷却剂入堆质量流量/(t/h)	5 100
系统旁通质量流量/(t/h)	500
系统设计温度/℃	≤80
主冷却剂进堆温度/℃	≤50
主冷却剂出堆温度/℃	≤71
系统设计压力/MPa	1.96
堆入口压力/MPa	1.648
堆出口压力/MPa	1.18

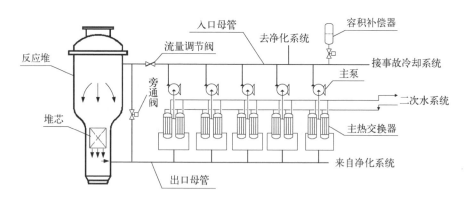

图 3-1 主冷却系统流程

每个换热单元由 1 台主冷却剂泵(简称主泵)、1 组(2 台)主热交换器和相应的管道、阀门、仪表组成。换热单元并联在堆的进出口母管上,共同构成换热环路。每个换热单元在主热交换器前、主泵出口处设置球阀,用于实现换热单元的隔离。堆入口母管上设有 1 个流量调节阀,用来调节入堆流量;堆入口母管和出口母管之间设有旁通管线,调节该管线旁通阀,也可调节入堆流量。

主冷却系统管道连接一次水事故冷却泵,负责停堆余热导出及在事故状态下的堆芯冷却,还与容积补偿器系统、除气加压系统、净化系统等一回路辅助系统相连,详见 3.2 节。

2) 设备

主冷却系统的主要设备有压力容器、主泵、主热交换器、流量调节阀及相关管道阀门。

（1）压力容器：压力容器与主冷却系统等共同构成一次水压力边界。它包容反应堆堆芯，为反应堆提供冷却和其他运行条件，详见第 2 章。

（2）主泵：主泵为主冷却剂提供动力，使其强迫循环，使冷却剂自上而下流经堆芯，导出堆芯产生的热量，经主热交换器将热量传给二次冷却水。HFETR 主泵采用 5 台离心泵，每台泵均由泵体、轴承箱、电机、飞轮和联轴器等组成，采用卧式布置，主泵主要参数列于表 3-2，结构如图 3-2 所示。

表 3-2　主泵主要参数

参 数 名 称	参 数 值
流量/(t/h)	约 1 460
扬程/m	17
转速/(r/min)	980
叶轮直径/mm	580
泵功率/kW	约 177.6
配用电机功率/kW	310
在正常运行时主泵泄漏量(体积流量)/(mL/h)	≤10

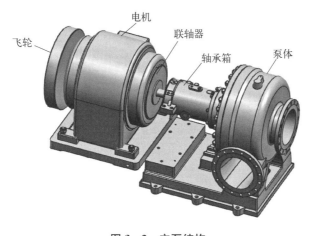

图 3-2　主泵结构

HFETR 主泵使用 6 kV 电源供电,在两路外电丧失时所有主泵将停止运行,一次水事故泵将自动启动接替主泵,为反应堆提供冷却流量。为了应对两路外电源同时失电这一预计运行工况,提高反应堆的固有安全性,主泵电机设置有约 850 kg 的飞轮,增大主泵的惯性流量和延长惯性流量时间。为便于进行电机状态监测和维修,主泵和电机分区布置,主泵和轴承箱位于放射性区域,电机位于非放射性区域,中间隔有 1.5 m 厚混凝土屏蔽墙,通过中间的联轴器、穿墙轴进行连接。

(3) 主热交换器:主热交换器用于将主冷却剂的热量传递给二次冷却水,共有 10 台,2 台为 1 组,1 组主热交换器与 1 台主泵对应。其中,有 2 组主热交换器还与事故冷却系统相连,实现停堆后的余热导出,也可实现 2 路外电源失电、正常二次水断流事故情况下的堆芯冷却。

HFETR 主热交换器采用固定管板列管式结构,立式放置,设计参数列于表 3-3、主热交换器结构如图 3-3 所示。

表 3-3　主热交换器的设计参数

设 计 项 目	设计参数值	设 计 项 目	设计参数值
主冷却剂入口温度/℃	71	传热管管径×壁厚/(mm×mm)	22×2
主冷却剂出口温度/℃	50	传热管数量/根	1 418
二次冷却水入口温度/℃	24	外形尺寸/(mm×mm)	$\phi 1\,200 \times 8\,572$
二次冷却水出口温度/℃	35	传热管管长/m	6.6
主冷却剂流速/(m/s)	1.1	面积热流量/(W/m²)	1 229
二次冷却水流速/(m/s)	2.0	主冷却剂流量/(t/h)	700
二次冷却水设计压力/MPa	0.59	主冷却剂设计压力/MPa	1.96

主冷却剂走传热管间,二次冷却水走传热管内。主冷却剂的流向是从上而下,为单流程;二次冷却水流向先是从上而下,经下封头后反向,转为从下而上,为双流程。

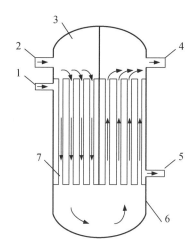

1—主冷却剂入口；2—二次冷却水入口；3—上封头；4—二次冷却水出口；5—主冷却剂出口；6—下封头；7—传热管。

图 3-3　主热交换器结构示意图

（4）管道：管道是一次水压力边界的重要组成部分，承担放射性包容、提供冷却剂流道的重要功能。进、出口母管是主冷却系统中尺寸最大的管道，管道直径为 720 mm，壁厚为 12 mm。各换热支路中主泵进、出口管道直径为 426 mm，壁厚为 8 mm。与主热交换器相连的冷却剂进、出口管道和事故泵进、出口管直径为 325 mm，壁厚为 8 mm。主冷却剂系统管道材料均采用 1Cr18Ni9Ti 不锈钢。

（5）球阀：在每组主热交换器的一次水入口管线和主泵的出口管线上安装球阀，可以通过球阀的启、闭去投入或切除各冷却单元，可根据需要就地用电动或手动启闭球阀。为避免主泵运行时，阀门突然关闭造成水锤效应，除主冷却系统的主热交换器入口、主泵出口使用球阀外，一次水事故泵出、入口处也使用球阀。球阀阀芯为一个开孔的球体，依靠球体的旋转达到启、闭的目的。

（6）流量调节阀：在反应堆入口母管上安装有流量调节阀，用于对主冷却剂入堆流量进行粗调，以满足实际运行需要。该阀采用蝶阀，装有电气和机械限位装置，关闭后仍有缝隙，其泄漏量保持在事故工况下也能满足余热导出的要求。

3）系统运行

主冷却系统运行除要实现在正常运行时导出反应堆堆芯热量外，还要满足调节入堆流量、调节和维持压力、控制水质等需要，并考虑失电事件发生后导出余热。

（1）导出堆芯热量：主冷却剂在主泵的驱动下流过堆芯，使燃料组件等堆芯部件得到冷却,并将核燃料释放的热量导出去。带压的主冷却剂在堆芯吸收了核燃料裂变释放的热能,从反应堆出口母管流出,经支路管线进入各主热交换器,在主热交换器内通过传热管将热量传递给传热管内的二次冷却水。冷却剂由主热交换器出来经过支路管线进入主泵,经主泵升压后流经入口母管,又回到压力容器。

主冷却系统带有强放射性的冷却剂始终在闭合的环路中循环,为了使冷却剂在任何部位、任何时间都处于液态,主冷却系统的压力高于冷却剂的饱和蒸汽压力。

在 HFETR 转入停堆工况,主冷却剂系统泄压后,由于主冷却系统的压力不满足主泵启动条件,这时由一次水事故泵将反应堆余热导出。

(2) 调节入堆流量:设计时考虑到该反应堆装载变化较大及为了节省能源并满足考验任务可能对一次水流量有特殊运行要求,设计上将主冷却系统分为 5 个单元,可根据运行需要任意组合,灵活投入或隔离某单元。

主冷却系统设计总质量流量为 5 600 t/h,不仅可以根据需要启用 3~4 个主泵单元,除满足入堆流量需要外,还可以通过设置在堆入口母管上的电动蝶阀和堆进、出口母管之间的旁通气动调节阀调节入堆的流量,先由堆入口母管上的电动蝶阀进行粗调,然后由堆进、出口母管间的旁通气动调节阀进行细调,以维持通过反应堆的流量。

在额定工况下,投入 4 个冷却单元运行即可满足冷却需要,另一个单元则处于备用状态。

(3) 调节和维持压力:主冷却剂系统的压力是通过除气加压系统以及容积补偿器共同调节和维持的。在反应堆运行时,先调节加压流量保持不变,当主冷却剂系统压力因故波动而升高时,出堆的除气流量加大;同时,由于主冷却剂系统压力升高,容积补偿器内压力升高,容积补偿器内气体受压,体积缩小,液位上升,从而起到在一定范围内维持压力不变和消除压力突变的作用。若主冷却剂系统压力下降,加压流量、除气流量与容积补偿器内气体和液体的体积则反向变化,以维持系统压力为一定值。

(4) 控制水质:为确保反应堆运行安全,通过控制水中离子浓度、pH 值、溶解的氢气和氧气等含量来控制和防止对燃料组件包壳、结构材料等腐蚀和结垢,主要控制指标如表 3 - 4 所示。

表 3 - 4　主冷却剂水质控制指标

主冷却剂水质	指　　标	作　　用
pH 值	5.5～6.5	燃料组件包壳在 pH 值为 5.5～6.5 的水中腐蚀速率最小
电阻率	≥5.0×10^5 Ω·cm	控制一次水中离子含量,从而减小放射性剂量水平
总固体残渣	≤2 mg/L	防止燃料组件及结构材料表面结垢
Cl⁻ 含量	≤0.1 mg/L	防止 Cl⁻ 对不锈钢的晶间腐蚀
Cu^{2+} 含量	≤0.01 mg/L	防止其对不锈钢和燃料组件包壳的腐蚀
Pb^{2+} 含量	≤0.01 mg/L	
H_2 含量	≤3.95 mol/m³	防止对燃料组件包壳、结构材料的腐蚀,防止发生爆炸
O_2 含量	≤2.25 mol/m³	

　　主冷却剂水质由净化系统和除气系统共同来维持,除气系统控制水中的氢气与氧气的浓度,其他水质指标通过净化系统净化控制。

3.2　主冷却相关系统

　　为实现反应堆停堆冷却、冷却剂压力维持、冷却剂水质控制、燃料组件破损探测等功能,设置了一些与主冷却系统相连的工艺系统,这些与主冷却系统相连的系统有一次水事故冷却系统、容积补偿器系统、除气加压系统、净化系统、破探系统等。

3.2.1　一次水事故冷却系统

　　一次水事故冷却系统是 HFETR 的专设安全设施之一。当发生 2 路外电源同时失电等电气、机械及其他故障而引起事故停堆时,反应堆停闭 10 s 后活性区仍有总热量约 3.5% 的剩余热量释放,此时必须有主冷却系统入堆总流量 10% 的事故流量去连续冷却反应堆,并保持足够的压力,以防止燃料组件表面沸腾。因此,堆芯的事故冷却除了靠主泵的惯性流量外,还依赖专设的一次水事故冷却系统,只有当剩余功率小于 0.5% 运行功率时,方可转入间断冷却。HFETR 停堆冷却时,一次水事故冷却系统还用于停堆后的余热导出。

1) 组成

一次水事故冷却系统由 2 台事故泵、4 台事故泵前后球阀、2 组主热交换器和相应管道组成。2 台事故泵的入口管各与第 4 组、第 5 组主热交换器的出口管连接,事故泵出口管与反应堆入口母管相连接。一次水事故冷却系统如图 3-4 所示。

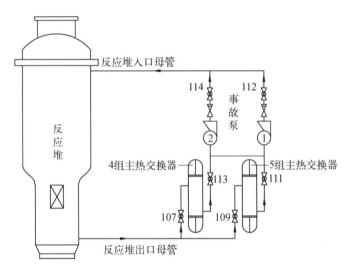

图 3-4 一次水事故冷却系统

鉴于事故泵功能的重要性,在配电间和主控室均设置了事故泵强制启动开关。在 2 台事故泵均未能自启动或手动启动失败后,运行人员可由强制启动功能直接向事故泵电机供电而使其运转。

2) 设备

一次水事故泵用于停堆后 HFETR 的余热导出及发生事件/事故后的应急冷却,主要参数列于表 3-5。事故泵采用清水离心泵,与主泵布置类似,泵与电机由混凝土墙隔开,两者之间用中间轴连接,同轴转动,保证电机侧不受污染。

表 3-5　一次水事故泵主要参数

参　数　名　称	数　　值
额定体积流量/(m³/h)	480
额定电压/V	380
运行体积流量/(m³/h)	650
运行扬程/m	6.3
运行轴功率/kW	17.6
电机功率/kW	22

3）系统运行

2 台事故泵及其对应的进出口阀门分别由 2 套独立的应急不间断电源供电,在反应堆正常运行时,2 台事故泵设置了外电源失电自启动联锁,当 2 路外电源同时失电时,2 台事故泵可在 0.4 s 内同时自启动,流量正常后手动停止其中 1 台,并将其投入泵间联锁。在外电源失电后的初期,堆芯冷却还是依靠主泵电机后端飞轮提供惯性流量,由于主泵惯性流量的存在,在失电 10 s 时,仍能向堆芯提供 35% 的额定流量。在全厂断电 8 s 后,事故泵才开始向堆内提供流量,约 50 s 后一次水事故冷却系统达到额定流量。

3.2.2　容积补偿器系统

容积补偿器系统与 HFETR 主冷却系统的反应堆入口母管相连,是为了补偿主冷却剂由于温度变化而引起的压力波动,以及在短时间内补充系统泄漏并保持堆入口压力变化尽可能小。此外,在断电事故或失水事故发生的短时间内,它也可使系统的压力不会突然下降、减缓或防止燃料组件烧毁。

1）组成

容积补偿器系统由容积补偿器(简称容补器)、缓冲罐、安全阀及管道、阀门等组成,系统组成如图 3-5 所示。

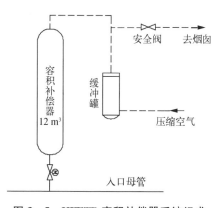

图 3-5　HFETR 容积补偿器系统组成

2）设备

容积补偿器为 $\phi 1\,400\,mm \times 8\,780\,mm$、筒体厚度为 $12\,mm$ 的不锈钢制筒状容器，立式放置，通过电动截止阀与反应堆入口母管相连，其内分为气、水两相空间，顶部设有压缩空气补气管道和压力起跳装置。

容积补偿器主要参数列于表 3-6。

表 3-6 容积补偿器设计参数

设 计 项 目	设计参数	设 计 项 目	设计参数
工作压力/MPa	1.88	水压试验压力/MPa	2.45
最大设计压力/MPa	2.2	设计温度/℃	60.5

缓冲罐主要储存高压空气，维持并稳定容积补偿器上部气体空间的压力。

安全阀主要起超压保护作用。当主冷却剂系统发生超压事故时，容积补偿器上部气体压力超过限定值后，安全阀会自动起跳，将高压气体排入排风塔，防止压力过高对主冷却系统设备造成伤害。当容积补偿器内压力降至安全值后，安全阀会自动回座关闭。

3）系统运行

系统在正常运行时，容积补偿器内水、气体积比约为 2:1，当 HFETR 主冷却系统压力升高时，一次水会通过管道从堆入口母管进入容积补偿器，压缩上部气体空间；当主冷却系统压力降低时，容积补偿器内高压气体膨胀，将一次水从容积补偿器压入反应堆入口母管，使主冷却系统压力波动更平滑。

容积补偿器系统下部电动截止阀与反应堆入口压力之间存在联锁关系，当反应堆入口压力下降到保护定值时，该电动截止阀将在 90 s 内自动关闭，这样既能在一定时间内补充主冷却系统泄漏和防止主冷却系统压力快速下降，又可以防止空气进入堆芯，破坏反应堆的换热。

3.2.3　除气加压系统

除气加压系统与 HFETR 主冷却系统的反应堆出口母管相连，主要功能是为主冷却系统提供静压以及调节、维持系统运行压力，除去一次水在堆芯受到 γ 射线和中子辐照分解成的氢气与氧气，以及裂变产生的氪、氙等惰性气体,监测并补偿主冷却剂的泄漏。

1)组成

除气加压系统由 1 台除气器、2 台加压泵、气动调节阀、1 台喷射器及其他管道、阀门等组成。除气加压系统组成如图 3-6 所示。

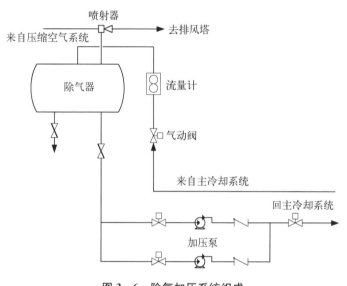

图 3-6　除气加压系统组成

2)设备

喷射器是以 0.4 MPa 压缩空气为动力源的喷射泵,结构简单可靠,其下部管道形成低压区,从而带出并稀释主冷却剂所释放的气体。

除气器为直径 2 m、长 5.56 m、容积 16 m³ 的卧式放置的圆柱形不锈钢容器,采用负压喷淋的方式释放出主冷却剂中溶解的气体,并按照设计水位运行,持续补充主冷却系统水装量的损失。

2 台加压泵为单级离心式泵,将除气器中的主冷却剂打回到主冷却系统中,并提供主冷却系统静压,防止主泵汽蚀和堆芯容积沸腾。气动调节阀采用低压压缩空气作为动力源,能快速、较为线性地实现除气流量的调节。

3)系统运行

反应堆在正常运行时,一台加压泵投入工作,另一台处于热备用。反应堆出口溶有辐照分解气体、裂变气体的一次水进入除气器进行喷淋除气,再经加压泵回到主冷却系统中;释放在除气器内的气体被喷射器排至排风塔,经过滤后排放到大气中。设置在主冷却系统向除气器排水的管道上的气动调节阀与反应堆入口压力构成实时反馈的 PID 调节,自动维持主冷却系统压力的稳定。

此外,在运行期间,除气器内的水容积约为 12 m³,持续供给主冷却剂的损失。反应堆运行人员根据除气器液位的下降情况可以判断主冷却系统的泄漏量,达到监测反应堆主冷却剂泄漏率的目的。

3.2.4 净化系统

为控制主冷却剂的 pH 值、主冷却剂中的离子和杂质含量,降低放射性水平,达到缓解和控制主冷却剂对燃料组件包壳、其他构件的腐蚀,以及控制工艺房间剂量水平的目的,HFETR 设置了净化系统,通过过滤、离子交换等手段连续除去主冷却剂中溶解和悬浮的杂质,保证冷却剂中的杂质浓度在允许值以下。此外,系统入口和出口均设有取样装置,便于反应堆主冷却剂取样离线测量和判断系统净化效率。净化系统额定净化质量流量为 45 t/h,系统设计的最大质量流量为 53 t/h。

1)组成

净化系统包含净化冷却器、前机械过滤器、离子交换柱、后机械过滤器及相关的管道阀门。系统构成如图 3-7 所示。

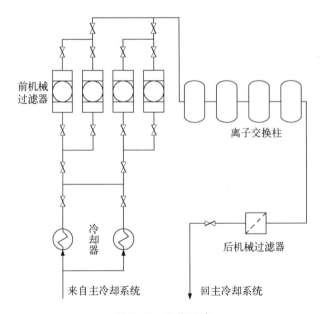

图 3-7 净化系统

2）主要设备

净化冷却器设计压力为 2.0 MPa，采用立式列管布置，采用二次冷却水对进入净化系统的主冷却剂进行冷却，使进入离子交换柱的主冷却剂温度不高于 50 ℃，防止离子交换柱内的树脂失效和分解。

前机械过滤器的目的是去除主冷却剂中的固体杂质。过滤颗粒直径为 35 μm；设计压力为 2.0 MPa。采用立式放置，内置的带孔滤管外包 2 层 420 目滤网和 1 层 150 目加强滤网。

离子交换柱共有 4 台，分别装填阳离子交换树脂和阴离子交换树脂（通常有 2 台），其作用是采用离子交换方法置换、除去主冷却剂中的阴、阳离子。其设计压力为 2.0 MPa，空塔流速为 25.4 m/h，每个离子交换柱树脂装量为 2.66 m^3。为提高离子交换效率，并防止水流过快导致树脂磨损，净化系统质量流量一般控制在 40 t/h 以内。

后机械过滤器的作用是截留破碎树脂及其他固体杂物。设计压力为 2.0 MPa，过滤面积为 0.58 m^2，过滤速度为 86.2 m/h，过滤粒径为 130 μm。采用立式、筒式布置，筒外包 110 目滤网，50 目滤网作为加强措施。

3）系统运行

反应堆在正常运行时，主冷却剂经过净化系统入口阀流入净化系统，经净化冷却器冷却后，依次流经前机械过滤器，阴、阳离子交换柱，后机械过滤器进行净化，最终经净化系统出口阀流回主冷却系统。

一般运行中只需要投入阴、阳离子交换柱各 1 台，系统阀门多设计为远程手动操作，通过贯穿辐射屏蔽墙体的长机械连接杆实现运行过程中的投入与切除。当主冷却剂水质异常升高时，可根据运行要求，提高净化流量或增加投入的离子交换柱。

3.2.5　破探系统

燃料组件破损探测系统（简称破探系统）通过取主冷却系统中反应堆出口母管的一股细小水流，测量其缓发中子计数和水中总 γ 放射性来在线判断燃料包壳是否破损。当缓发中子计数和总 γ 射线计数达到预定的报警值时，反应堆报警系统发出声光报警信号，提醒主控室值班人员进行分析处理，防止事故扩大，避免严重放射性后果。

1）组成

HFETR 破探系统由破探冷却器、缓发中子探测站、总 γ 射线探测站及相应的管道、阀门、仪表等组成,系统构成如图 3-8 所示。

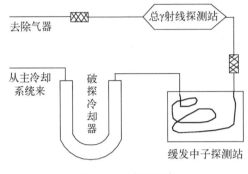

图 3-8　破探系统

2) 设备

破探冷却器为套管式热交换器,外形尺寸为 1 340 mm × 880 mm × 370 mm,采用二次水作为冷却水。

缓发中子探测站主要由 1 个 BF$_3$ 计数管和 1 台处理组件 ND-2056 组成,探测站使用固体石蜡作为慢化剂。BF$_3$ 探测器原理为 $^{10}B + n \rightarrow ^7Li + ^4He$,$^4He$ 的运动使探测器中的气体电离,带电离子在电场作用下分别向阴极、阳极运动,产生电脉冲信号,此信号经电子线路放大后被记录下来,进而完成对粒子的探测。

总 γ 射线探测站由 1 个 G-M 计数管和 1 台 ND-2053 处理组件组成。γ 射线照在闪烁体上发出荧光,利用光导和反光材料使大部分荧光光子集中到光电倍增管的阴极上;光子经过光电倍增管倍增放大,倍增后的电子在阳极产生电压脉冲,此脉冲经电子线路放大和分析后被记录下来,进而完成对粒子的探测。

破探系统管道采用 DN10 的不锈钢管,采用不锈钢针形阀作为边界阀并进行流量调节。

3) 系统运行

从反应堆出口母管引出主冷却剂到破损探测间,主冷却剂经冷却器后温度降至 35 ℃左右,再流过缓发中子探测站的螺旋管,之后再进入总 γ 射线探测室,最终流入除气器,通过除气加压系统再次回到主冷却系统中。在 HFETR 主冷却剂中,中子本底主要来自 ^{17}N、^{87}Br、^{137}I,其半衰期($T_{1/2}$)分别为 4.14 s、55.6 s 及 22.0 s,γ 本底主要来自次水中 ^{16}O 活化产生的 ^{16}N,其半衰期为 7.13 s,为尽量降低一次水中非缓发中子和 γ 本底的影响,该系统设计具有流速较慢、管道较长的特点,主冷却剂经历约 80 s 到达缓发中子监测站,约 90 s 到达总 γ 射线探测站。

当出现燃料组件破损时,裂变碎片释放到主冷却剂中并进入破损探测系统,其释放的缓发中子和 γ 射线会被缓发中子监测站和总 γ 射线探测站实时记录。缓发中子仪和总 γ 监测仪均设置报警功能,当测量值超过设定的报警阈值时,主控室信号报警系统发出声光报警。由运行人员根据破探系统测量数据及离线取样结果综合判断堆芯内燃料组件包壳的运行情况。

3.3　二次冷却系统

二次冷却系统用于安全可靠地将主冷却剂热量有效导出,并为 HFETR 各辅助系统及相关设备提供冷却水。

1) 组成

二次冷却系统由主热交换器、泵、阀门、管道等组成。由于 HFETR 距离取水口较远,因此设计利用泵站进行多级提升实现供水,并将主要设备布置在泵站中,泵站与泵站、泵站与反应堆厂房的主热交换器通过输水管道相连,供水步骤如图 3 - 9 所示。

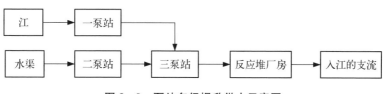

图 3 - 9　泵站多级提升供水示意图

为提高取水点供水的可靠性,HFETR 二次冷却系统设计为多取水点、多级提升模式。一泵站从江中取水送至三泵站;作为备用泵站,在一泵站维护、供水能力不足或不能正常供水时,二泵站从源自江的水渠中取水送至三泵站,然后由三泵站通过二次水主泵送入反应堆厂房的主热交换器等用户进行换热,二次水完成换热后排入反应堆厂区的一条入江支流中;三泵站是厂区设施冷却水集中供水设施,其中向 HFETR 反应堆厂房供二次水的系统流程如图 3 - 10 所示。

2) 设备

一泵站主要设备有 5 台水泵,最大取水质量流量为 10 000 t/h,输水管道

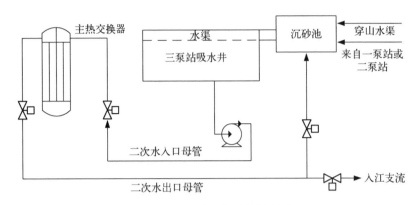

图 3 - 10　二次冷却系统流程图

由 2 根碳钢管组成,长约 870 m,最大输水质量流量为 10 000 t/h。

二泵站主要设备有 4 台水泵,供水质量流量可达 10 000 t/h。另外,二泵站还设置有自来水生产设施,为厂区和反应堆提供生产生活用自来水、消防用水等。

三泵站中为 HFETR 配置有 4 台二次水主泵,其中 3 台二次水主泵并联运行,供水质量流量可达 10 000 t/h,还设置有余热导出用的冷却泵 2 台。另外,安全水池、二次水应急冷却系统主要设备、二次水隔离系统主要设备也布置在三泵站里。

3) 系统运行

二次冷却系统采用开式循环,一、二泵站的供水到达三泵站后,先经过沉砂池及滤网后再到吸水井中。通过三泵站的二次水泵从吸水井中取水,经 $\phi 1\ 400\ mm \times 10\ mm$ 的输水管送至反应堆厂房二次水操作间,由二次冷却系统入口母管分配给 5 组主热交换器、净化系统冷却器、燃料组件破探系统冷却器、除气系统喷射器后的除气冷凝器等,再由二次冷却系统出口母管汇集后排放到河流中。

当一泵站维护、供水能力不足或不能正常供水时,二泵站从源自江的水渠中取水送至三泵站的沉砂池及滤网后再到吸水井中。

3.4　二次冷却相关系统

在三泵站和 HFETR 反应堆厂房还设置有二次水事故冷却系统、二次水污水监测系统、二次水隔离系统等二次冷却系统的相关系统,为事故情况下提供冷却用的二次水,避免主热交换器传热管破裂导致被污染二次水排放到环境中。

3.4.1　二次水事故冷却系统

二次水事故冷却系统是 HFETR 的专设安全设施之一。当 HFETR 发生二次水管道破裂、2 路外电源同时失电、二次水管道破裂与 2 路外电源同时失电双重叠加事故中的任何一种事故,正常冷却的二次水完全丧失的情况下,启动二次水事故冷却系统向 HFETR 主热交换器供水,使反应堆剩余释热能够有效导出,确保反应堆的安全。

二次水事故冷却系统是 HFETR 第二套独立的二次水冷却系统,管线、泵均与二次冷却系统分开,并使用与一次水事故冷却系统相同的主热交换器。

1) 组成

该系统配置有 2 台二次水事故泵,由三泵站经二次水事故管线供水管向 HFETR 主热交换器供水,经主热交换器后再由二次水事故管线回水管回到三泵站,构成闭式循环。二次水事故冷却系统如图 3-11 所示。

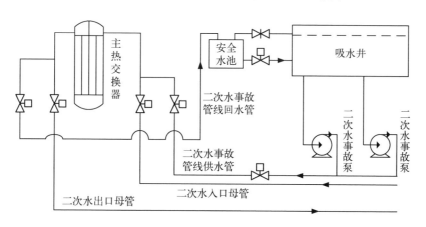

图 3-11　二次水事故冷却系统

二次水事故泵可由厂区变电站供电,也可由 HFETR 反应堆厂房的可靠段供电,可靠段电源来自 HFETR 应急电源或应急后备电源,以保证在外电源丧失时二次水事故冷却系统的正常运行。

2) 设备

系统主要设备为 2 台二次水事故泵、4 号主热交换器、5 号主热交换器、管道和阀门等。2 台二次水事故泵采用清水离心泵,其主要参数列于表 3-7。

表 3-7　二次水事故泵主要参数

参　数　名　称	数　值
额定体积流量/(m³/h)	485
扬程/m	24
电机功率/kW	45
额定电流/A	84.2

3) 系统运行

在事故工况或定期试验时,二次冷却系统停止运行,启动二次水事故冷却系统,二次水事故泵从三泵站吸水井抽水,经二次水事故管线供水管将二次水输送至反应堆厂房,在主热交换器完成热量交换后,经二次水事故管线回水管流回安全水池,安全水池和吸水井之间连通,完成闭式循环。承担停堆冷却功能时,二次水事故泵从三泵站吸水井抽水,可由二次冷却系统的正常供水管线供水,在主热交换器完成热量交换后,排至厂区汇入江的河流中。

3.4.2　二次水污水监测系统

为监测主热交换器传热管是否破损,防止主热交换器传热管破裂后泄漏至二次水中的放射性物质跟随二次冷却系统排放到环境中,设置二次水污水监测系统。

1) 组成

二次水污水监测系统由 NaI 闪烁探测器、铅屏蔽罐及相应的管道、阀门和仪表等组成。二次水污水监测系统在每组热交换器二次水出口及二次水出口总管上都设置有取样水管,通过取样水管对主热交换器出口、二次水出口母管的二次水进行连续取样,送至探测站进行 γ 剂量监测,通过测得的 γ 剂量水平判断主热交换器是否存在破损。二次水污水监测系统分为 6 个通道,分别负责 5 组主热交换器和二次水出口母管的污水监测,系统构成如图 3-12 所示。

2) 设备及运行

NaI 闪烁体探测器是最常用的无机晶体 γ 射线探测器,有很高的发光效

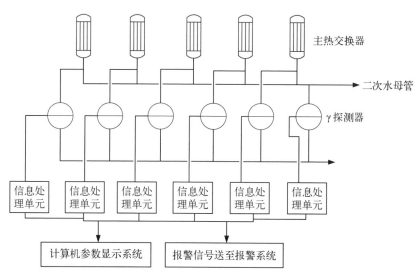

图 3 - 12　二次水污水监测系统

率和对 γ 射线的探测效率。

铅屏蔽罐是以铅为主要材料制造的辐射屏蔽装置,因为二次水污水监测系统需要探测低活度浓度的水体放射性活度浓度,需要屏蔽本底环境的辐射。

在每组热交换器二次水出口及二次水出口总管上都设置有取样水管,6 台 NaI 闪烁探测器对每个取样点的水样品分别进行独立的测量,给出正比于水中放射性活度浓度的测量信号,并将信号分别送入 6 台低放水连续监测仪,仪器设有剂量高报警值,每条报警电路都能独立实现声光报警功能。

当某一组热交换器传热管破损后,由于主冷却剂系统压力高于二次水系统,该热交换器主冷却剂会进入二次水中,导致该热交换器二次水出口和二次水母管中放射性核素的活度浓度增高。当浓度超过报警值时,主控室发出相应报警信号以提醒运行人员及时做出响应。

当检测到被污染二次水时,通过二次水隔离系统存储受污染的二次水,防止被放射性污染的二次水直接排放造成环境污染。

3.4.3　二次水隔离系统

二次水隔离系统是 HFETR 的专设安全设施之一。HFETR 二次水系统采用开式循环,经主热交换器的二次水直接排入环境中,主热交换器一旦发生泄漏,带放射性的一次水就会泄漏至二次水,造成二次水污染,为防止主热交换器换热管破裂时,被污染的二次水直接排放造成环境污染,特设置了一个容积为 5 300 m³ 的应急储存衰变水池。衰变水池平时处于排空状态,一旦主热交换器传热管破裂,可将二次水排入衰变水池存放,待符合国家排放标准后再进行排放。

1) 组成

二次水隔离系统主要由衰变水池及相关的管道和阀门组成,其系统如图 3-13 所示。

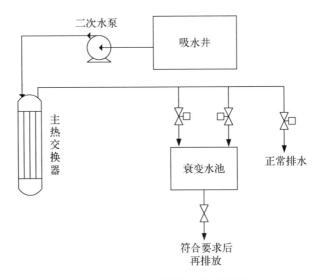

图 3-13　二次水隔离系统示意图

2) 设备

本系统由应急储存衰变水池、直径为 1 400 mm 的二次冷却系统回水管、阀门等组成。其中,衰变水池主要参数列于表 3-8。

表 3-8　衰变水池主要参数

参 数 名 称	内 容
物项分级	安全相关级(SR)物项
抗震类别	抗震Ⅱ类
设计尺寸/(cm×cm×cm)	4 400×1 900×640
容积/m³	5 300

3）系统运行

当主热交换器传热管破裂,一次水泄漏到二次水中时,先将二次水出口母管上排放至环境的出口阀关闭,再将通往衰变水池的阀门打开,从而使带放射性的二次水排入衰变水池暂存。

第 4 章
辅助系统及专设安全设施

高通量工程试验堆(HFETR)的辅助系统主要包括仪表与控制系统、供电系统、除气加压系统、净化系统、破探系统、二次水污水监测系统、去离子水生产系统、补水系统、特排系统、压缩空气系统、辐射监测系统、照明系统、通风系统等。

为限制反应堆事故引发的放射性后果,HFETR 还设置了多个专设安全设施,包括事故冷却设施、回补水设施、应急消防水注入系统、二次水隔离系统、应急排风系统及除碘设施、泄热设施及严重事故缓解设施。

4.1 仪表与控制系统

仪表与控制系统是 HFETR 的重要系统,主要用于监督和控制反应堆的状态和运行过程,并满足安全运行和有效利用反应堆的要求。

仪表与控制系统由热工过程参数测量系统、保护系统、反应性控制系统、功率调节系统、信号报警系统、核测量系统和主控室 7 个部分组成。

4.1.1 热工过程参数测量系统

热工过程参数测量系统包含热工过程参数测量和控制,用以连续、实时监测反应堆在正常运行和事故工况下各设备和系统的数据信息,并向反应堆保护系统提供相应的信号。主要包括温度(温差)、压力(压差)、流量、液位、热功率等多种类型采集测量参数,部分重要参数输出警告、联锁、保护等触点信号。以具有警告、联锁、保护要求的入口压力参数为例,其完整的采集、处理流程如图 4-1 所示。

HFETR 设置 3 套堆入口压力测点,由压力变送器采集管道上压力信号

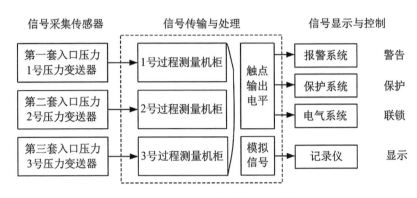

信号采集传感器　　　信号传输与处理　　　信号显示与控制

图 4-1　入口压力采集、处理流程

后,分别传输至 3 台过程测量机柜进行信号处理,包括信号转换、隔离、阈值判断等,输出模拟信号至主控室仪表屏上记录仪进行数据显示。另外,由上述 3 台过程测量机柜输出触点信号分别至报警系统、保护系统及电气系统,进行逻辑符合后输出信号参与光字牌声光报警、反应堆自动停堆及电气设备联锁。

热工过程参数测量系统设备主要包括信号采集传感器、信号转换仪表、信号隔离器、显示仪表以及其他一些功能仪表等。

传感器也称为探测器或变送器,将被测介质的压力(压差)、液位、流量、温度等物理量转换为电压、电流、电阻、频率等形式的弱电信号输出,按输入量不同分为压力变送器、温度传感器、流量传感器等。压力变送器是将其感受到的介质压力或压差信号转换为电流或电压信号的仪表,当输入压差信号时称压差变送器,其他参数如液位、流量等可以通过感受组件转化为压力或压差信号实现间接测量。常用的压力(压差)变送器有电容式压力(压差)变送器、扩散硅式压力(压差)变送器等。温度传感器是将其感受到的温度信号转换为电阻或热电势毫伏信号的仪表,常用的温度传感器有热电阻温度计、热电偶毫伏温度计等,热电阻温度计测量精度高,通常用来测量 $-200 \sim +500$ ℃的温度。流量传感器是将其感受到的流量信号转换为压差信号或频率信号的仪表。流量测量仪表的种类较多,对于核反应堆来说应用较多的是压差式流量计、涡轮流量计、电磁流量计、转子流量计等。

信号转换仪表是将传感器的输出信号转换为可远传的直流信号并输至显示仪表和其他功能仪表,便于远端监视和其他功能的实现。在反应堆过程测量中通常分为信号隔离器、配电器、温度转换器、频率转换器。

信号隔离器是将单路输入标准直流信号转换成单路或多路互相隔离的

标准直流输出信号的仪表,分为有、无配电 2 种规格。配电器工作原理及功能与带配电功能的信号隔离器相同。温度转换器是将输入的温度热电阻信号或热电偶毫伏信号转换为标准直流信号的仪表。频率转换器是将输入的频率信号转换为标准直流信号的仪表,它常用于有涡轮流量计的流量测量系统中。

显示仪表是将输入的电阻、直流信号通过过程参数物理量显示的仪表,分为记录仪、数字显示记录仪、数字显示仪、数字显示巡检仪等。在显示仪表中,记录仪、数字显示记录仪和数字显示仪可根据系统设计需要增添报警功能。

其他功能仪表。在过程测量中,除上述各主要过程仪表外,还有报警类、运算类和调节类等仪表。报警类仪表是通过人为设置报警限值,当输入的直流信号越限时转换为开关量的仪表。运算类仪表是将单通道或多通道输入按某一特定公式计算后输出直流信号的仪表,如开方器、加减器(加法组件)、乘除器(乘法组件)、复合运算器、数据采集器等。调节类仪表是指将某一输入量与指定量相比较后输出控制信号的一类仪表,如定值器(手动操作器、电压源组件)、调节器(调节组件)等。

HFETR 过程参数测量系统监测的设备和系统中均设有温度(温差)、压力(压差)、流量、液位和热功率等被测参数,涉及温度(温差)测量系统、压力(压差)测量系统、流量测量系统、液位测量系统、热功率测量系统等。这些系统一般由上述仪表构成,下面进行详细介绍。

4.1.1.1　温度(温差)测量系统

1) 温度测量结构

HFETR 温度测量系统的测量结构有如下几种方式。

方式一,温度传感器(含热电阻温度计和热电偶温度计)将所感应到的温度电阻信号或温度热电势信号直接送至显示仪表显示和记录,如图 4-2 所示。基于此测量方式的温度测量

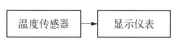

图 4-2　温度测量结构方式一

系统最大的特点在于显示仪表都必须自带温度变送功能。

方式二,温度传感器的作用与方式一相同,温度转换器将温度信号转换为 $0 \sim 10\ \mathrm{V}$ 或 $1 \sim 5\ \mathrm{V}$ 的标准信号输至显示或记录仪表,如图 4-3 所示。

图 4-3　温度测量结构方式二

方式三,温度测量方式三与方式二的工作原理相同,区别在于温度转换器分成两路输出:一路送至显示仪表显示和记录,另一路送至计算机采集并显示,如图4-4所示。

图4-4 温度测量结构方式三

方式四,温度测量方式四与方式三相比,增加了信号隔离环节(见图4-5),主要是为了防止计算机系统对温度测量系统产生干扰。

图4-5 温度测量结构方式四

综上4种测量结构,为消除由于连接导线电阻随环境温度变化而造成的测量误差,在HFETR和考验回路的温度测量系统中,热电阻温度计主要采用三线制接法。热电偶温度计测量温度时应注意热电偶的冷端补偿,在HFETR及考验回路的温度测量系统中,冷端补偿一般采用PN结冷端温度补偿。

2)温差测量结构

图4-6所示为两路温度参数信号分别通过温度转换器转换后送至减法器,减法器输出并联的两路信号,分别至显示仪表显示并记录和计算机采集并显示。在HFETR温差测量系统中,减法功能的实现主要有2种方式:一是HFETR堆出入口温差等参数,采用独立的减法组件以实现减法功能;二是HFETR某考验回路考验装置的进出口温差等参数,采用数据采集器通过编程运算以实现减法功能。

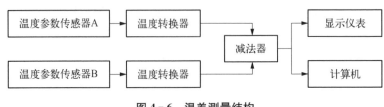

图4-6 温差测量结构

3）温度（温差）测量系统报警功能的实现

在过程测量系统中，某些温度、温差参数需要报警功能时，一方面其报警可由显示仪表给出，另一方面可从与显示仪表并接的报警仪表给出。报警仪表的数量由该过程参数的报警点数决定。

4.1.1.2　压力（压差）测量系统

1）压力（压差）测量结构

HFETR 的压力、压差测量系统的测量结构有下面 2 种方式。

方式一，压力（压差）参数传感器将所感应到的压力或压差信号送至信号转换器，信号转换器分两路输出：一路送至显示仪表显示，另一路送至计算机采集、显示，如图 4-7 所示。

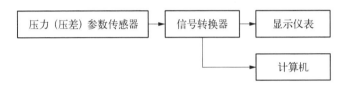

图 4-7　压力测量结构方式一

方式二，两路压力参数传感器将所感应到的压力信号转换成 4～20 mA 信号后，分别通过信号转换器转换后再送至同一个减法器，再由减法器输出，分成两路信号，分别送至显示仪表显示、记录和计算机采集、显示，如图 4-8 所示。

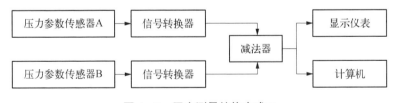

图 4-8　压力测量结构方式二

在 HFETR 压力、压差测量系统中，压力变送器或差压变送器是测量系统的核心环节。压力变送器或差压变送器按接线可分为两线制和四线制变送器。两线制压力变送器的 2 根接线同时作为信号传输线和仪表电源线；四线制压力变送器的 4 根线中，2 根作为信号传输线，另外 2 根作为仪表电源线。两线制压力变送器的仪表电源为 24 V 或 30 V 直流电源；四线制压力变送器的仪表电源为 24 V 直流电源或 220 V 交流电源。

2) 压力(压差)测量系统报警功能的实现

在过程测量系统中,某些压力、压差过程参数需要报警功能时,一方面其报警可由显示仪表给出,另一方面可从与显示仪表并接的报警仪表给出。报警仪表的数量由该过程参数的报警点数决定。

4.1.1.3 流量测量系统

1) 流量测量结构

HFETR 的流量测量系统的测量方式有下面几种。

(1) 电磁式测量。图 4-9 所示为电磁流量探测器将所感应到的流量信号直接转换为感应电势,电磁流量计主机将感应电势处理成流量值显示,转换成 4~20 mA 电流输出至外接显示仪表。

图 4-9 电磁流量计测量系统结构

(2) 孔板式流量计。

方式一,内藏孔板的差压变送器将所感应到的流量信号经开方运算转换为直流电流信号送至信号转换器;信号转换器分两路输出:一路送至显示仪表显示和记录,另一路送至计算机采集和显示,如图 4-10 所示。

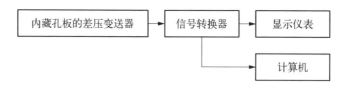

图 4-10 孔板式流量计测量系统结构方式一

方式二,流量孔板将所感应到的流量差压信号送至流量变送器,流量变送器将流量差压信号转换为流量直流电流信号并输至信号转换器后分两路输出:一路送至显示仪表显示和记录,另一路送至计算机采集和显示,如图 4-11 所示。

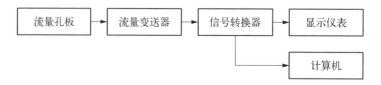

图 4-11 孔板式流量计测量系统结构方式二

方式三,介质流经流量孔板所产生的流量差压信号被引至差压变送器,差压变送器将流量差压信号转换为直流电流信号并传输至电流/电压转换器,电流/电压转换器将直流电压信号送至信号开方器转换为流量直流信号,两路并联信号分别送至显示仪表显示、记录和计算机采集、显示,如图 4 - 12 所示。

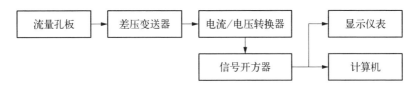

图 4 - 12　孔板式流量计测量系统结构方式三

(3) 涡轮式流量计。图 4 - 13 所示为介质流经涡轮式流量计(或涡街流量计)所产生的流量频率信号送至频率转换器,频率转换器的直流电流输出回路中串接显示仪表显示、记录和计算机采集、显示。

图 4 - 13　涡轮式流量计测量系统结构

(4) 超声波式流量测量。图 4 - 14 所示为超声波流量计探头测量上、下游等距离处接收到的超声波信号的时间差 ΔT,并将此信号输入流量计主机,流量计主机对超声波时间差 ΔT 进行运算,并转换成速度之差,进而测得流体流速。根据管内流体的流速和流量成一定的比例关系的原理计算出流体流量,流体流量显示在流量计主机的显示面板上,同时输出 4～20 mA 远传流量信号,通过屏蔽电缆传输至 HFETR 主控室内的信号隔离器,经电流/电压转换成 1～5 V 的信号送至双笔数显记录仪显示流量值。

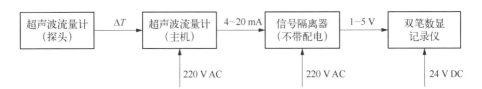

图 4 - 14　超声波流量计测量系统结构

综上,差压变送器配合节流装置(包括流量孔板、文丘里管等)进行流量测量时,将流量节流装置输出的压差信号转换为直流压差信号或直流流量信号。另外,流量变送器与差压变送器存在区别,流量变送器是指其内部已经进行了压差开平方运算,其输出直流信号(通常为电流信号)与流量成线性函数关系。

2) 流量测量系统报警功能的实现

在 HFETR 过程测量系统中,某些流量过程参数需要报警功能时,一方面其报警可由显示仪表给出,另一方面可从与显示仪表并接(或串接)的报警仪表给出。报警仪表的数量根据该过程参数的报警点数决定。

4.1.1.4 液位测量系统

1) 液位测量结构

HFETR 的液位测量系统的测量原理有下面几种方式。

(1) 电接点式液位测量。

方式一,电接点液位计将感受的液位接点信号输至光柱显示仪进行分段显示,如图 4 - 15 所示。

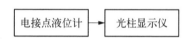

图 4 - 15　电接点液位测量系统结构方式一

方式二,电接点液位计将感受的液位接点信号输至信号转换器转换为直流信号,再输至光柱数字显示仪进行显示,如图 4 - 16 所示。

图 4 - 16　电接点液位测量系统结构方式二

(2) 静压式液位测量。图 4 - 17 所示为液位变送器(包括压力变送器或差压变送器)将感受的液位信号转换为直流电流信号输至信号转换器,通过信号转换器输出两路信号,分别送至显示仪表显示、记录和计算机采集、显示。压力变送器通常适用于常压下开口容器的液位测量,差压变送器通常适用于非常压下密闭容器的液位测量。

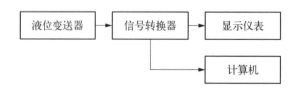

图 4 - 17　静压式液位测量系统结构

（3）压差式液位测量。HFETR 压力容器液位测量的差压变送器均采用图 4-18 所示的方式进行测量,即变送器测量或校验时,其正腔压力≥负腔压力,且测量时,正腔液位恒为量程的上限值。在容器顶部适当位置的标准罐溢流管与容器相连,溢流孔位置为液位测量范围的上限值,其引压管接至差压变送器正腔;容器底部适当高度的取压位置为液位测量范围的下限值,其引压管接至变送器负腔。

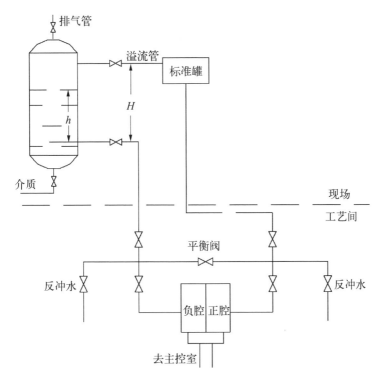

图 4-18　带压常闭液位测量系统

注:h 为被测液位,H 为正、负腔引压管间距。

2）液位测量系统报警功能的实现

在过程测量系统中,某些液位过程参数需要报警功能时,一方面其报警由显示仪表给出,另一方面可以从与显示仪表并接的报警仪表给出。报警仪表的数量根据该过程参数的报警点数决定。

4.1.1.5　热功率测量系统

热功率测量是 HFETR 过程测量中的一个重要的组成部分,是核功率测量和计算的一个重要参考参数。

HFETR 为低温低压回路,其热功率的计算公式为

$$N = kq_m\Delta t \tag{4-1}$$

式中:N 为热功率,kW;k 为单位换算系数,1/0.86;q_m 为质量流量,t/h;Δt 为进口温差,℃。

1)热功率测量结构

HFETR 的热功率测量系统的测量原理有如下几种方式。

方式一,流量直流信号和温差直流信号在乘法器内按 HFETR 热功率计算公式进行计算后输出三路信号,第一路至定值器进行阈值判断输出,第二路至显示仪表显示和记录,第三路至计算机采集和显示,如图 4-19 所示。

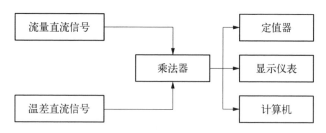

图 4-19 热功率测量系统结构方式一

方式二,流量直流信号和堆入口、出口温度直流信号三路同时输入计算机,在计算机内部进行运算后,一方面在计算机显示器上显示,另一方面输出至其他显示仪表显示并记录,如图 4-20 所示。

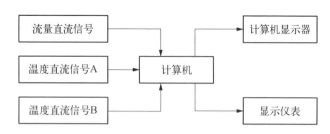

图 4-20 热功率测量系统结构方式二

方式三,HFETR 的一次冷却回路为大流量小温差回路,其温差对热功率测量结果的影响较大。过去在需要测量反应堆热功率时,采用的是电子电位差计测量温度热电阻信号后通过人工计算其对应温度,并读取堆流量,按热功率计算公式进行计算得到堆热功率。

2) 热功率测量系统报警功能的实现

在热功率过程测量系统中,目前仅方式一具有报警输出功能。其堆热功率报警功能的实现,一方面由显示仪表给出,另一方面由与显示仪表并接的报警仪表给出。报警仪表的数量根据该过程参数的报警点数决定。

4.1.1.6　自动调节系统

HFETR 在运行中,需要将某些重要的参数如压力、流量等保持在一个相对稳定的水平,以保证堆的运行安全,因此在 HFETR 上设置了 4 套自动调节系统,即堆入口压力自动调节系统、堆入口流量自动调节系统、加压流量自动调节系统和高压密封水压力与堆出口压力之差自动调节系统。下面仅对常用的 2 种自动调节系统进行介绍。

1) 堆入口压力自动调节系统

当主回路一次水系统管道或设备的泄漏使堆入口压力下降时,因为除气加压系统的加压流量是恒值,除气流量从堆出口母管引至除气器(通大气),所以可调节除气流量来间接调节堆入口压力,并使之得到回升。当系统突然失压时,要求除气流量调节阀(211 阀)立即完全关闭,以确保堆的安全。

堆入口压力自动调节系统以第一套堆入口压力为控制对象,通过调节 211 气动阀开度改变除气流量,保持堆入口压力的稳定,自动调节信号流程如图 4-21 所示。通过智能调节器进行调节,智能调节器具有自动和手动调节功能,PID 参数自整定并显示阀门开度。变送器信号进入信号调理单元后,分出一路信号送至智能调节器实现压力自动或手动调节。当系统出现故障时,解除自动调节,调节输出信号保持不变,同时给出报警信息。

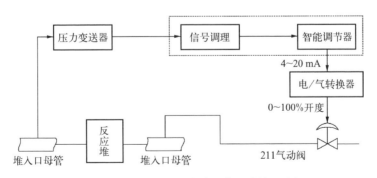

图 4-21　堆入口压力自动调节系统信号流程

当由于某种原因使堆入口压力升高时,因信号调节器置正作用,其输出直流信号增大,电气转换器的输入直流信号增大,其输出压力升高,而 211 阀为气开式(即压力越大,阀门开度越大),故 211 阀开度增大,除气流量随即增大,此时加压流量不变则使堆入口压力下降,直至堆入口压力给定值。反之,堆入口压力低于给定值时,系统会自动调节堆入口压力,使其升至给定值。

2) 加压流量自动调节系统

主回路一次水是循环使用的,在正常稳定运行时,加压流量必须以某一恒值补水给回路系统,才能保证系统的平衡,因而加压流量的恒值调节也是必不可少的。

加压流量调节系统是以加压流量为控制量和被控制量,通过加压流量的实时测量值与加压流量设定值(调节器将其转换为对应的 205 气动阀开度)进行比较,通过其差值调节 205 阀的开度从而改变加压流量,实现加压流量的稳定。信号流程如图 4-22 所示。

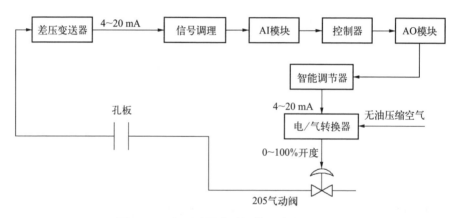

图 4-22 加压流量自动调节系统信号流程图

加压流量自动调节系统通过智能调节器进行调节。智能调节器具有自动和手动调节功能,PID 参数自整定并显示阀门开度。差压变送器信号进入热工过程测量机柜,经过控制器进行开方运算后,经 AO 模块输出一路信号送至智能调节器实现流量自动或手动调节。

当出现某些情况使堆加压流量增大时,因信号调节器置正作用,其输出直流信号增大,电气转换器的输入直流信号增大,其输出压力升高,而 205 阀为气关式(即压力越大阀门开度越小),故 205 阀开度减小,除气流量随即降低,直至堆加压流量给定值,从而保证加压流量恒值向系统补水。反之,堆加压流量下降,当低于给定值时,系统会自动调节使其升至给定值。

在堆自动调节系统投入前,其对应气动阀应处于半开半闭状态,否则当系统需要自动调节时,不能完全实现自动调节功能。

4.1.2　保护系统

反应堆保护系统的作用是当反应堆的核参数或过程参数及安全设备发生异常变化或人为误操作时,能根据对异常状态的监测和变化的危害程度,产生触发安全驱动器和安全系统辅助设施所必需的输出信号,防止反应堆状态超过规定的安全限值或减轻其后果。

为防止与避免非安全故障的发生,设计使失电趋于安全保护,并用逻辑"1"作为正常信号传输,同时安全逻辑装置具有在役检查功能以保证最大平均无故障工作时间。系统通道、部件、组件方面考虑了一定的冗余度,使得系统内单一故障或单次事件及其引发的多故障,不会造成系统丧失保护功能。通过测量通道和逻辑通道结构上的独立和实体隔离以及供电电源的实体和电气的隔离,以保证反应堆保护系统冗余通道的独立性和内部隔离。

保护系统由安全监测装置、安全逻辑装置、旁通装置和终端控制器等构成。每个安全逻辑通道在逻辑组合上采用多通道局部监测符合的 2/3 结构形式,三通道的安全逻辑装置和终端控制器组成多通道总体监测符合的 2/3 结构形式。其原理结构如框图 4-23 所示。

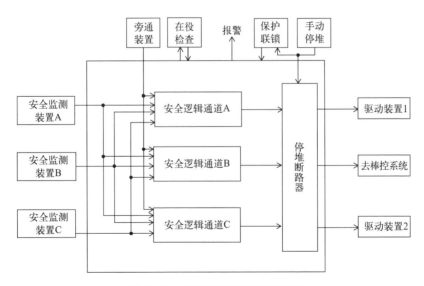

图 4-23　保护系统原理结构框图

4.1.2.1　安全监测装置

安全监测装置分为核参数监测、过程参数监测、保护装置用设备故障监督和供电安全监测 4 种类型。

1)核参数监测装置

参与保护的核参数包括核功率、反应堆周期和反应堆一回路系统水中的核素 ^{16}N 的辐射水平。

反应堆核功率指的是反应堆全堆平均中子注量率的水平(简称中子水平),它与反应堆的热功率成正比。而通常保护用的核功率是以堆芯外某个很小范围内的中子水平代表全堆平均水平,但这个固定小范围内的中子水平显然受堆的装载及控制棒在堆芯高度等因素的影响,不会一直与全堆热功率成正比;为此,在反应堆堆芯外围对称均布 3 个中子注量率探测器,在稳定运行工况下,它们感知的中子水平的相对变化和全堆热功率的相对变化在保护整定值附近具有很好的一致性;因此,将其作为快响应的反应堆相对功率保护是合适的。核功率监测装置原理如图 4-24 所示。

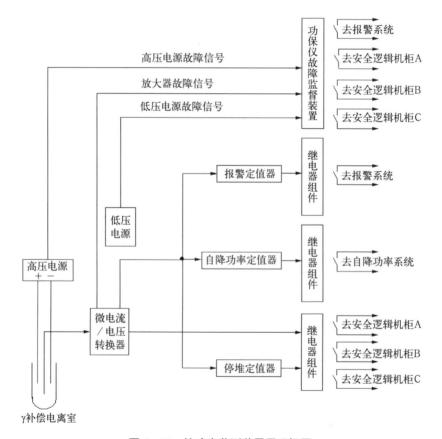

图 4-24 核功率监测装置原理框图

反应堆周期指反应堆的核功率增长 e 倍所需的时间。其所用探测器为对热中子敏感的裂变电离室,与核功率监测装置用探测器有相同的布置原则,即在堆芯外围基本对称均布 3 个探测器,所不同的是这些探测器距堆芯较近,以获得低功率水平下和次临界状态下较强的信号。

该监测装置的探测器和计数通道同时还用于反应堆小功率监测装置的信号测量,在反应堆物理启动过程中使用。

用于一回路水中^{16}N 辐射水平测量的敏感元件是 γ 电离室。一回路水中^{16}N 的生成量与反应堆中子水平成正比,且^{16}N 的辐射水平远大于水中其他核素的辐射水平。但^{16}N 的半衰期很短,因此在主回路管道上设置探测器所得到的 γ 辐射水平与一次水的流量密切相关。在功率运行中,在一定的流量下,^{16}N 的 γ 辐射水平与反应堆热功率成正比。

2)过程参数监测装置

保护系统中的过程监测装置的种类主要有温度和温差、压差和流量及热功率、压力等监测装置。反应堆热功率的监测实质是对反应堆进出口温差和一次水流量乘积的监测。

反应堆进出口温度和温差监测装置所用的敏感组件为铂电阻温度计。在堆进口和出口母管上各装了 2 个双热电阻温度计,若进口和出口上的各 1 个热电阻为 1 组热电阻,则进出口母管上有 4 组电阻温度敏感组件,其中 2 组用于保护系统,1 组用于热功率精密测量,另一组作为备用。用于保护系统的 3 套一次水流量监测敏感组件为差压变送器和压力变送器,其中第一套用的是压差信号,取自标准节流装置即节流孔板,第二套和第三套用的是反应堆进口压力和出口压力的差值信号,作为流量的相关量参与保护。

用于保护系统的反应堆进口压力和出口压力监测装置为压力变送器。在 3 套入口压力监测中,第一套是独立的,第二套和第三套均参与了压差监测;第二套与第三套出口压力监测均同时参与压差监测(即流量相关量)。

3)保护装置用设备故障监督和供电安全监测

保护装置用设备故障监督的主要监督设备有核功率保护放大器、周期保护放大器、安全逻辑机柜(旁通状态)和安全逻辑机柜的低压电源;这些监督装置由设备自身提供。供电安全监督的主要内容为高压Ⅰ段或Ⅱ段失电、低压Ⅰ段或Ⅱ段失电、应急段或可靠段失电。当这些母线失电时,均送出触点断开信号去安全逻辑装置,通过逻辑处理后发送停堆驱动信号。

4.1.2.2　安全逻辑装置

1) 输入隔离单元

从安全监测装置来的每个保护参数的状态用 3 个常开触点分别引入安全逻辑装置 A、B、C 3 个通道的输入隔离单元,完成安全监测装置与逻辑装置之间的隔离功能。当反应堆正常运行时,输入的常开触点是闭合的,隔离单元中所有组件的输出光电三极管导通;当反应堆某状态参数达到保护整定值时,该路输入的常开触点断开,相应的输出光电三极管截止,并给出停堆信号。

2) 2/3 符合逻辑单元

所谓 2/3 符合逻辑即 3 个输入信号中只有 2 个及以上达到要求的值时,才输出达到希望的值。采用多个 2/3 逻辑组件构成 2/3 逻辑单元,而逻辑组件由 CMOS 组件构成的 2/3 逻辑器件组成,从而完成 2/3 局部符合逻辑功能。每个 2/3 逻辑器件接受从隔离单元来的同一种保护参数的 3 个开关信号,输出一个逻辑电平信号去 1/N 电路的一个输入端。当反应堆正常运行时,2/3 逻辑器件的 3 个输入端均为高电平;当反应堆任一种保护参数达到其整定值时,对应 2/3 逻辑器件有 2 个以上输入端为低电平,则给出停堆和事故报警信号,完成 2/3 局部符合逻辑功能。2/3 逻辑器件的另一个输出端去监测电路以指示该器件的工作状态。对于所有的保护参数,无论其逻辑符合方式是 1/1、1/2 还是 2/3 的,要求所用的逻辑器件均为 2/3 逻辑,一般通过输入端的接线处理以达到不同的符合要求。2/3 符合逻辑单元原理如框图 4-25 所示。

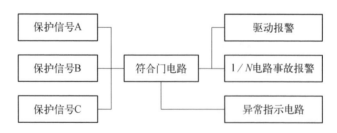

图 4-25　2/3 逻辑单元原理框图

3) 1/N 逻辑单元

1/N 逻辑单元是信号符合后的一个综合单元,它接收 2/3 逻辑组件符合后送出的电平信号。当系统正常时 1/N 逻辑单元输出一个电压信号去停堆驱动单元的光电耦合器,使其产生一定的输出电流;当任一个 2/3 逻辑组件给出低电平信号时,1/N 逻辑的输出电压变为零,给出停堆信号从而完成综合功能。

4.1.2.3　旁通装置及终端控制器

旁通装置用于手动旁通,即当运行不需要某些保护参数(如考验回路已停止运行)或冗余通道的设备需更换时,则使用旁通装置给出被旁通设备的正常替代输出信号,使得对该设备的检查或更换等操作不会引起停堆,也不会失去应该保护的相应该种保护参数的保护功能。旁通时除考虑给出保护信号旁通外,还必须考虑给出旁通警告信号和给计算机参数监测送出信号;旁通方式根据信号符合方式的不同而各异;对 2/3 符合信号,旁通时将某个安全监测装置来的三路与原保护参数触点串联的三个常闭结点打开,模拟三个冗余通道之一已发出保护信号;对 1/2 和 1/1 符合信号进行旁通时,将某个安全监测装置来的两路(或一路)与原保护参数触点并联的两个(或一个)常开结点闭合,使被旁通的通道设备发出的停堆信号失效。旁通装置原理如图 4-26 所示。

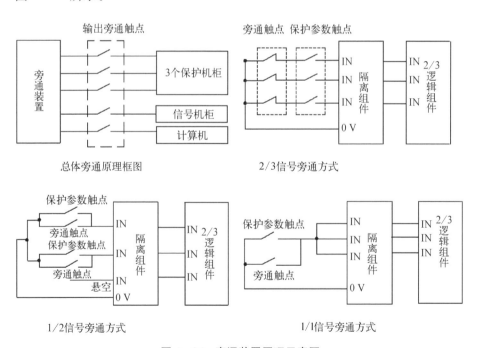

图 4-26　旁通装置原理示意图

终端控制器是安全逻辑装置的 3 个保护机柜的输出综合处理装置,每个机柜最后控制 3 个继电器绕组的通电(正常)或失电(停堆),由每个机柜的 3 个继电器的触点(常开)经 2/3 组合去控制电磁离合器线圈的通电(正常)失电(停堆)。

4.1.2.4 系统运行

保护系统在正常运行时,有以下几个动作。

(1) 保护投入:保护投入的条件是所有的保护输入信号正常、安全逻辑装置的通道正常、全部控制棒在底部及停堆开关放置"快"位置。

(2) 保护停堆:本系统设有自动触发和手动触发两种保护停堆功能。一旦保护信号发出,反应堆保护系统即可自动触发停堆,并不受人为干预完成保护动作,直到触发反应堆保护系统动作的信号消失才能手动复原。在控制台上设有手动触发停堆装置。另外,作为辅助控制点,在控制室以外还设有辅助应急停堆按钮,手动触发。电路中的故障不阻碍手动触发。

(3) 保护旁通:对于所有 2/3 符合的保护输入信号或参数,当其任一路被手动旁通时,信号符合关系由 2/3 变为 1/2 符合,同时给出旁通警告信号。

(4) 安全报警:由安全逻辑装置事故报警组件输出报警触点,去信号系统报警,当任一种保护输入参数达到其整定值(或故障态)并满足其符合要求时,该路报警触点断开,从而使信号报警系统获得触发信号,完成事故报警。

(5) 故障检查:本系统具有较强的故障检查功能,除了主要核参数监测仪表和安全逻辑装置具有手动检查功能外,安全逻辑装置中的每个安全逻辑通道还具备在役自动检查功能,实时对各安全逻辑通道进行检测,并给出故障点指示和故障报警信号。

(6) 定期试验:对于采用冗余技术和运行、维修旁通的设置,运行中必要时可对一些模拟量通道和开关量通道进行试验,试验中仍满足单一故障准则。

4.1.3 反应性控制系统

反应性控制的目的是使反应堆的链式核裂变得以控制,堆芯能量能够得到有效利用,保证反应堆运行安全。反应性控制系统主要由控制棒及其位置指示系统组成,其电气设备主要包括以 CMOS 逻辑控制为主的控制机柜、驱动电机及其减速箱、棒位指示装置、快速落棒控制用电磁离合器。其功能及性能如下。

1) 电气控制性能

安全棒全部到顶后,其余控制棒才允许提升;只要保护系统发出停堆信号或者安全棒只要有一根离开顶部,其余控制棒均以事故下降的速度下降到底。

(1) 所有控制棒都在底部下限位置时,保护系统才能投入保护工作。

(2) 所有控制棒均设有上、下行程限位开关,将控制棒的运行范围约束在规定值以内;到达上行程限位时的指示灯为黄色,下行程限位指示灯为绿色。

(3)所有控制棒都有自己的棒位指示器指示其相对于堆芯的高度,该位置指示器是由自整角发送机和接收机组成的表针式指示器。

(4)反应性控制系统在保护系统的配合下,使从保护信号产生到安全棒离开顶部的时间满足运行要求。

(5)所有驱动控制棒用的电机均有热保护。

2)其他功能

(1)组提升功能:可单根提升或下降,上升和下降互为联锁;也可分组提升,分组提升时可分为两组,两组可同时提升也可分组提升,分组提升时,单棒提升被禁止。

(2)正常停堆功能:在正常计划停堆时,使用慢停堆开关,此时安全棒电磁铁不释放,以正常速度下降,而手动棒则快速下降。

(3)保护下降功能:当收到保护停堆的驱动信号时,安全棒掉落(电磁铁释放),手动棒快速下降。

(4)条件联锁功能:电机激磁正常作为所有棒的运行条件;位置指示器电源正常和电机电枢不过流作为控制棒提升、下降的条件,但不影响保护下降。

(5)电机制动功能:控制棒驱动电机停止时具有制动功能。

4.1.4 反应堆功率调节系统

反应堆功率调节系统的作用是反应堆功率自动稳定在给定的水平上。该系统包含 2 套构成相同的子系统,分别用于控制 2 根调节棒,2 套子系统互为热备用。调节系统有手动、自动、保护下降、自降功率 4 种工作状态,结构原理如图 4-27 所示。

调节系统自动工作时,与反应堆功率成正比的电离室电流信号输送给功率调节仪,进行微电流-电压转换调节并与功率定值比较,对误差信号初步放大后通过调节机柜中的调节放大单元再进一步放大,经电压-脉宽调制及成形、隔离后去驱动功率放大线路,控制着伺服电机转速和旋转方向,然后通过传动机构带动调节棒升降,从而引入相应的反应性,构成闭环调节,使反应堆自动稳定在一定功率水平上。调节系统的小闭环线路的前向增益及反馈系数可较大范围地调整,以取得良好的动态品质。

调节系统在必要时可实现自动降功率。当设置自动降功率时,正在自动工作状态中的调节系统收到降功率信号后,功率调节仪的功率定值按线性下

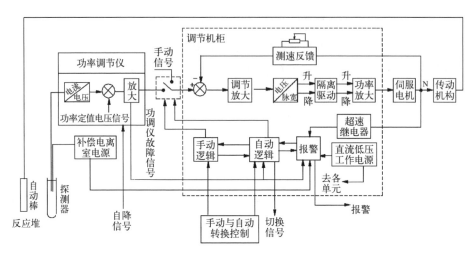

图 4-27 功率调节系统原理框图

降到规定的值。在此过程中,反应堆功率与变化着的功率定值存在误差,从而使堆功率随着定值变化,按线性下降到规定的功率水平。

手动工作状态是将给定电压输入信号(对应一定的棒速)直接接入调节机柜的输入端,而功率调节仪不参与工作,根据电压输入信号极性不同控制着调节棒的升降。

4.1.5 信号报警系统

报警系统通过声、光信号通知运行人员反应堆系统中所发生的异常工况,根据不同性质,所发灯光颜色、音响信号也不同。运行人员可以此明确他所需采取措施的紧迫程度和了解当前各系统状态。报警系统由报警单元、音响线路、信号转换电路及光字牌电路组成。各类报警信号达 135 个,当报警信号发出时,按下声消按钮,灯光闪烁停止,变为平光,音响停止。按下光消按钮,如果故障排除则灯光灭,如果故障存在则灯光保持。

报警系统由信号报警器(又称信号报警单元)、公用线路、信号转换电路和光字牌电源组成。它们的输入信号以触点断开为故障信号,触点闭合为无故障正常状态。信号报警系统原理如图 4-28 所示。

HFETR 报警系统具有事故(保护)、自降、警告 3 种报警形式。当反应堆主要运行参数达到其运行警告值,主要设备状态需要提示(如保护信号被旁通)以及主要设备发生一般故障时将发出警告信号,用铃声和黄色闪光表示;当主要运行参数达到保护整定值或保护系统设备故障达到其停堆符合要求

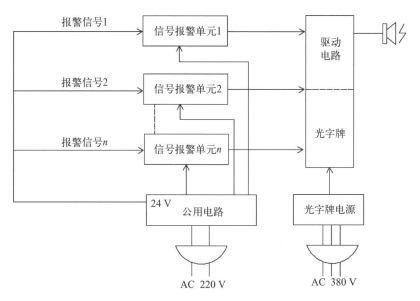

图 4‒28　信号报警系统原理框图

时,将发出事故(停堆)报警信号,用调制喇叭声和红色闪光表示;当部分运行参数介于运行警告值和保护整定值之间时所发出的为自动降功率警告信号,用断续喇叭声和白色闪光表示。

4.1.6　核测量系统

核测量系统是反应堆的重要系统,主要是对中子注量率水平和其增长速度的测量。其中子注量率的平均水平正比于反应堆的热功率,用中子注量率水平表示的功率称为核功率。与一般的非核参数测量相比,反应堆中子注量率测量具有测量范围宽和响应速度快的特点。

反应堆核测量系统中中子注量率的测量方法多样,主要包括源量程测量、中间量程测量、功率量程测量等,下面分别介绍。

1) 源量程测量

源量程测量用于监测反应堆启动过程中子注量率水平及中子注量率变化的速率,提供反应堆核功率和周期保护信号。图 4‒29 所示为典型的源量程中子注量率测量框图。

2) 中间量程测量

中间量程测量用于监测反应堆启动过程中后半部分的反应堆功率和周期,图 4‒30 为典型的中间量程测量框图。

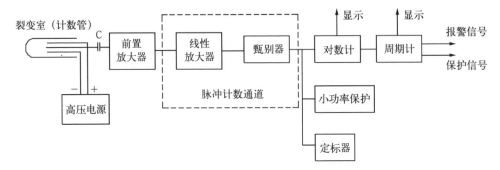

图 4-29　源量程中子注量率测量框图

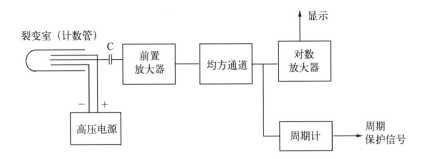

图 4-30　中间量程测量框图

3) 功率量程测量

功率量程测量用于监测反应堆功率运行时的中子注量率水平,同时向反应堆保护系统、功率调节系统输出信号。近代压水堆一般都采用电离室作为中子探测器,测量仪表采用线性测量方法,测量精度高,且便于识读。图 4-31 所示为典型的线性功率量程测量框图。

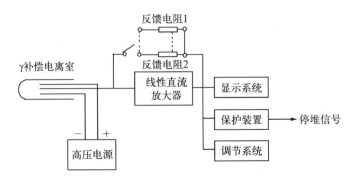

图 4-31　功率量程测量框图

HFETR 核测量系统中热中子注量测量方式有 2 种。

一种是用 γ 补偿热中子电离室作为敏感组件（探测器）的核测量装置，它测量来自电离室的微小直流电流，其测量系统如图 4-32 所示。

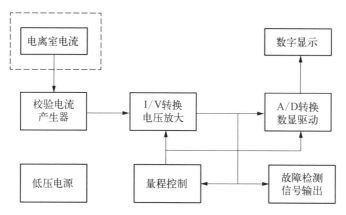

图 4-32　核功率测量仪工作原理框图

该测量装置设有自动换量程和手动换量程两种转换方式，具备模拟显示和数字显示两种显示方法。探测器对热中子的灵敏度较高，输出信号范围较大。

另一种是利用保护系统中反应堆周期监测通道的中间量程测量结果，通过隔离后形成 2 种显示方式。一是正比于热中子注量率由裂变电离室产生脉冲计数率（cps）；二是当脉冲计数率大于 10^5 cps 后裂变电离室产生的均方电流（正比于热中子注量率）。均方电流是通过取对数后给出的，但其指示值均以 cps 为单位。

4.1.7　主控室

控制室是操纵 HFETR 的控制中心，需要满足抗震、辐射屏蔽、抗自然灾害、防噪声等要求，符合工程要求的照度，使操作员在各种情况下执行作业时均有满意的观察效果，具备舒适的温度和空气环境、火灾探测系统、应急停堆控制点等条件。控制室与反应堆厂房外部的通信联络有 2 种独立的通道和相关设备，与反应堆系统各部位之间能够采用直通电话联系，且具有绝对优先权。同时，控制室是仪表和控制设备的密集区，它为运行人员提供了在各种工况条件下的精确、完整、及时的信息和安全控制手段。

控制室设有 1 个控制台和 19 块控制屏。所有控制屏之间以及屏与基座之间均采用刚性连接。主要控制屏对控制台呈半包围状。控制台外形结构为八字形,分为主控制台和 2 个辅控台。控制台用地脚螺栓加以固定,台屏之间留有足够的活动空间。在右辅控台上设有调度电话及调度台,可直接优先与各重要岗位、工艺监测点及应急指挥部门等取得联系,它与广播系统、对外程控电话共同组成了多通道的控制室通信系统。控制室平面布置如图 4 - 33 所示。

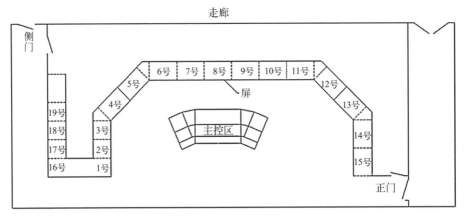

图 4 - 33　控制室平面布置图

1) 控 制 台

控制台按 3 个区域划分:居中是主控区,两侧为安全参数显示区。

主控区有 3 个使用面,垂直面主要布置有 2 台核功率测量仪、3 块周期外接表头、2 块核功率调节仪外接表头、18 根控制棒位置指示器。斜面主要布置有 3 台核功率保护仪、2 台核功率调节仪、18 根控制棒升降开关(或按钮)、保护投入开关、调节棒工作选择开关、紧急停堆按钮及各类状态指示灯等。水平面作为运行人员的书写区。控制台斜面装置布置如图 4 - 34 所示。

2) 控 制 屏

各系统的上屏仪器和装置按隶属关系集中布置。其中:1~3 号、16 号、18 号屏为电气控制屏,主要用于回路中各类泵、阀门控制和工艺间的通风风机控制;4~5 号屏为辐射监测用屏,主要用于燃料组件破损探测和主冷系统 ^{16}N 的放射性监测;6~8 号为控制保护用屏,用于报警光字牌显示、提供补偿电离室高压电源及周期监测,在 8 号屏中还设置用于反应堆主要参数和堆芯装载显示的屏幕;9~15 号为过程测量用屏,用于回路系统中的流量、压力、温度、水位及热功率监测,燃料组件出口温度及其他辅助系统过程参数测量,15 号屏还

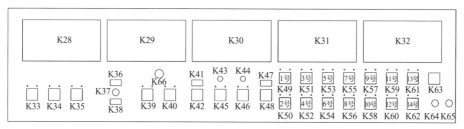

K28、K32—1 号、2 号核功率调节仪；K29 - K31—1 号、2 号、3 号核功率保护仪；K33 - K35—1 号、2 号、3 号启动电离室升降开关及上、下限位指示灯；K36—保护系统准备就绪指示灯；K37—保护投入钥匙开关；K38—保护投入按钮；K39 - K40—1 号、2 号安全棒升降开关及上、下限位指示灯；K41、K47—1 号、2 号调节棒投入自动工作指示灯；K43、K44—报警系统声光消除按钮；K45、K46—1 号、2 号调节棒手动升降开关及上、下限位指示灯；K42、K48—1 号、2 号调节棒工作方式选择开关；K49 - K62—1～14 号手动棒升降开关及上、下限位指示灯；K63—手动棒工作方式选择开关；K64—手动棒组合提升按钮；K65—广播电源开关；K66—紧急停堆按钮。

图 4 - 34 控制台斜面装置布置图

安装有参数采集、电气监控、热工测量系统等参数采集或显示用主机。

4.2 供电系统

HFETR 正常用电全部来自外电源,供电系统用于为反应堆各系统和设备提供必要的电能,主要将电网的电能传输到各用电设备,并在供电系统失去电网电源后,利用系统自身的应急电源持续为必要的设备、仪器和照明供电,从而保证反应堆的安全。HFETR 供电系统由外电源、反应堆供电系统、泵站供电系统 3 个部分组成。

4.2.1 外电源

外电源是为 HFETR 反应堆厂房、各泵站提供交流电源的设施统称,由电网 2 个 220 kV 变电站经 2 条独立交流 110 kV 架空线路提供给厂区变电站,组成如图 4 - 35 所示。

为提高反应堆外电源的可靠性,设计采用 2 条独立的外电源供电线路,由不同的 220 kV 变电站通过架空线路供电至厂区变电站,厂区变电站再各用两条供电线路送至反应堆厂房、各泵站。全线路设计为架空地线,具有防止直击雷、控制感应雷和雷电波入侵的特性。

厂区变电站采用预装式变电站,建筑面积约为 2 200 m²,共设置 2 台 220 kV/6.3 kV 主变压器,额定容量均为 50 MV·A。在 HFETR 运行期间,

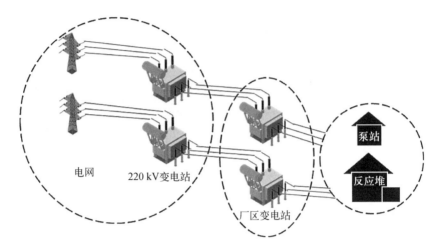

图 4 - 35　外电源示意图

采用两路厂外电源分别带 1 台厂区主变压器运行,HFETR 投运使用每台主变容量的 56%。两路外电的进线一次侧接线方式为外桥接线,二次侧为单母线分段式接线。主变压器设置有电流速断、纵联差动、重瓦斯等主保护,以及过流、过负荷、轻瓦斯、温度等后备保护功能,有效地提高了系统供电的可靠性。

4.2.2　反应堆供电系统

反应堆供电系统是反应堆的重要组成部分,按反应堆内设备不同的供电需求以及设备不同的安全等级为反应堆系统和设备提供不同的电源等级和安全等级的电力。

反应堆供电系统可分为 6 kV 交流、低压交流、可靠交流、应急交流、应急直流及应急后备 6 个类别供电系统,同时还设置供电监控系统,主要供电网络如图 4 - 36 所示。其中,6 kV 交流、低压交流、应急交流及应急后备供电系统均为双路设置,同类负荷基本按双路对等分配的供电原则,以确保同类负荷的供电需求。

1) 6 kV 交流供电系统

6 kV 交流供电系统用于为低压供电母线、功率较大设备供电,主要负荷包括 4 台主变压器、5 台反应堆主泵、通风系统排风机。其中,主变压器的容量为 630 kV·A。电源来自厂区变电站,通过两路电缆线路引至反应堆厂房电气配电间。各负荷的接线采用放射式接线方式,有效地避免了负荷间的相互干扰,提高系统的可运行性。

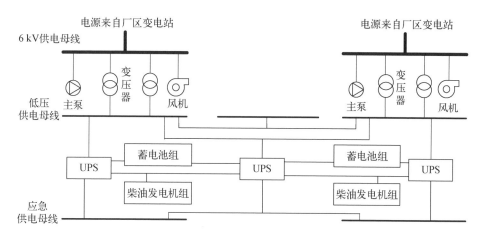

图 4-36　反应堆主要供电网络示意图

6 kV 交流供电系统由 20 台金属铠装移开式开关柜组成,分为两段,每段各预留备用主变柜 1 台、主泵柜 1 台。

开关柜装设有压力释放装置以便当开关柜产生内部故障电弧时释放压力和排泄气体,能有效保证操作人员和开关柜的安全。开关柜具有防止误分、合断路器,防止带负荷推拉手车,防止带电合接地开关(或挂接地线),防止接地开关合上时(或带接地线)送电,防止误入带电间隔室等"五防"措施。开关柜设置有避雷器,可有效地防止操作过电压所引起的设备损坏。开关柜还设有微机保护装置,各保护参数可在微机保护装置上直接设定,分别完成主变柜、主泵柜、母联柜、PT 柜的保护。同时,各微机保护装置可采集高压柜主要电气参数,并远传至电气监控系统。高压系统还设置消谐装置,能够有效地消除系统可能引起的铁磁谐振,以保证高压系统正常运行。

2) 低压交流供电系统

低压交流供电系统用于为反应堆允许失电或间断供电设备供电,由 6 kV 母线直接供电的 2 套低压段和由 2 套低压段间接供电的可靠段组成。

低压段共设置 35 台开关柜。其中,7 台为固定式开关柜,作为主变低压进线柜、可靠段供电柜、低压段母联柜,采用具有长延时、短延时、瞬时保护功能的可抽出式框架断路器;其余 28 台开关柜包括配电开关柜、传动开关柜、电能显示柜。配电开关柜用于向自控仪表、动力箱、热室、空压机站、照明箱等负荷供电;传动开关柜用于向水泵、阀门、风机等电气传动装置供电;电能显示柜用于对需要计量的负荷进行电能统计和显示。低压负荷供配电设备在设计时考虑了一定的冗余,在配电柜、控制柜设置了相应的备用回路,满足了相同功能回路单元的抽屉具有良好的互换性。各开关柜内安装电力监控仪表,可以采集主要电气参数并远传至电气监控系统。

可靠段的负荷是允许间断供电的重要负荷。正常供电时可靠段电源由低压段任意一段供给,低压段供可靠段的供电断路器设置了电源自动切换装置,当低压段供电断电时可自动切换到另一低压段供电。可靠段还与应急交流母线之间设置有母联开关,在2路外电电源丧失情况下,根据运行工况需要,可合上母联开关,由应急交流供电系统供可靠段的负荷。

可靠段共设置9台开关柜,其中,进线柜1台,用于与应急段连接的可靠母联柜1台,向各负荷供电的开关柜7台。开关柜内断路器为可抽出式框架断路器,具有长延时、短延时、瞬时保护的功能。

3) 应急交流供电系统

应急交流电源系统是反应堆安全系统的辅助设施,是保证安全运行的重要动力源;应急交流电源系统使用不间断供电的电源设备,能够不间断地向反应堆的各安全系统可靠地供电;在2路外电源同时丧失电源时,应急交流电源系统能够保证反应堆安全停堆系统、事故冷却系统、应急照明系统及仪表和控制系统的不间断供电。

HFETR的应急交流系统由2个完全独立的供电系统组成,每套应急交流系统由蓄电池组、不间断电源(uninterruptible power supply,UPS)装置、母线、开关柜等组成。系统共有12台开关柜,UPS装置接收来自低压供电系统的电源,并通过开关柜为事故泵、补水泵、回补水泵、主控室仪表和控制系统、事故照明等重要负荷提供电力。另外,设置1台备用UPS装置,可在其他UPS装置检修或发生故障情况下代替其向应急交流母线供电。2套柴油发电机组作为应急后备电源,在2路外电源出现较长时间丧失电源的情况下,能够分别向2套应急电源母线提供后续供电。

应急交流电源系统采用保护性接地和中性线合一(TN-C)接线方式,系统的工作接地母线与保护接地母线共用。各负荷的接线采用放射式接线方式,某些重要负荷采用双回路放射式接线方式,有效地避免了负荷间的相互干扰,提高了系统的可运行性。

4) 应急直流供电系统

应急直流供电系统可提供直流110 V、直流220 V 2种等级直流电源,分别由2套蓄电池组提供。系统共设置直流电源柜3台,110 V直流电源柜2台、220 V直流电源柜1台,均为高频直流电源柜。

110 V 直流电源柜主要为信号屏、堆控制系统机柜间、电磁阀供电和配电间部分断路器的操作提供电源。

220 V 直流电源柜主要为高压开关柜、可靠母联柜的断路器提供操作和保护用电源。

5) 应急后备电源

应急后备电源由 2 台柴油发电机组及相关设备组成,在 2 路外电源丧失工况下,以柴油发电机为动力,可继续向 2 套应急电源系统提供不间断电能。

2 台发电机组设有低油压、低电压、低频率、高水温等保护装置。2 套柴油发电机组分别设置免维护铅酸蓄电池组作为其启动电源,能够保证柴油机组正常启动。2 套柴油机组设置有自启动功能,在 2 路外电源丧失的情况下,柴油发电机组自启动,输出额定频率、电压的电源供应急段交流母线。

应急后备电源的设备布置在 HFETR 主厂房外的柴油机房,柴油发电机组输出电源通过配电间的柴油机控制柜、UPS 装置送入应急交流系统。

6) 供电监控系统

HFETR 设置供电监控系统用于对反应堆供电系统及各负荷的电压、电流等参数进行监测,对主要转动设备电动机的启、停进行监控,为运行人员提供供电系统运行情况。供电监控系统由信号采集模块、通信模块、通信箱、监控主机和线缆等组成。

4.2.3 供电系统运行

反应堆所处运行模式不同,需要配置的系统、设备不同,向设备供电的要求也不同,因此根据反应堆运行模式采取不同的供电系统运行方式,主要包括反应堆功率运行、失去外电源、停堆冷却 3 种情况。

1) 反应堆功率运行

在反应堆功率运行时,HFETR 采用 2 路外电源分别为 6 kV、低压段、应急段的 2 段供电的供电模式。其中,低压段通过 UPS 装置的整流器/逆变器输出供应急交流母线,同时整流器输出向蓄电池组浮充电,柴油发电机组投入 2 路外电源失电自启动以确保反应堆系统设备供电。由低压段通过静态开关输出交流电供应急直流电源柜,应急直流电源柜转换成 220 V、110 V 2 种直流电源输出供各直流负荷。

2) 失去外电源

在 HFETR 功率运行模式下,失去任一路外电源,反应堆将自动停闭。当外电源丧失时,主电源丧失的 UPS 装置由蓄电池放电进行供电,也可通过切换至备用电源供电。另外,可以通过合上 6 kV 母线的母联实现全厂房供电,2套柴油机组不会自启动,仍保持联锁投入状态。

当 2 路外电源均丧失后,由蓄电池向应急母线供电,保证反应堆安全停闭和余热导出,同时 2 套柴油发电机组自动启动作为后备电源根据需要接入,保证为应急电源负荷提供长时间可靠供电。蓄电池和柴油发电机组可确保反应堆安全停闭和余热导出的用电需求。当发生极端自然灾害时,还可通过移动式应急供电装置向反应堆关键仪表、冷却泵供电,确保反应堆冷却和参数监测用电需求。

3) 停堆冷却

当反应堆处于停堆冷却模式下,反应堆冷却设备较少运转,对用电需求不迫切,一般不投入 UPS 装置的整流逆变器、柴油发电机组的失电自启动模式,可根据需要由一路外电源向全厂房供电。

4.3　主要辅助工艺系统

辅助系统是为了实现反应堆安全稳定运行而必不可少的设计内容。不同类型、不同功率水平的反应堆,其辅助系统的设计类别也不相同,并且不同时期建造的相似反应堆,因在设计理念、技术标准、监管法规等方面存在差异,反映在辅助系统设计的复杂程度上也存在明显差异。

作为压力壳式轻水反应堆,与压水堆核电厂类似,HFETR 辅助系统为其提供冷却剂补充、压力保持与调节、水化学控制与监测、放射性物质监测与排放等功能。主要包括主冷却剂系统相关辅助系统、燃料组件破损探测系统、二次水污水监测系统、去离子水生产与补给系统、特排系统、辐射监测系统、通风系统等。

4.3.1　去离子水生产系统

去离子水生产系统为 HFETR 及其他用户设施制备去离子水。系统采用树脂脱盐工艺,生活用水先经过阳离子交换柱,内装有 H^+ 型阳离子交换树脂,阳树脂与原水中的阳离子进行交换,得到阳离子水,再经过装有 OH^- 型的阴离子交换树脂,吸附阳离子水中的阴离子,最后经过树脂捕集器生产出满足要求的去离子水,并将生产出的去离子水注入补水系统的 150 m³ 储存水箱储存。系统设有树脂再生单元,能通过酸碱洗涤再生。

1) 组成

去离子水生产系统由预处理单元、脱盐单元、再生单元、给水泵、过滤器、中间水泵、中间水箱、脱气塔等组成。

2) 主要设备

预处理单元由 1 台自吸式原水泵、1 台过滤器、相应的管道阀门及仪表组成。

脱盐单元由 2 台阳柱、1 套脱碳装置、2 台中间水泵、2 台阴柱、1 台备用柱、3 台树脂捕集器、相应的管道阀门及仪表组成。

再生单元由 1 套储酸设备、1 套化碱设备、1 台酸计量箱、1 台碱计量箱、1 台抽酸泵、2 台再生泵、1 台再生水箱、4 台浮子流量计、相应的管道阀门及仪表组成。

此外,还有给水泵 1 台,其额定体积流量为 40 m^3/h,扬程为 33 m;中间水泵 2 台,其额定体积流量为 20 m^3/h,扬程为 35 m。中间水箱容积为 3.8 m^3。

3) 系统运行

本系统运行过程如下：生活用水经水泵、过滤器、阳离子交换柱、树脂捕集器、脱碳装置、中间水箱、中间水泵、阴离子交换柱、树脂捕集器、备用离子交换柱、树脂捕集器,完成对固体杂质、溶解的无机盐等成分去除,生产的去离子水储存在 150 m^3 储存水箱内,再通过补水系统向各个用户送水。

4.3.2　补水系统

补水系统(又称冲洗给水系统)是 HFETR 中一个重要的辅助系统。它负责将去离子水生产系统生产的去离子水输送到主冷却系统及其他系统和设备。另外,该系统主要设备还作为第一套回补水系统的重要组成,其功能详见 4.4.1 节。

1) 组成

补水系统由 150 m^3 储存水箱、2 台补水泵和相关管道、用户阀门组成。其系统流程如图 4 - 37 所示。

2) 主要设备

补水泵为单级离心泵,额定体积流量为 65 m^3/h,扬程为 56 m。

储存水箱接受并储存去离子水生产系统所生产的去离子水,为混凝土方形密闭水箱,水箱设有溢流管连通大气,内敷不锈钢覆面,总容积为 150 m^3。

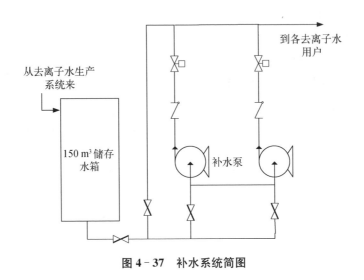

图 4 - 37 补水系统简图

3）系统运行

补水系统储存水箱的去离子水，通过补水泵经相关管线和阀门送至各用户，各用户阀均为双阀设置，1台为手动截止阀，另1台为电动截止阀，并具有远程操作功能。为各用户供水时，只需启动补水泵，打开各用户远程控制电动阀即可，十分便利。

4.3.3 特排系统

特排系统用于收集、暂存厂房内的放射性废水并将其排送至废水提升站。其可以通过地漏管线、特排管道等分类收集堆本体、净化系统、热室、小回路、破损探测、放化实验室及放射性工艺间地漏、化验盘、洗手池等排出的放射性废液并排放至废水提升站。此外，在 HFETR 各系统可通过布置在设备或管道最高处的排气阀进行排气操作。在排气过程中排放的放射性废水也可通过特排系统进行收集并排放至废水提升站。

排放至废水提升站内的放射性废液，最终排至废水处理车间进行废液处理。

1）组成

HFETR 特排系统对于厂房内－6.5 m 标高以上的排水点，采用自流方式排入废水提升站，对于－6.5 m 标高以下排水点，则由管道收集后暂存于厂房标高－13.5 m 位置的特排扬液器内，利用低压压缩空气将废水排放至废水提升站。

2）主要设备

特排系统主要设备包括 3 个 5 m³ 低放扬液器、1 个 0.5 m³ 低放扬液器及相关管道阀门。特排系统管道、设备均采用 1Cr18Ni9Ti 不锈钢，保证放射性废液不会泄漏到环境中。

5 m³ 低放扬液器为不锈钢罐，底部有 1 个进水管和 1 个排水管，顶部有排气管，卧式放置。3 个 5 m³ 低放扬液器底部串联使用，共同收集全厂房 −13.5～−6.5 m 标高范围内的低放废水；顶部排气管并联连通至排风管道。

0.5 m³ 低放扬液器布置在 −13.5 m 扬液器房间内的一个地坑中，用于收集特排扬液器间地面的放射性废水，此处为厂房最低点。0.5 m³ 低放扬液器由管道与 5 m³ 低放扬液器相通。

3）系统运行

−6.5 m 及以上工艺房间产生的各类放射性废水直接通过管线自流进入废水提升站，再输送到废水车间。

−6.5 m 及以下主回路管沟、净化间、热工一次仪表间、放化分析室等处的废水先通过自流收集到 3 台 5 m³ 扬液器中，扬液器装有就地和远距离传送到主控室的水位计。当扬液器水位升到高水位时，运行人员对扬液器进行排水操作，利用压缩空气将废水通过管道排放至废水提升站，再输送到废水车间。

0.5 m³ 的扬液器内废水达到高液位时，利用压缩空气将废液排放至 5 m³ 的扬液器内，再通过 5 m³ 的扬液器排放至废水提升站。

4.3.4　压缩空气系统

压缩空气系统负责向 HFETR 各系统和设备提供压缩空气，包括 2.5 MPa 的高压气系统和 0.8 MPa 的低压气系统，分别由 2 套独立的空气压缩机组，经冷却、干燥、过滤等工艺后，供给各用户。其中，2.5 MPa 高压气系统主要为 HFETR 容积补偿器气空间提供气源，0.8 MPa 低压气系统主要为除气器喷射器、各气动调节阀、特排系统及堆内燃料组件气动操作工具等供气，此外，低压气系统还为净化系统树脂转运、主泵电机除尘等提供吹扫气源。

4.3.5　辐射监测系统

为保护工作人员、公众的安全，需获得放射性作业场所辐射剂量水平、向环境释放气体的剂量水平,因此在 HFETR 厂房主要部位和排风塔设有相应的辐射监测系统,包括工艺间 γ 监测系统、工艺间低放惰性气体 β 监测系统、排风塔气载流出物监测系统 3 个部分。

1) 工艺间 γ 监测系统

工艺间 γ 监测系统通过布置在测量区域的固定式探测器测量所在区域的 γ 射线辐射剂量,为工作人员提供剂量数据。HFETR 反应堆厂房共设有 γ 射线辐射剂量固定监测点 35 个,设置监测点位置包括堆厅、乏燃料水池大厅、主冷却系统工艺间、主泵主热交换器工艺间、净化系统所在工艺间、考验回路工艺间、进入工艺间的通道等,能及时、真实地反映反应堆运行功率升降过程中及考验回路运行、检修中的辐射场变化。对于少数地方和特殊情况,以及人员进行放射性操作时,由剂量人员现场监测作为补充。

工艺间 γ 监测系统由探测器、处理组件、数据采集部分组成,布置测量位置的探测器将测量信号传输给处理组件,处理组件进行处理后即可显示测量值,并将测量值和仪器状态可集中传输至数据采集计算机显示和存储。为适应不同剂量场和环境的辐射监测需求,HFETR 采用了计数管、光电倍增管、电离室 3 类监测仪。

2) 工艺间低放惰性气体 β 监测系统

低放惰性气体 β 监测系统通过专用取样管道从被测量区域抽取气体,对抽取的气体进行测量得到所在区域的低放惰性气体 β 活度浓度,为工作人员提供气体活度浓度数据。HFETR 反应堆厂房共设置 17 个气流 β 监测点,覆盖主要工艺场所及进入的走廊。

低放惰性气体 β 监测系统由取样管道、阀门、取样泵、探测器、测量箱和处理组件等组成,对于需要进行取样分析的场所,通过打开相应取样管道的阀门,利用取样泵抽取气体送至探测器进行测量,探测器测量信号经过测量项和处理组件的传输和处理后显示处理,也可将测量值和仪器状态集中传输至数据采集计算机进行显示和存储。

3) 排风塔气载流出物监测系统

排风塔气载流出物监测系统用于对排风塔排出气体中的气载放射性物质进行监测,以确定排入环境的气载放射性物质的种类、活度浓度和总量,监测项目有气溶胶、碘、惰性气体、^3H、^{14}C 等。根据监测项目设置有气溶胶、碘、惰性气体的在线监测系统设备,用于所有监测项目的取样、制样和分析设备,该系统设备主要包括监测仪、处理组件、取样管道、取样泵、取样装置、阀门、流量计、通风柜、超低本底液闪测量仪等。

4.3.6　通风系统

通风系统用于防止高污染区的被污染空气扩散到低污染区或无污染区，并使工艺间空气中的放射性气溶胶浓度限制在允许值内，同时带走厂房内设备、管道、电机、仪器仪表等所散发的热量，使室内温度保持在对设备和人员适宜的范围内。HFETR 通风系统分为正常通风系统和应急排风系统，应急排风系统属于该堆的专设安全设施，详见第 4.4.3 节，以下主要介绍反应堆厂房正常通风系统。

1）组成

HFETR 正常通风系统分进风系统与排风系统两大类，进风系统与排风系统组合完成通风功能。HFETR 进风系统共有 7 套进风机，用于厂房不同区域的送风，包括堆厅、主回路工艺间、考验回路工艺间、乏燃料储存池大厅、蓄电池间等。排风系统共有 22 套排风机，其中 8 套排风机的排风经过高效过滤器或除碘过滤器过滤后送入排风塔排至大气中，其他排风系统为各工作场所的非放射性局部排风，不排入排风塔，而是直接排入大气。HFETR 主厂房放射性工作区域进风机共有 2 套，分别负责＋6.5 m 以上堆厅、乏燃料水池大厅等放射性工作区域的进风，以及＋6.5 m 以下主回路工艺间、考验回路工艺间等放射性工作区域的进风。HFETR 主要排风系统流程如图 4 - 38 所示。

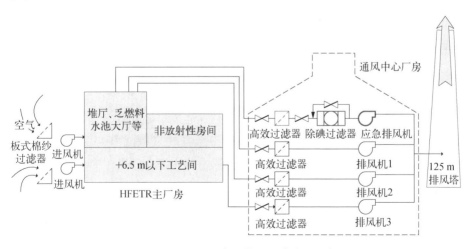

图 4 - 38　HFETR 主要排风系统流程示意图

2）设备

进风系统的主要设备有进风机、过滤器、进风管道和阀门等，排风系统的主要设备有排风机、高效过滤器、除碘过滤器、排风塔、排风管道和阀门等。进风系统主要设备分散布置于 HFETR 厂房内，放射性排风系统的设备除排风管道布置于专用管廊内外，其他设备均集中布置在通风中心。

进风机为离心式风机，其过滤器采用板型棉纱过滤器，负责过滤进入厂房的外空气中的灰尘、细小颗粒、飞虫等，该过滤器为可拆洗式，方便重复使用。

通风中心及排风塔是排风系统的主要设施，位于 HFETR 厂房西北侧，其内布置了排风系统的主要设备：排风过滤器（包括高效过滤器、除碘过滤器），离心排风机，电动密闭蝶阀，电动防火阀等。排风塔位于通风中心西侧，高 125 m。

排风机一般与进风机相对应设计、布置。负责主厂房+6.5 m 以上放射性工作区域的排风机有 2 套，分别负责堆厅、乏燃料水池大厅区域排风；负责主厂房+6.5 m 以下放射性工作区域的排风机为 1 套，负责主回路工艺间、考验回路工艺间等区域排风。

在可能产生放射性碘元素的工艺房间，其排风系统装有除碘过滤器，可通过阀门转换将其投入或采用旁通切除。除碘过滤器共有 18 台，单台过滤风量（体积流量）为 500 m³/h，除碘效率为 95%（元素碘）。除碘过滤器也属于应急排风系统的重要组成，正常通风时不投入运行。

3）系统运行

在反应堆正常运行工况下，先启动排风机，后启动进风机，防止风机启动过程中放射性工艺间内气体溢出而进入厂房非放射性区域。厂房外新鲜空气通过进风机送入各工作区域，再通过排风管道被排风机输送至 125 m 高排风塔排向大气环境。为确保反应堆的放射性气体排放满足国家核安全局批准的排放限值要求，堆主厂房内的放射性排风经过通风中心高效过滤器、除碘过滤器过滤后送入排风塔，在排风塔内布设有多个在线气载流出物放射性监测系统，实现对气载流出物放射性的监测。监测系统详细介绍见 4.3.5 节。

4.4 专设安全设施

专设安全设施是专为限制反应堆事故后果而设置的系统，具体来说是核反应堆在事故工况下投入使用并执行安全功能,以控制事故后果,使反应堆在事故后达到稳定、可接受状态而专门设置的各种系统的总和。具体目标包括排出堆芯余热,避免在任何情况下放射性物质的失控排放,以保护公众和工作人员的安全。

HFETR 设置事故冷却系统、泄热设施、回补水设施、应急消防水注入系统、二次水隔离系统、压力容器二次包容系统、应急排风系统及除碘装置等专设安全设施。另外,根据福岛核事故的经验反馈,除设计基准事故外,还要考虑到概率极小的超设计极限事故的处置措施,因此增设了严重事故缓解设施,包括用于在极端事故情况下的移动式供电装置和移动式供水装置。其中,事故冷却系统包括一次水事故冷却系统、二次水事故冷却系统,详见 3.2.1 节、3.4.1 节,二次水隔离系统详见 3.4.3 节。

4.4.1　回补水系统

为应对压力容器或主冷却系统母管上的主冷却剂泄漏,保证在事故工况下反应堆堆芯淹没,HFETR 设置有 2 套回补水系统,即第一套回补水系统、第二套回补水系统。

当反应堆出口母管出现破口失水时,压力容器内的水将泄漏到一次水母管管沟内,为了保证堆芯燃料组件不裸露,利用补水系统的补水泵及部分管道,通过加装阀门及部分管道,改造为第一套回补水设施,原补水系统功能未变。

第一套回补水系统将堆出口母管破口泄漏于一次水母管管沟的一次水经补水泵与应急管道、阀门实现再循环,以保持压力容器内水位在 $+3.0 \sim +4.0$ m,保证堆芯不裸露,避免燃料组件烧毁事故发生。第一套回补水系统中的 2 台补水泵及对应的进出口阀门由应急段供电,应急后备电源柴油发电机组也可通过应急母线向第一套回补水设施供电,具备应对出口母管破口失水事故的能力。

第二套回补水系统是对第一套回补水系统的补充和完善,能将反应堆发生堆出口母管小破口、压力容器破裂、压力壳底板 Ω 圈失效等事故情况时泄漏到不同地方的一次水进行收集,并能将收集到的一次水以 45 t/h 的流量补回至反应堆压力容器内,以防止堆芯裸露。该系统还能抽取乏燃料水池内的水向反应堆压力容器内补水或将余热导出。

第二套回补水系统不但能解决堆出口母管破口失水事故情况下一次冷却

水泄漏到一次水管沟的回补水问题,同时考虑到若压力容器破裂且不考虑二次包容可用情况下,一次冷却水通过二次包容流入二次包容外环形走廊和堆下小室的回补水问题,而且该设施的回补水流量也大于堆出口母管小破口失水回补水设施的 39.6 t/h 回补水流量需求。

4.4.2　应急消防水注入系统

应急消防水注入系统应用于堆出口母管破裂或压力壳破裂叠加压力容器二次包容失效,且回补水系统补水不足,堆芯燃料组件有裸露出水面的危险时的事故工况,此时将消防水注入反应堆,淹没堆芯,确保燃料组件的安全。应急消防水注入系统、压力容器二次包容、回补水系统互为冗余设计,其目的都是确保燃料组件的安全。

4.4.3　应急排风系统及除碘设施

反应堆在发生地震、超功率事故、燃料组件破损、堆厂房放射性气体异常释放、停堆功能丧失、一次水系统泄漏和考验组件破损等异常工况下,一旦燃料组件烧毁或发生重大放射性事故时,有关工艺间空气中的含碘量会超过排放标准而不能直接排放到大气中,为此设置了放射性事故工况下的应急排风系统及除碘装置。

1) 组成

应急排风系统由应急排风机、高效过滤器和除碘过滤器、管道和阀门组成,如图 4 - 39 所示。设置 2 路应急后备供电电源,在出现应急事故工况时,可选择由柴油机组向其供电。

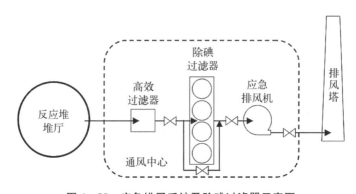

图 4 - 39　应急排风系统及除碘过滤器示意图

2）设备

应急排风系统及除碘装置的主要设备有 1 台应急排风机、1 台高效过滤器、4 台除碘过滤器,主要设计参数列于表 4-1。

表 4-1　应急排风系统及除碘装置主要技术参数

设　　备	参　　数	数　　值
应急排风机	风量/(m³/h)	4 610
	风压/Pa	12 140
	转速/(r/min)	2 900
	功率/kW	37
高效过滤器	与正常排风系统相同	
除碘过滤器	风量/(m³/h)	500
	除碘效率/%	>95

3）系统运行

当反应堆稳定功率运行时,应急排风系统及除碘装置处于备用状态。在 2 路外电失电事件发生后,正常通风系统停止运行,启动应急排风系统,通过排风机启动后形成的负压,抽取反应堆工艺间的气体,经专用管道输送至通风中心的高效过滤器进行两级过滤,过滤后的气体由排风机送入排风塔排放至大气环境。

若发生燃料组件破损或烧毁等事故,排出气体含碘情况下,投入除碘过滤器。通过关闭旁通管上的电动阀门,排放气体经除碘后排至排风塔。

4.4.4　泄热设施

在两路外电源失电且二次水又完全中断的情况下,一次水失去冷却,全靠一次水管道在工艺间自然散热,满足不了冷却堆芯的需要。为解决这一安全问题,将乏燃料水池作为中间热阱,利用补水系统和乏燃料水池组成泄热设施,采用循环冷却将堆芯热量导出,保证燃料组件安全。

泄热设施由 2 台补水泵、4 号主热交换器、5 号主热交换器、乏燃料水池、压力容器及相关阀门、管道组成,如图 4 - 40 所示。本系统是利用补水系统实现的,通过运行补水泵,将反应堆的高温水和乏燃料水池低温水形成一个堆芯余热的泄热系统,利用乏燃料水池作为热阱带走堆芯热量,保证燃料组件的安全。该系统的作用是在补水系统的基础上实现的,与二次水事故冷却系统的应急冷却功能相同。反应堆仍保留利用乏燃料水池 500 t 低温水作为热阱的泄热功能,是一种余热导出的冗余手段。

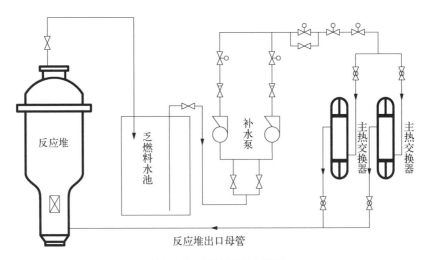

图 4 - 40 泄热设施示意图

4.4.5 严重事故缓解设施

2011 年福岛核事故发生后,为提高 HFETR 应对外部极端自然灾害与严重事故的预防和缓解能力要求,增设严重事故缓解设施,包括移动式应急供水装置和移动式应急供电装置。

反应堆由于外部事件,尤其是地震对设施的破坏具有广泛性,设备损毁和故障为"共因"特点,为应对这种极端灾害,增设的严重事故缓解设施是独立于核反应堆主系统外的极端失水失电事故快速响应设施,弥补了传统的固定专设安全设施共因失效的不足,增加了系统冗余性,进一步提高了核设施运行的安全性。

1) 移动式应急供水装置

当反应堆事故冷却功能全部失效、发生极端严重失水事故或乏燃料水池发生严重泄漏时,可通过移动式应急供水装置实现堆芯泄热功能、向堆芯补水功能、向乏燃料水池补水功能,以满足燃料组件冷却的要求。

移动式应急供水装置由 73 kW 柴油发电机组、2 台自吸泵、2 台潜水泵、现场应急照明、系统相关仪表组成,装置流程如图 4 - 41 所示。采用两级双路设置:第一级采用 DN100 的高强度输水帆布软管和 2 台低水位潜水泵,潜水泵放置于吸收点处,将低标高的水送至开口式水箱内,以满足两级泵的吸程;第二级采用 DN80 的高强度输水帆布软管和 2 台自吸泵,自吸泵以提高扬程和避免灌注引水为目的,将 PVC 水箱内的水加压送至 HFETR 压力容器和乏燃料水池。

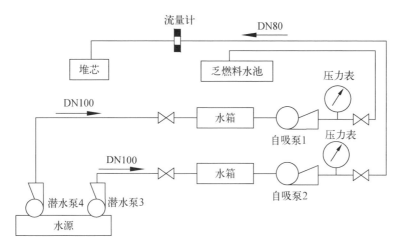

图 4 - 41　移动式应急供水装置工作流程示意图

2) 移动式应急供电装置

移动式应急供电装置是确保反应堆余热导出设备正常运转的应急供电设施。在极端事故工况下,不可抗拒的因素造成厂内常规电源、应急电源、应急后备电源全部失效而无法供电时,由移动式应急供电装置为事故泵、补水泵、回补水泵、主控室仪表屏提供电力。移动式应急供电装置由拖车式柴油发电机组和应急配电柜构成。

在正常工况下,拖车式柴油发电机组停放于远离 HFETR 主厂房的安全地带。需要投入时,通过柴油发电机组发电,由户外应急配电柜将电力配送至各用电设备,各部件连接如图 4 - 42 所示。

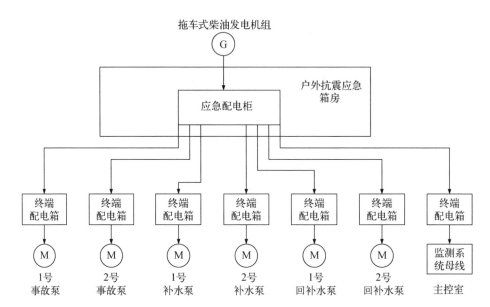

图 4‑42　移动式应急供电装置连接示意图

第5章

反应堆物理试验

核反应堆物理试验的主要任务是通过试验的方法,研究大量中子与介质原子核相互作用引起的中子倍增,以及中子在介质中的运动规律,并根据这种规律确定反应堆的物理参数和有关核特性,以验证理论计算程序、工程设计,并为核反应堆安全运行提供试验数据。

HFETR 物理试验使用的测量设备主要有专用测量设备与堆上仪器。专用仪器有 BF$_3$ 正比计数测量装置、秒表、脉冲源法反应性仪、数字反应性仪、微量分析天平、HPGe 谱仪、多路活度测量装置等。堆上仪器有功率测量、周期测量、温度测量、压力测量、流量测量等仪器。

HFETR 物理试验的试验设施主要有 HFETR 与高通量工程试验堆临界装置(high flux engineering test reactor critical assembly,HFETRC)。HFETR 的详细情况见第 2、3、4 章。HFETRC 功率低,小于 100 W,在常温常压下运行,没有冷却问题。其堆芯如图 5 - 1 所示。堆内部件有燃料组件、铍组件、铝组件、靶件、孔道、控制棒等,都与 HFETR 相同;中子测量采用 BF$_3$ 计数器,为 HFETRC 特有。HFETRC 的控制棒采用钢丝绳传动。

HFETR 的反应堆物理试验的任务主要有如下几种:① 在 HFETRC 建设前,利用材料与结构近似燃料组件与铍组件,开展模拟零功率试验;在 HFETRC 建成后,开展了 HFETR 部件的小堆芯与 1∶1 堆芯物理试验,验证首炉堆芯装载设计,并校核反应堆物理与屏蔽的计算方法与参数,为首

图 5 - 1 HFETRC 堆芯

炉启动与运行提供一套完整的物理数据。② 在 HFETR 前几炉的物理试验中,开展了与 HFETRC 上试验内容基本相似的测量工作,为其安全运行、同位素生产、材料辐照提供重要的试验数据。③ 大型核电站燃料 4×4 考验辐照靶件入 HFETR 考验前,在 HFETRC 上开展零功率物理试验,为入堆考验提供可靠的试验数据。④ 在 HFETR 低浓化前,为了验证新研制的程序计算低浓铀燃料组件堆芯的计算精度和可靠性,在 HFETRC 上完成 HFETR 低浓铀燃料组件零功率物理试验。⑤ 在长期运行阶段,装换燃料后,开展物理启动试验与控制棒价值测量,为堆芯装载理论设计与反应堆安全运行提供试验数据;开展材料辐照考验中子注量率测量,为材料辐照、重大试验、寿期评价提供试验数据;在电离室孔道开展中子注量率与注量测量,为 HFETR 压力容器寿命评论提供试验数据,验证理论计算。长期运行试验的内容与方法,基本与初期相同,其区别是反应性测量用数字反应性仪代替了反应性模拟机。

HFETR 物理试验主要包括临界试验、净堆临界试验、中子注量率测量、功率刻度、反应性测量、反应性系数测量等。

5.1　临界试验

反应堆无外中子源时,能自持地维持链式裂变反应,即 k_{eff} 等于 1,中子的产生速率与消失速率相等时,处于临界状态。此时,控制棒高度就是临界棒位高度,硼浓度就是临界硼浓度。

临界试验是反应堆物理试验中的一个重要内容。试验目的是测量反应堆临界点,即临界棒位、临界硼浓度等,为堆物理设计计算的验证和安全运行,提供试验数据。

100 kg 的 ^{235}U 自发裂变中子强度约为 50 s^{-1},100 kg 的 ^{238}U 自发裂变中子强度约为 600 s^{-1}。反应堆装料后,堆内 ^{235}U 与 ^{238}U 的自发裂变生产中子,不足以使装料过程中的中子数随燃料的增加而同步增加。无外中子源时,在很接近临界前,中子数维持在本底水平几乎不变。为安全地开展临界试验,应外加中子源。常用的启堆外中子源有 ^{210}Po-^{9}Be、^{239}Pu-^{9}Be、^{241}Am-^{9}Be、^{252}Cf 和次级 ^{124}Sb-^{9}Be 中子源。

当反应堆内有较强的 γ 射线,特别是大量铍时,即使无外中子源,中子计数也会随着燃料增加而同步增加,不需要外加中子源。在 HFETR 低浓化首炉装料临界试验中,燃料全是新低浓组件,试验发现,不管有无外中子源,中子计数基本不变。

5.1.1　试验方法

临界试验分临界监督与临界外推 2 个阶段。对于水堆,只要堆内有水与燃料,堆内的操作都应进行临界监督。临界监督完成后进行临界外推,向堆芯添加正反应性,并使反应堆处于微超临界。

在反应堆装料初期,由于外中子源强度、中子计数装置灵敏度、堆内燃料较少等因素的影响,中子计数较小,其相对不确定度 $\left(\dfrac{100}{\sqrt{n}}\%,n\ 为中子计数\right)$ 较大,外推结果不准;此时,k_{eff} 较小,由点堆动态方程推导的临界外推公式,本身适用性也不好,所以一般只进行临界监督。

临界监督的方法:主控室投入保护,安全棒到顶,运行人员密切注意各中子测量仪表,特别是源量程中子仪表的计数变化。堆厅操作人员按照临界试验程序规定的部件增加顺序,逐个向堆内加入相应部件。当出现异常时,通知堆厅操作人员立即停止相关操作。只有找到引起异常的根本原因,并得到解决后才可继续试验。

部件增加顺序应遵循反应性添加原则:① 装料操作尽量在较深次临界度下进行,负反应性部件先入堆,正反应性部件后入堆;② 预留足够的部件,进行临界外推试验;③ 按 1/2 反应性添加原则外推装料与提升控制棒;④ 接近临界时,反应性引入速率不应超过 $2.0 \times 10^{-4} \Delta K/K \, \mathrm{s}^{-1}$;⑤ $k_{eff} > 0.996 \Delta K/K$ 时,向超临界过程,且一次添加的反应性小于 $0.004 \Delta K/K$(HFETR 与 HFETRC 一直小于 $0.002 \Delta K/K$)。

临界外推的原理:在有外中子源的次临界反应堆内,燃料对源中子起放大作用,即次临界增殖。由点堆动态方程可推出临界试验的次临界公式:

$$n = \frac{lS_0}{1 - k_{eff}} \tag{5-1}$$

式中:n 为中子数,s^{-1};l 为瞬发中子平均寿命,s;S_0 为外中子源源强,s^{-1};k_{eff} 为有效增殖系数,$\Delta K/K$。

式(5-1)可变为式(5-2):

$$\frac{1}{n} = \frac{1 - k_{eff}}{k_{eff}} \cdot \frac{k_{eff}}{lS_0} = -\rho \frac{k_{eff}}{lS_0} \tag{5-2}$$

式中:ρ 为反应性,$\Delta K/K$。

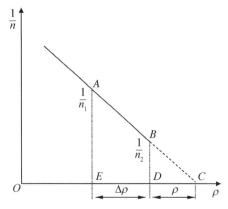

图 5-2　中子数倒数与反应性的关系

接近临界时，中子源强度 S_0 不变，瞬发中子平均寿命 l 与 k_{eff} 变化不大，中子数的倒数与反应性近似图 5-2 所示的比例，即 $\triangle ACE \cong \triangle BCD$。

$$\rho = \Delta \rho \frac{n_1}{n_2 - n_1} \qquad (5-3)$$

式中：$\Delta \rho$ 为添加的反应性，n_1 与 n_2 分别为反应性添加前、后的中子计数。

利用式（5-3），可计算出反应堆的反应性，按反应性添加原则，可安全地向反应堆添加正反应性，并使反应堆处于微超临界。

需注意的是有外中子源时，中子计数由 2 个部分组成：源中子未经燃料增殖而直接被记录；源中子经燃料增殖后才被记录。图 5-3 所示为临界外堆曲线，曲线有 a、b、c 3 种情况。如果源中子被直接记录多，则可出现曲线 a，外推临界点比实际临界点 D 的次临界大，不安全。因此，有外中子源时，外中子源与中子探测器之间应尽量有燃料。

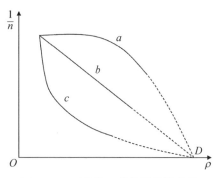

图 5-3　可能的 3 种临界外推曲线

5.1.2　典型试验结果

在 HFETRC、HFETR 上的典型试验结果如下。

5.1.2.1　HFETRC 的典型试验结果

HFETR 首炉 1∶1 零功率物理试验的堆芯装载如图 5-4 所示。堆芯有 25 盒高浓燃料组件、48 盒铍组件、208 块铝组件、10 根钴靶、10 根控制棒。^{235}U 总装量约 7 kg。临界棒位为 $\frac{1}{2}$AB900 mm、$\frac{1}{2}$ZB600 mm、$\frac{3}{6}$SB240 mm[①]，$\frac{1}{2}$SB

[①]　$^{i}_{j}$KB$^{x}_{y}$ 用于表示控制棒（棒组）的棒位，其中 KB 表示控制棒类型，一般用 AB 代表安全棒、SB 代表手动棒、ZB 代表调节棒；i、j 用于表示控制棒编号，x、y 用于表示控制棒在堆芯的高度，比如 $\frac{1}{2}$AB$^{500}_{600}$ mm 表示 1 号安全棒在堆芯的高度为 500 mm 和 2 号安全棒在堆芯的高度为 600 mm。若两者棒位一致，则只用一个棒位值表示，如 $\frac{1}{2}$AB500。

与$\frac{4}{7}$SB 的棒位均为 0,水温为 15 ℃。

图 5-4　**HFETR 首炉 1∶1 零功率物理试验堆芯装载**

HFETR 低浓化零功率试验:全低浓燃料组件小堆芯(见图 5-5)、高浓低浓燃料组件混装堆芯(见图 5-6)、全高浓燃料组件堆芯、全低浓燃料组件堆芯的临界棒位列于表 5-1。全高浓堆芯、全低浓堆芯、高低浓燃料组件混装堆芯三堆芯的布置,除燃料组件种类不同外,其余均相同。

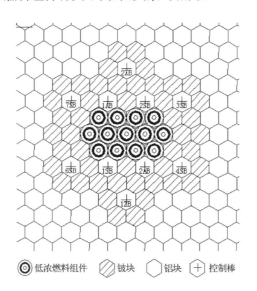

图 5-5　**HFETR 全低浓燃料组件零功率小堆芯**

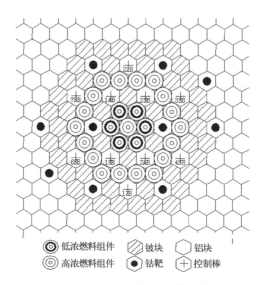

图例：
◉ 低浓燃料组件　▨ 铍块　⬡ 铝块
◎ 高浓燃料组件　● 钴靶　⊞ 控制棒

图 5 - 6　HFETR 高浓低浓燃料组件混装零功率堆芯

表 5 - 1　HFETR 低浓化零功率试验临界棒位测量结果

堆　芯	临界棒位/mm					水温/℃
全高浓	$\frac{1}{2}AB^{1\,000}_{1\,000}$	$\frac{1}{2}ZB^{0}_{-7}$	$\frac{1}{2}SB^{-1}_{-2}$	$\frac{3}{6}SB^{1\,000}_{995}$	$\frac{4}{7}SB^{347}_{343}$	26.0
混装	$\frac{1}{2}AB^{997}_{1\,005}$	$\frac{1}{2}ZB^{0}_{-7}$	$\frac{1}{2}SB^{-1}_{-2}$	$\frac{3}{6}SB^{706}_{720}$	$\frac{4}{7}SB^{1\,005}_{1\,008}$	11.0
小堆芯	$\frac{1}{2}AB^{995}_{1\,005}$	$\frac{1}{2}ZB^{-2}_{3}$	$\frac{1}{2}SB^{-2}_{0}$	$\frac{3}{6}SB^{66}_{34}$	$\frac{4}{7}SB^{1\,004}_{1\,007}$	13.5
全低浓	$\frac{1}{2}AB^{996}_{997}$	$\frac{1}{2}ZB^{2}_{2}$	$\frac{1}{2}SB^{403}_{390}$	$\frac{3}{6}SB^{103}_{195}$	$\frac{4}{7}SB^{1}_{2}$	21.0
全高浓	$\frac{1}{2}AB^{1\,000}_{1\,000}$	$\frac{1}{2}ZB^{1\,010}_{1\,009}$	$\frac{1}{2}SB^{-1}_{-2}$	$\frac{3}{6}SB^{673}_{677}$	$\frac{4}{7}SB^{5}_{-2}$	26.5
混装	$\frac{1}{2}AB^{998}_{1\,004}$	$\frac{1}{2}ZB^{1\,004}_{1\,008}$	$\frac{1}{2}SB^{-1}_{-2}$	$\frac{3}{6}SB^{210}_{248}$	$\frac{4}{7}SB^{1\,004}_{1\,008}$	10.5
小堆芯	$\frac{1}{2}AB^{997}_{1\,005}$	$\frac{1}{2}ZB^{1\,011}_{1\,008}$	$\frac{1}{2}SB^{-2}_{0}$	$\frac{3}{6}SB^{-2}_{-2}$	$\frac{4}{7}SB^{698}_{695}$	13.5
全低浓	$\frac{1}{2}AB^{996}_{996}$	$\frac{1}{2}ZB^{1\,011}_{1\,010}$	$\frac{1}{2}SB^{-1}_{2}$	$\frac{3}{6}SB^{641}_{592}$	$\frac{4}{7}SB^{998}_{994}$	21.0

5.1.2.2　HFETR 的典型试验结果

HFETR 首炉堆芯装载如图 5 - 7 所示。堆芯有 25 盒高浓燃料组件、57 盒铍组件、198 块铝组件、10 根钴靶、18 根控制棒。^{235}U 总装量约 7 kg。燃料组件、铝组件、安全棒、调节棒与补偿棒的材料及结构与 1∶1 零功率试验相同。

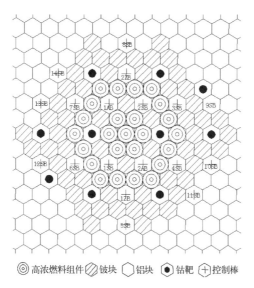

图 5-7　HFETR 首炉堆芯装载

临界棒位列于表 5-2。

表 5-2　HFETR 首炉临界试验结果

状　　态	水温/℃	临界棒位/mm				
		1,2AB	1,2ZB	3,6SB	1,2,4,7SB	5,8-14SB
首次临界	15	900	0	180	0	1 000
低功率临界	18	900	0	284	0	1 000
提升功率临界	23	900	0	275	0	1 000

5.2　净堆临界试验

在核反应堆建设和反应堆物理计算程序开发中,常通过试验方法获得反应堆内没有控制棒时准确的 k_{eff},并将其用于工程设计验证与程序开发验证。此时,理论计算中使用参数较少,便于分析发现的问题并改进。比如微超临界时,堆芯只有燃料组件与水的全水净堆,只有燃料组件、铍组件与水的铍水净堆,只有燃料组件、铍组件、铝组件与水的铍铝水净堆等。这类试验称为净堆临界试验。由于没有控制棒、硼酸与靶件,要通过调整堆芯装载来完成试验任务,其难度较大,风险也较高。

HFETR 的净堆临界试验都是在 HFETRC 上完成的。

5.2.1 试验方法

针对每个堆芯,布置一定数量的控制棒,取消控制棒的跟随体铍棒,并确保安全棒的当量不小于 $0.01\Delta K/K$。

堆物理理论计算先设计净堆临界试验装载方案:针对某类净堆临界试验,按 k_{eff} 由小到大设计出一系列堆芯装载;并给出每个堆芯装载在提棒顺序下各控制棒的微积分价值,用于临界外推。

试验人员根据净堆临界试验装载方案,选取 k_{eff} 接近 1 的堆芯装载作为基础,设计临界试验程序以确定:① 外中子源、反应性仪探测器与 BF_3 中子计数管位置,以确保试验中可测得合适的中子数用于试验测量;② 周期测量探测器、功率测量探测器、功率保护探测器的位置,以确保所测信号满足反应堆安全试验的要求;③ 预装载(通过临界监督装入堆芯)部件入堆顺序,一般先加中心大反应性部件,再加外围小反应性部件,并交叉对称添加;④ 预留部件外推入堆顺序,原则同③;⑤外推提升控制棒顺序,一般对称提升组棒。

净堆临界试验程序还应给出堆芯更换方法及特殊情况的处理方法:① 如果试验表明,中子源出堆控制棒全部提升到顶后,$k_{\text{eff}} < 1.000\,00$ 或 $k_{\text{eff}} > 1.001\,56$(反应堆倍增周期小于 30 s),则根据理论计算与试验测量的偏差,在已设计好的系列堆芯装载方案中,选取最有可能的方案重新试验;② 若通过试验确认,在已有堆芯装载方案中,无 $1.000\,00 \leqslant k_{\text{eff}} \leqslant 1.001\,56$ 的堆芯装载方案,则在重新进行理论设计后,重新设计试验程序并开展试验;③ 若很难通过理论与试验相结合的方法找出净堆时 $1.000\,00 \leqslant k_{\text{eff}} \leqslant 1.001\,56$ 的堆芯,则试验测量出临界时活性区内控制棒的价值后,用 $k_{\text{eff}} = 1 + \rho_{\text{堆内棒}}$ 计算出净堆 k_{eff}。

净堆临界试验包括临界监督、临界外推、反应性测量 3 项内容。临界监督与临界外推的方法见 5.1.1 节,反应性测量的方法见 5.5.1 节。

5.2.2 典型试验结果

在高浓燃料组件与低浓燃料组件首次装堆前,各进行一次净堆临界试验。

1）高浓燃料组件净堆临界试验结果

为验证堆芯物理设计，在 HFETRC 上，用 HFETR 高浓燃料组件与铍组件，开展了净堆临界试验测量，铍水净堆的结果如图 5-8 所示。全水净堆的结果如图 5-9 所示。

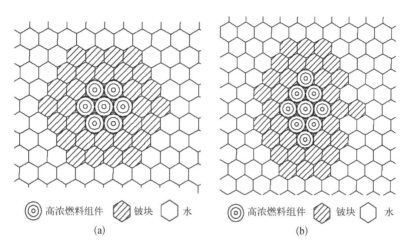

图 5-8　HFETR 高浓燃料组件铍水净堆临界堆芯

（a）临界堆芯Ⅰ（水温 13.5 ℃）；（b）临界堆芯Ⅱ（水温 21.0 ℃）

图 5-9　HFETR 高浓燃料组件全水净堆
临界堆芯（水温 18.0 ℃）

2）低浓燃料组件净堆临界试验结果

为验证堆芯物理设计，在 HFETRC 上，用 HFETR 低浓燃料组件与铍组件开展净堆临界试验测量，铍水净堆的结果如图 5-10 所示。全水净堆的结果如图 5-11 所示。

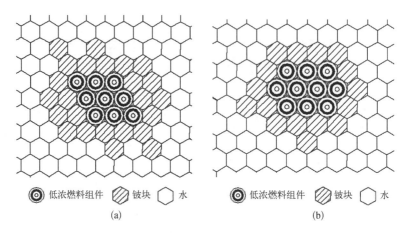

图 5 - 10　HFETR 低浓燃料组件铍水净堆临界堆芯
(a) 临界堆芯Ⅰ(水温 17.5 ℃)；(b) 临界堆芯Ⅱ(水温 18.0 ℃)

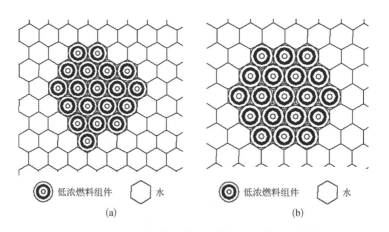

图 5 - 11　HFETR 低浓燃料组件全水净堆临界堆芯
(a) 临界堆芯Ⅰ(水温 19.5 ℃)；(b) 临界堆芯Ⅱ(水温 19.0 ℃)

5.3　中子注量率测量

核反应堆物理参数几乎都是通过测量中子注量率随着空间、能量、时间的变化而确定的。堆芯装料、临界外推、核功率、周期、反应性测量都是通过在线测量中子注量率来实现的。

堆物理试验一般将堆中子分为热中子($0 \sim 0.5$ eV)、中能中子(共振中子、费米中子)(0.5 eV ~ 0.1 MeV)、快中子($0.1 \sim 20.0$ MeV)。轻水堆中的中子能谱如图 5 - 12 所示。图中热中子服从麦克斯韦分布,中能中子服从费米谱(1/E 谱,MeV)分布,快中子服从裂变谱(Watt 谱)分布。典型核素的中子反应截面如图 5 - 13～图 5 - 16 所示[总反应(n,tot)、弹性散射(n,n)、俘获反应(n,r)、生成氦核反应(n,α)、生成质子反应(n,p)、裂变反应(n,f)],有的有阈能特性。

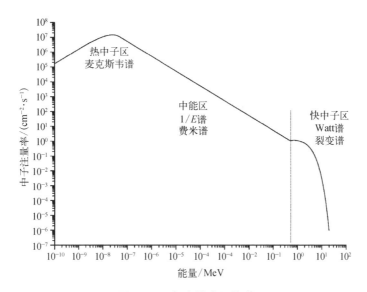

图 5 - 12 轻水堆中子能谱

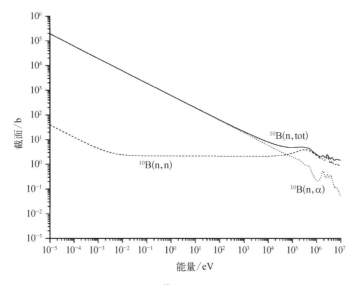

图 5 - 13 ^{10}B 的主要截面图

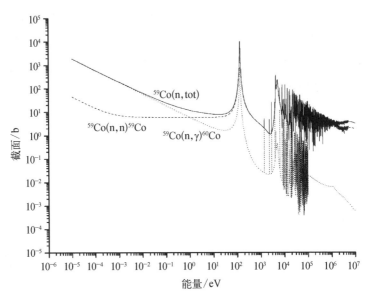

图 5 - 14 ^{59}Co 的主要截面图

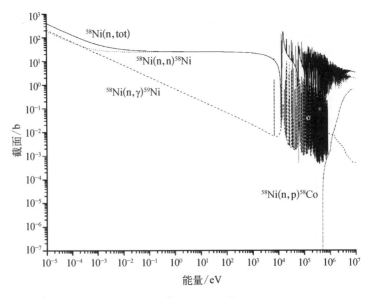

图 5 - 15 ^{58}Ni 的主要截面图

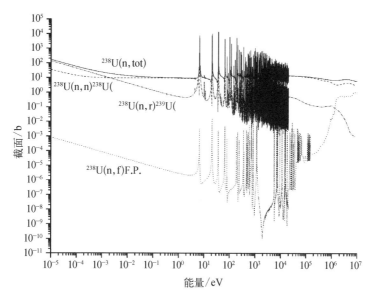

图 5 - 16　^{238}U 的主要截面图

　　测量中子注量率的探测器分为在线与离线两种。在线测量的有 BF$_3$ 正比计数管、^{3}He 正比计数管、硼电离室、裂变室、闪烁探测器、半导体探测器、自给能探测器等;离线测量的有固体径迹探测器、中子活化探测器等。正比计数管因灵敏度高,常用于反应堆装料及临界装置。

　　利用中子活化法测量中子能谱、中子注量率是常用的方法。其优点如下:① 活化探测器可以做得很小,如 ϕ1 mm $\times$ 10 mm,放在一般探测器很难测量的地方,如燃料组件内;② 活化探测器体积小,对中子场扰动小;③ 活化探测器抗干扰能力强(耐温、耐湿、耐腐蚀、不受 γ 影响等);④ 活化探测器灵敏度范围宽,可用不同材料的活化探测器,测量不同能量和不同注量的中子。其缺点:只能离线测量;不能测量中子注量率随时间的变化。

　　活化探测器材料的选择原则是根据待测中子能量选择不同的材料。测热中子常选择 ^{59}Co(n, r)^{60}Co、^{197}Au(n, r)^{198}Au、^{109}Ag(n, r)$^{110\,m}$Ag、^{164}Dy(n, r)^{165}Dy、^{115}In(n, r)^{116m}In、^{55}Mn(n, r)^{56}Mn、^{23}Na(n, r)^{24}Na 等;测量中能中子选择活化截面有共峰的材料的核反应,如上面几种;测量快中子选择活化截面有阈能的,如^{54}Fe(n, p)^{54}Mn、^{58}Ni(n, p)^{58}Co、^{63}Cu(n, a)^{60}Co、^{46}Ti(n, p)^{46}Sc、^{93}Nb(n, n')^{93m}Nb、^{238}U(n, f)F. P. 、^{237}Np(n, f)F. P. 等。另外,应考虑:① 活化探测器的材料要纯,尽量不要有截面大的核素,特别是不要有干扰核素。如 ^{238}U 与 ^{237}Np 中的 ^{235}U 含量、铌中的钽含量要尽可能低。② 材料

的半衰期要适中,过短衰减因太快不易测量,过长则不易活化。③ 材料应具有化学稳定性,有一定的机械强度,便于加工。

5.3.1 试验方法

t 时刻活化生成核的变化率为

$$\frac{\mathrm{d}N(t)}{\mathrm{d}t} = N_0 \sigma \phi - \lambda N(t) \qquad (5-4)$$

式中:$N(t)$ 为 t 时刻活化子核数;N_0 为 0 时刻靶核数;σ 为活化截面,$10^{-24}\ \mathrm{cm}^2$(即 1b);ϕ 为中子注量率,$\mathrm{cm}^{-2} \cdot \mathrm{s}^{-1}$;$\lambda$ 为衰变常数,s^{-1}。$t=0$ 时,$N(t)=0$,解上式得

$$N = \frac{N_0 \sigma \phi}{\lambda}(1 - \mathrm{e}^{-\lambda t}) \qquad (5-5)$$

式(5-5)两边乘 λ,得子核活度:

$$A = N\lambda = N_0 \sigma \phi (1 - \mathrm{e}^{-\lambda t}) = N_0 R(1 - \mathrm{e}^{-\lambda t}) \qquad (5-6)$$

式中:A 为子核活度,Bq;t 为辐照时间,s;R 为单核反应率,s^{-1}。由式(5-6)知:

$$R = \frac{A}{N_0(1 - \mathrm{e}^{-\lambda t})} \qquad (5-7)$$

用仪器测量出 A 后,用式(5-7)计算 R,再用式(5-8)便得中子注量率 ϕ:

$$\phi = \frac{R}{\sigma} \qquad (5-8)$$

在实际测量单核反应率 R 时,应对堆功率变化、干扰核素(铷探测器中的钽、$^{238}\mathrm{U}$ 与 $^{237}\mathrm{Np}$ 探测器的易裂变核素)、母核素与子核素的燃耗与衰减等,进行修正,对于 $^{238}\mathrm{U}$ 与 $^{237}\mathrm{Np}$ 还应考虑次级反应修正($^{238}\mathrm{U}$ 与 $^{237}\mathrm{Np}$ 的辐射俘获生成核的衰变链中的易裂变核的裂变反应,可生成目标子核)。

将活化探测器放入中子场中待测量处进行辐照,冷却出堆后,常选用 HPGe 谱仪测量目标活化子核活度,再根据中子注量率与活化子核活度的关系就可以计算出待测量处的中子注量率。

反应堆内的中子可分热中子、超热中子与快中子,相应地某核素的单核反应率,即一个中子与一个原子核发生反应的概率,也是由这 3 种中子注量率与相应截面之积来计算:

$$R = \phi_0 \sigma_0 g + \phi_e I_0 + \phi_f \bar{\sigma}_f = R_0 + R_e + R_f \qquad (5-9)$$

式中:ϕ_0 为 2 200 m/s 热中子注量率;σ_0 为 2 200 m/s 截面;g 为截面偏离 $1/v$ 的修正因子;ϕ_e 为超热中子注量率,也称中能中子注量率;I_0 为共振积分;ϕ_f 为快中子注量率;$\bar{\sigma}_f$ 为快中子谱平均截面;R_0 为热中子单核反应率;R_e 为超热中子单核反应率;R_f 为快中子单核反应率。由式(5-9)可知,如果测量出 R_0、R_e、R_f,便可以用以下 3 个公式测量热中子注量率、超热中子注量率和快中子注量率:

$$\phi_0 = R_0 / (\sigma_0 g) \qquad (5-10)$$

$$\phi_e = R_e / I_0 \qquad (5-11)$$

$$\phi_f = R_f / \bar{\sigma}_f \qquad (5-12)$$

5.3.1.1　热中子注量率与超热中子注量率测量

用于测量热中子注量率与超热中子注量率各反应,如表 5-3 所示。热中子与超热中子的截面相互间相差不大,而比快中子截面大 3 个数量级以上。

表 5-3　部分热中子探测器截面数据

反　　应	σ_0/b	g	I_0/b	σ_f/b	σ_0/σ_f	I_0/σ_f
$^{59}Co(n, r)^{60}Co$	37.183 7	1.000 51	75.842 5	0.005 001 43	7 435	15 164
$^{23}Na(n, r)^{24}Na$	0.528 135	1.000 35	0.314 895	0.000 280 209	1 885	1 124
$^{55}Mn(n, r)^{56}Mn$	13.279	1.000 4	13.525	0.002 917 88	4 551	4 635
$^{109}Ag(n, r)^{110m}Ag$	90.265 9	1.005 12	1 467.45	0.087 299 2	1 034	16 809
$^{115}In(n, r)^{116m}In$	202.275	1.019 68	3 224.81	0.162 647	1 244	19 827
$^{197}Au(n, r)^{198}Au$	98.694 8	1.005 49	1 571.05	0.078 431 5	1 258	20 031
$^{164}Dy(n, r)^{165}Dy$	2 653.25	0.988 01	343.565	0.026 754 7	99 169	12 841
$^{176}Lu(n, r)^{177}Lu$	2 097.83	1.714 36	919.839	0.205 051	10 231	4 486

将含这些材料的中子活化探测器在堆内功率照射,因快中子截面比热中子与超热中子小很多,其贡献可以忽略。^{113}Cd 在热中子区的吸收截面很大,而在超热中子区的吸收截面很小,如表 5-4 和图 5-17 所示。用一定厚度的镉将热中子探测器完全包裹,那么热中子几乎全部被镉吸收,超热中子几乎全透过,只有超热中子对探测器进行活化。测量包镉探测器目标子核反应率 R_{Cd},即超热中子单核反应率,用式(5-13)便可测量超热中子注量率:

$$\phi_e = \frac{R_{Cd}}{I_0} \qquad (5-13)$$

表 5-4　^{113}Cd(n, r)^{114}Cd 的典型点截面值

能量/eV	截面/b
0.000 01	763 527.6
0.056 25	19 707.0
0.172 458	60 509.4
0.5	1 128.7
1	125.1
7	1.0

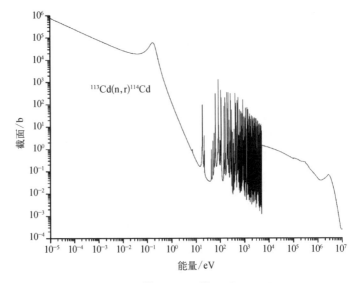

图 5-17　^{113}Cd(n, r)^{114}Cd 截面曲线

裸探测器反应率 R 包含热中子与超热中子的贡献,包镉探测器反应率 R_{Cd} 只有超热中子的贡献,两者之差即热中子单核反应率 R_0,用式(5-14)便可测量热中子注量率:

$$\phi_0 = \frac{R - R_{Cd}}{g\sigma_0} \qquad (5-14)$$

由表 5-3 知,热中子探测器 2 200 m/s 截面与共振积分都较大,对于非稀释探测器或非极薄探测器,外层材料与热中子与超热中子的反应,大于内层材料,产生自屏。应对其进行如下修正:

$$\phi_0 = R_0/(g\sigma_0 G_{th}) \qquad (5-15)$$

$$\phi_e = R_{Cd}/(I_0 G_{res}) \qquad (5-16)$$

式(5-15)中: G_{th} 为热中子自屏修正因子;式(5-16)中, G_{res} 为超热中子自屏修正因子。 G_{th} 与 G_{res} 可以理论计算给出,也可以查资料得到。表 5-5 给出了 $^{59}Co(n,r)^{60}Co$ 的自屏因子。

表 5-5　钴丝的截面自屏因子

直径/mm	Co 质量分数/%	G_{th}	G_{res}
1.27	0.104	1.00	1.00
1.27	0.976	0.99	0.96
0.025 4	100	0.99	0.85
0.127	100	0.97	0.62
0.254	100	0.94	0.55
0.381	100	0.92	0.51
0.508	100	0.90	0.48
0.635	100	0.88	0.47

测量热中子与超热中子的活化探测器,除要考虑自屏修正外,还要考虑中

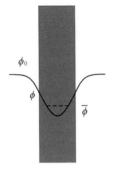

图 5 - 18 探测器的中子自屏与沉降

子注量率的沉降效应,如图 5 - 18 所示。热中子注量率与超热中子注量率由 ϕ_0 变为 ϕ 是沉降效应,由 ϕ 变为 $\bar{\phi}$ 是自屏效应。沉降效应的修正通过计算得到。

为将自屏修正与沉降效应降到忽略不计,常将热中子活化探测器材料做成合金,基质是吸收截面较小的材料,如铝。对于快中子,由于截面较小,这 2 种效应基本可以忽略。

用式(5 - 15)测量的是 2 200 m/s 热中子注量率,与热中子注量率有如下关系:

$$\phi_{th} = 1.128 \sqrt{\frac{T_n}{T_0}} \phi_0 \qquad (5 - 17)$$

式中:T_n 为中子温度,K;T_0 为 293.4 K。

中子温度通过试验测量。对于极薄(或合金)包镉热中子探测器,热中子单核反应率可用下式表示:

$$R_0 = \phi_0 \sigma_0 g(T_n) \qquad (5 - 18)$$

式中:$g(T_n)$ 为探测器截面偏离 $1/v$ 的修正因子。在标准温度(20 ℃)下,^{59}Co(n, r)^{60}Co 的 $g = 1.000\,5$,^{23}Na(n, r)^{24}Na 的 $g = 1.000\,4$,^{55}Mn(n, r)^{56}Mn 的 $g = 1.000\,4$,^{176}Lu(n, r)^{177}Lu 的 $g = 1.714\,4$。前 3 个是 $1/v$ 反应,而 ^{176}Lu 是非 $1/v$ 反应。用 ^{176}Lu 与前 3 个中的 1 个,如 ^{59}Co(包镉与裸钴探测器同时活化),^{59}Co(n, r)^{60}Co 与 ^{176}Lu(n, r)^{177}Lu 热中子单核反应率之比为

$$\frac{R_0^{Lu}}{R_0^{Co}} = \frac{\sigma_0^{Lu} g_{Lu}(T_n)}{\sigma_0^{Co} g_{Co}(T_n)} = \frac{\sigma_0^{Lu} g_{Lu}(T_n)}{\sigma_0^{Co}} \qquad (5 - 19)$$

式中:R_0^{Lu} 与 R_0^{Co} 分别为镥和钴的热中子单核反应率;σ_0^{Lu} 与 σ_0^{Co} 分别为镥和钴的 2 200 m/s 截面;$g_{Lu}(T_n)$ 为 ^{176}Lu(n, r)^{177}Lu 截面偏离 $1/v$ 的修正因子。用式(5 - 19)便可以测得 $g_{Lu}(T_n)$,再用图 5 - 19 查得中子温度 T_n。

HFETR 首炉用 Al - Lu(质量分数为 9.77%)- Mn(质量分数为 4.11%)合金片,测量了慢化剂在 20 ℃ 时,中子温度 T_n 为 172 ℃。

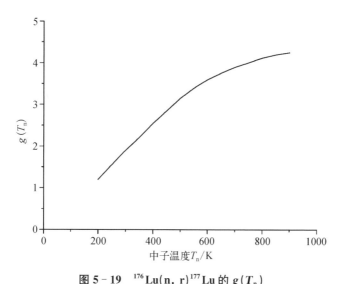

图 5-19　^{176}Lu(n, r)^{177}Lu 的 $g(T_n)$

5.3.1.2　快中子注量率测量

阈能反应的测量活度为

$$A = N_0 \bar{\sigma}_f \phi_f (1 - e^{-\lambda t}) = N_0 R_f (1 - e^{-\lambda t}) \tag{5-20}$$

用式(5-20)可测量 R_f，用式(5-12)便可测量快中子注量率 ϕ_f。谱平均截面 $\bar{\sigma}_f$ 会随中子能谱变化：

$$\bar{\sigma}_f = \frac{\int_{E_{阈}}^{20\text{MeV}} \sigma(E)\phi(E)\mathrm{d}E}{\int_{0.1\text{MeV}}^{20\text{MeV}} \phi(E)\mathrm{d}E} \tag{5-21}$$

式(5-21)中，分母如果从 1.0 MeV 开始积分，那么测得的快中子注量率 ϕ_f 为 $E > 1.0$ MeV 快中子注量率。

不同的阈探测器对快中子的响应能区不一样，如表 5-6 所示。为提高对全能区的测量精度，常选用多种材料的阈探测器进行快中子能谱测量。一个阈探测器可得到一个快中子注量率；用其测量不确定度进行加权（平方倒数）后，得到一个权重快中子注量率 $\bar{\phi}_f$。

$$\bar{\phi}_f = \frac{\sum_i \dfrac{\phi_{i,f}}{1/u_i^2}}{\sum_i 1/u_i^2} \tag{5-22}$$

式中：$\phi_{i,f}$ 为第 i 个探测器测得的快中子注量率；u_i 为第 i 个探测器测得的快中子注量率不确定度。

表 5 - 6　常用快中子核反应的主要数据

反　　　应	$E_{5\%}$[①]/MeV	$E_{95\%}$[①]/MeV	瓦特谱平均截面/$(10^{-27}\,cm^2)$	子核半衰期	射线能量/keV（强度/%）
^{27}Al(n, a)^{24}Na	6.45	11.90	0.706	14.951 h	1 368.633(100) 2 754.03(99.9)
^{241}Am(n, f)F.P.	0.88	5.70	1 399.27		—[②]
^{63}Cu(n, a)^{60}Co	4.53	11.0	0.50	1 925.28 d	1 173.23(99.9) 1 332.492(99.98)
^{54}Fe(n, p)^{54}Mn	2.27	7.54	80.5	312.12 d	834.838(99.976)
^{56}Fe(n, p)^{56}Mn	5.45	11.3	1.09	2.578 9 h	846.75(98.87)
^{115}In(n, n')^{115m}In	1.12	5.86	190.30	4.486 h	336.24(45.8)
^{24}Mg(n, p)^{24}Na	6.50	11.40	1.57	14.951 h	1 368.633(100) 2 754.03(99.9)
^{93}Nb(n, n')^{93m}Nb	0.951	5.79	146.2	16.13 a	16.5(9.72) 18.8(1.79)
^{58}Ni(n, p)^{58}Co	1.98	7.51	108.5	70.86 d	810.75(99.45)
^{237}Np(n, f)F.P.	0.66	5.60	1 344		—[②]
^{103}Rh(n, n')^{103m}Rh	0.731	5.73	733.0	56.114 min	20.23(5.64)
^{32}S(n, p)^{32}P	2.28	7.33	66.8	14.262 d	β 衰变
^{232}Th(n, f)F.P.	1.45	7.21	76.22		—[②]
^{46}Ti(n, p)^{46}Sc	3.70	9.43	11.60	83.79 d	889.26(99.98)
^{47}Ti(n, p)^{47}Sc	1.70	7.67	19.0	3.349 2 d	159.4(68)
^{48}Ti(n, p)^{48}Sc	5.92	12.30	0.31	43.67 h	983.5(100) 1 037.5(97.5) 1 312.1(100)

(续表)

反　　应	$E_{5\%}$①/MeV	$E_{95\%}$①/MeV	瓦特谱平均截面/$(10^{-27}\,cm^2)$	子核半衰期	射线能量/keV（强度/%）
$^{238}U(n, f)$F. P.	1.44	6.69	309.0		—②
$^{64}Zn(n, p)^{64}Cu$	2.40	7.50	39.42	12.700 h	1 345.77(0.484 3)

注：① $E_{5\%}$表示该能量以下的反应率仅占全能区反应率的 5%，$E_{95\%}$表示该能量以上的反应率仅占全能区反应率的 5%。

② 表示裂变反应的生成核的相关参数，见表 5 - 7。

表 5 - 7　裂变反应的可用被测核素

核　　素	半　衰　期	射线能量/keV	射线分支比
^{95}Zr	64.032 d	724.192	0.442 7
		756.725	0.543 8
^{99}Mo	2.748 9 d	739.5	0.121 3
		777.921	0.042 6
^{103}Ru	39.26 d	497.084	0.91
^{137}Cs	30.03 a	661.657	0.851
$^{140}Ba - ^{140}La$	12.752 d	537.261	0.243 9
		1 596.21	0.954
^{144}Ce	289.91 d	133.515	0.110 9

对于中子注量率及其分布测量，除上面所述的活化法外，还可用自给能探测器、微型裂变室、固体径迹探测器等进行测量。

5.3.2　典型试验结果

下面简述在 HFETRC、HFETR 上开展中子注量率测量的典型试验结果。

5.3.2.1　HFETRC 的典型试验结果

HFETRC 典型中子注量率测量试验结果包括对 HFETR 高浓燃料组件净堆热中子注量分布测量、首炉 1∶1 零功率热中子注量分布测量和低浓化零功率试验热中子注量测量。

1) 高浓燃料组件净堆热中子注量分布测量

在高浓燃料组件铍水净堆典型燃料组件中，使用活化法测量热中子注量率的分布。组件内典型水隙的轴向相对热中子注量率分布如图 5 - 20 所示。径向相对热中子注量率分布如图 5 - 21 所示。

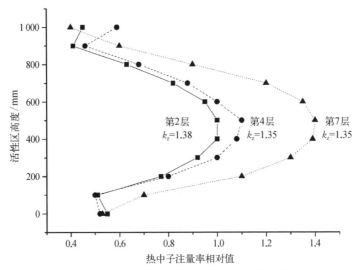

图 5 - 20　HFETR 高浓燃料组件铍水净堆典型组件
中轴向相对热中子注量率分布

注：k_z 为轴向不均匀系数。

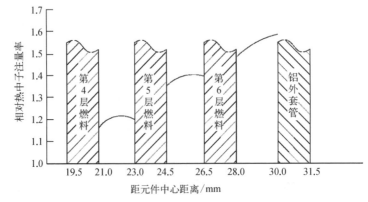

图 5 - 21　HFETR 高浓燃料组件铍水净堆典型组件
中径向相对热中子注量率分布

注：燃料管之间的曲线表示热中子注量率相对值。

在高浓燃料组件全水净堆 K 行燃料组件中,使用活化法测量热中子注量率的分布,探测条的布置如图 5－22 所示。K 行径向相对热中子注量率分布结果如图 5－23 所示。典型组件内各水隙的轴向相对热中子注量率分布如图 5－24 所示。

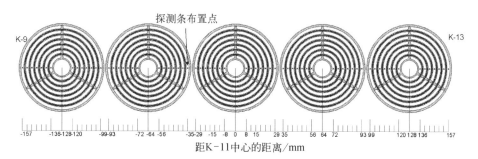

图 5－22　HFETR 高浓燃料组件全水净堆 K 行燃料组件中子探测条的布置

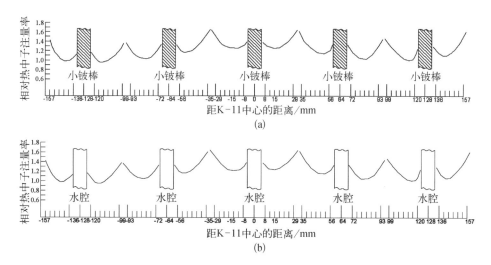

图 5－23　HFETR 高浓燃料组件全水净堆 K 行燃料组件径向相对热中子注量率分布
（a）组件中心布置小铍棒；（b）组件中心为水腔

2）首炉 1∶1 零功率堆芯热中子注量分布测量

首炉 1∶1 零功率物理试验利用箔活化法,使用 Mn－Ni 合金片(镍质量分数为 20％)测量了热中子注量率相对分布。11 个 Mn－Ni 片均匀地布置在一条聚乙烯 1 000 mm 高度上(与活性区 1 000 mm 相对应)。每个燃料组件布置 12 条,外层 2 个水隙各均匀布置 3 条,内层 2 个水隙各布置 1 条,中层 2 个水隙各布置 2 条。一条可得一个轴向分布和轴向平均值。水隙轴向平均值等

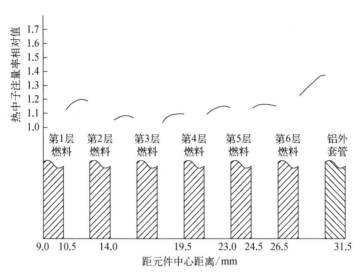

图 5 - 24　HFETR 高浓燃料组件全水净堆典型燃料组件中径向相对热中子注量率分布

于水隙中几个测量轴向平均值的平均值。水隙轴向平均值按其面积的加权平均值进行计算。全堆平均值等于全部燃料组件轴向平均值的平均值。用 5 路 NaI(Tl)活度测量装置,测量 Mn - Ni 的计数率。

为了解中子注量率随燃耗的变化,不但测量了零燃耗的堆芯中子注量率分布,还用硼中毒模拟了运行"中期"与"末期"进行了测量,测量的相对热中子注量率列于表 5 - 8。

表 5 - 8　HFETR 首炉 1 : 1 堆芯典型位置相对热中子注量率

燃料组件位置	平均相对热中子注量率		
	初　期	中　期	末　期
H8	0.862	0.787	0.772
I8	0.888	0.891	0.876
J8	0.854	0.816	0.848
K8	0.746	0.744	0.722
L9	0.761	0.880	—

（续表）

燃料组件位置	平均相对热中子注量率		
	初　期	中　期	末　期
M10	0.652	0.891	—
N11	0.578	0.729	—
K11	1.521	1.350	1.250

运行"初期"临界棒位为 $\frac{1}{2}$AB900 mm，$\frac{1}{2}$ZB600 mm，$\frac{1}{2}$SB240 mm，其余控制棒为 0，无硼。

运行"中期"临界棒位为 $\frac{1}{2}$AB900 mm，$\frac{1}{2}$ZB600 mm，$\frac{1}{2}$SB400 mm，$\frac{3}{6}$SB1000 mm，$\frac{4}{7}$SB400 mm，临界硼浓度为 387.8 ppm[①]。

运行"末期"全部棒位为 1 000 mm，临界硼浓度为 658.0 ppm。

测量结果表明：在整个运行寿期内，热盒位置始终是 J10 与 L12。J10 的轴向相对热中子注量率分布如图 5-25 所示。

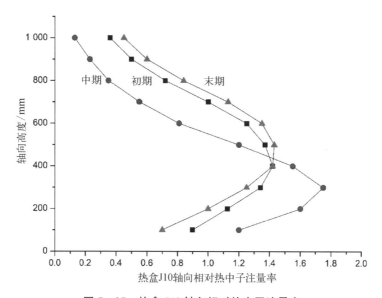

图 5-25　热盒 J10 轴向相对热中子注量率

---

① ppm 在业内常用于表示浓度，其含义为百万分之一。

在 1∶1 零功率试验中,由于反应堆的功率限值较低,一般就 100 W 左右,中子注量率不大于 1×10^9 cm$^{-2} \cdot$ s^{-1},无法对快中子阈探测器进行活化,因此没有进行快中子能谱与注量率测量。

3) HFETR 低浓化零功率试验热中子注量率测量

HFETRC 于 1999 年完成了仪控系统改造,更换了中子与 γ 测量系统。当时由于没有试验任务,未完成带核调试。在 HFETR 低浓化零功率试验中,首先用 HFETR 首炉堆芯装载开展带核调试与核功率刻度试验。为使用 HFETR 首炉的全堆芯平均热中子注量率相对分布结果,在典型燃料组件水隙与中心水腔,按 1∶1 零功率试验的探测片布置方式,测量了堆芯典型位置上的轴向与径向热中子注量率分布,相对分布测量结果与 HFETR 首炉基本相同,因此用 HFETR 首炉测量的全堆芯相对分布与 HFETRC 试验中金镉法测量的绝对热中子注量率,完成了核功率刻度。为研究低浓燃料组件,考虑到 ^{235}U 富集度变化所产生的影响,进行了全高浓堆芯、全低浓堆芯与高低浓混装堆芯的零功率试验。3 个堆芯仅燃料组件种类不同,混装堆芯仅在 K11 外一圈布置低浓燃料组件。3 个堆芯典型栅元的热中子注量率测量结果如图 5-26～图 5-29 所示。从这些图可知,HFETR 低浓化燃料组件的热中子注量率分布与高浓相似,成余弦分布,最大值出现在 400～450 mm 范围内。

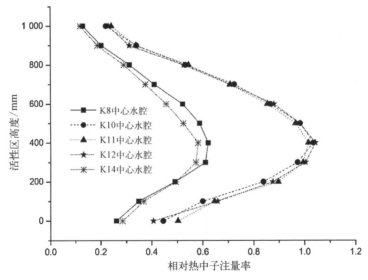

图 5-26 **HFETR 全浓燃料组件堆芯零功率试验 K 行燃料组件中心水腔轴向相对热中子注量率分布图**

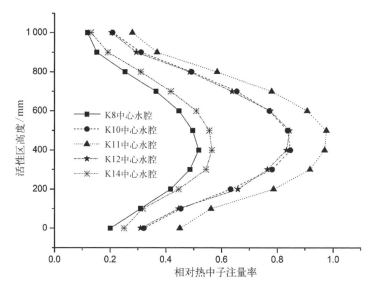

图 5-27　HFETR 高低浓燃料组件混装堆芯零功率试验 K 行燃料组件
中心水腔轴向相对热中子注量率分布图

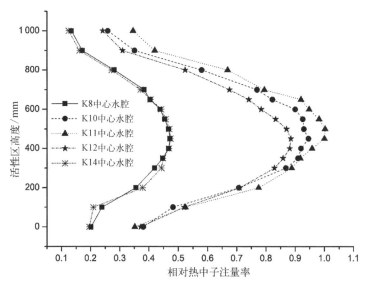

图 5-28　HFETR 全高浓燃料组件堆芯零功率试验 K 行燃料组件
中心水腔轴向相对热中子注量率分布图

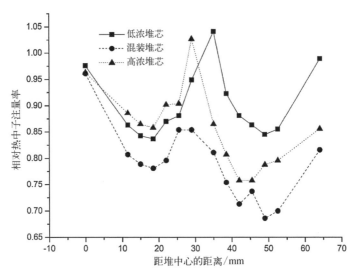

图 5‑29　HFETR 低浓化零功率试验 K11—K12 燃料组件中水隙
300～600 mm 平均相对热中子注量率径向分布图

5.3.2.2　HFETR 的典型试验结果

HFETR 上开展的典型中子注量测量包括对 HFETR 首炉物理试验中的中子注量测量、HFETR 压力容器受照快中子注量的测量。

1) HFETR 首炉物理试验

用锰镍合金片,按与 1∶1 零功率试验相同的方法,在所有燃料组件与控制棒随动组件中布置活化片,测量活性区的相对热中子注量率分布。照射功率为 50 W,限值为 100 W。活化目标核素的活度测量用标准点源有 ^{137}Cs、^{60}Co、^{54}Mn、^{133}Ba、^{241}Am、^{22}Na、^{88}Y、^{203}Hg。表 5‑9 中给出的是典型测量结果。

表 5‑9　活性区燃料组件栅元相对热中子注量率与盒不均匀系数

燃料组件位置	相对热中子注量率		盒不均匀系数
	盒平均	盒最大值	
H8	0.462	0.843	1.825
I8	0.508	0.895	1.762
J8	0.453	0.788	1.740
K8	0.438	0.683	1.559
K11	0.804	1.315	1.636

（续表）

燃料组件位置	相对热中子注量率		盒不均匀系数
	盒 平 均	盒最大值	
L9	0.484	0.701	1.448
L12①	0.804	1.345	1.673
M10	0.379	0.720	1.900
N11	0.317	0.545	1.719
活性区不均匀系数			2.459

注：① L12 为热盒位置。

　　在零功率试验阶段，通过减少燃料组件与铍组件，提高临界棒位以模拟不同燃耗堆芯，测量了堆芯热中子注量率分布，列于表 5 - 10。

表 5‑10　HFETR 首炉不同燃耗时期典型栅元相对热中子注量率测量

时期	临界棒位/mm					平均相对注量率			热点相对注量率	不均匀系数			
	$\frac{1}{2}$AB	$\frac{1}{2}$SB	$\frac{3}{6}$SB	$\frac{4}{7}$SB	其余	全堆	J10	K11	J10 最大点	全堆	轴向	径向	盒内径向
初期	1 000	0	250	0	0	0.528	0.804	0.803	1.340	2.54	1.40	1.52	1.19
中期	1 000	400	1 000	400	0	0.649	0.879	0.876	1.845	2.84	1.76	1.35	1.19
末期	1 000	1 000	1 000	1 000	0	0.591	0.776	0.746	1.315	2.23	1.41	1.31	1.20

　　首炉中用金镉法测量归一点的绝对热中子注量率，进行了核功率刻度。

　　还使用双探测法 ^{197}Au(n, r) ^{198}Au 与 ^{55}Mn(n, r) ^{56}Mn 测量热中子注量率与超热中子注量率。ϕ_e/ϕ_{th} 在 K11 燃料组件中心水腔（100～900 mm）高度为 0.16～0.18，活性区 L13 铍组件中心 500 mm 高度为 0.010，L12 燃料组件中心水腔 500 mm 高度为 0.075，N14 燃料组件中心水腔 500 mm 高度为 0.093。

　　此外，还用镥锰合金片（镥的质量分数为 9.80%，锰的质量分数为 4.12%）测量了中子温度，由 ^{176}Lu 与 ^{55}Mn 的辐射俘获反应率之比，按式（5‑19）与图 5‑16 得到，在 21 ℃时，L12 燃料组件中心水腔 500 mm 高度中子温度为

203 ℃，L14 燃料组件中心水腔 500 mm 高度中子温度为 242 ℃。

通过 SAND-Ⅱ谱修正方法，用高纯镍、铁、铟、铝、钛、锌、镁 7 种探测器的 10 个目标反应的辐照末单核反应率，测量典型位置的快中子能谱，计算出谱平均截面后，测量快中子注量率，典型的测量结果如表 5-11 与图 5-30 所示。

表 5-11　HFETR 首炉快中子注量率测量结果（$E > 1$ MeV）

部　件	位　置	距中心距离/mm	测点高度/mm	$\bar{\sigma}_{\mathrm{Ni,f}}^{①}$/mb	辐照功率/MW	快中子注量率/（cm^{-2}·s^{-1}）
燃料组件	L12	64	400	123.0	0.08	6.9×10^{11}
铍组件	L15	256	400	113.4	0.08	1.2×10^{11}
导管	E11	384	300	99.4	0.08	9.6×10^{9}
铝	C11	512	200	99.4	0.08	2.3×10^{9}
单晶硅孔道	F2+G2+G3	544	400	94.4	12.5	2.4×10^{11}
电离室孔道	13DS	760	400	111.1	53.0	4.0×10^{10}

注：① 表示 $\bar{\sigma}_{\mathrm{Ni,f}}$ 为 ^{58}Ni(n, p)^{58}Co 反应的谱平均截面（$E > 1.0$ MeV）。

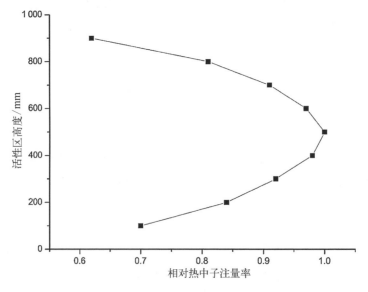

图 5-30　HFETR 首炉单晶硅孔道快中子注量率轴向相对分布

HFETR 首炉还研究了利用自给能探测器进行热中子注量率分布在线测量和功率分布测量。

钒是理想的 $1/v$ 探测器,截面小,灵敏度燃耗修正小,比铑探测器小 1～2 个数量级。对于截面小的情况,可将探测器做成螺旋状。将 7 支螺旋钒探测器与温度测量热电偶,组装成 1 个耐压测量组件,在 K11 进行测量。为消除 γ 射线在电缆上产生的本底电流,在每个钒自给能探测器中有两根信号电缆,一根与螺旋钒丝连接,另一根与无钒丝连接,用于测量补偿电流。两根电缆的电流为

$$I_1 = I_{V,n} + I_{V,\gamma} + I_{1,\gamma} \tag{5-23}$$

$$I_2 = I_{2,\gamma} \tag{5-24}$$

式中: I_1 与 I_2 分别为带钒丝与不带钒丝电缆的电流,A; $I_{V,n}$ 与 $I_{V,\gamma}$ 分别为中子与 γ 射线在钒丝上产生的电流,A; $I_{1,\gamma}$ 与 $I_{2,\gamma}$ 为 γ 射线在电缆上产生的电流,A。式(5-23)与式(5-24)相减得:

$$I_1 - I_2 = (I_{V,n} + I_{V,\gamma}) + (I_{1,\gamma} - I_{2,\gamma}) \tag{5-25}$$

如果两根电缆相同, $I_{1,n}$ 与 $I_{2,\gamma}$ 相等,式(5-25)变为

$$I_1 - I_2 = I_{V,n} + I_{V,\gamma} \tag{5-26}$$

由于中子与 γ 射线的相对比例在堆芯小范围内变化很小,便可用 $I_1 - I_2$ 的分布代替中子注量率的相对分布。用活化法刻度后,也可测其绝对值。如果测得的补偿电流太大, γ 射线的贡献大,可利用钒自给能的慢响应特性,快速停堆(或降功率)后,测量停堆后两根电缆电流的变化曲线,反推出停堆前的 γ 射线电流,提高测量精度。图 5-31 所示为停堆后 120 s 后,补偿电流降低到初始值的 20% 以下。随着补偿电流减少,电流差在停堆后,开始快速上升后再逐渐降低。根据这一现象,在降功率后进行测量,可以提高信噪比,提高测量精度。

在 HFETR 首炉物理试验中,将钒自给能探测器布置在 K11,测量热中子注量率及其分布,进行热点监督,峰值位置在 400 mm 高度,结果列于表 5-12。

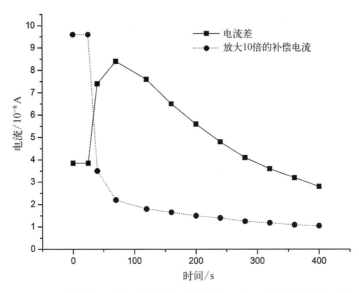

图 5-31 停堆过程中钒自给能探测器的中子与 γ 射线电流变化曲线

表 5-12 HFETR 首炉自给能测量 K11 轴向不均匀系数与峰值热中子注量率

核功率/MW	热功率/MW	轴向不均匀系数 k_z	热中子注量率/$(cm^{-2} \cdot s^{-1})$
0.05	—	1.47	5.41×10^{11}
0.10	—	1.37	9.23×10^{11}
0.10	—	1.41	9.32×10^{11}
0.50	0.46	1.46	3.34×10^{12}
2.50	2.07	1.45	1.50×10^{13}
2.50	2.10	1.43	1.60×10^{13}
2.50	2.23	1.38	1.80×10^{13}
2.50	2.38	1.57	1.84×10^{13}
5.00	4.12	1.48	3.27×10^{13}
15.00	11.70	1.43	9.33×10^{13}
20.00	15.80	1.39	1.28×10^{14}

（续表）

核功率/MW	热功率/MW	轴向不均匀系数 k_z	热中子注量率/$(cm^{-2} \cdot s^{-1})$
25.00	19.90	1.41	1.62×10^{14}
40.00	29.66	1.42	2.25×10^{14}
50.00	39.40	1.42	3.08×10^{14}
60.00	45.80	1.29	3.71×10^{14}
68.00	54.20	1.37	4.37×10^{14}

在 HFETR 第 1 炉与第 2 炉,都利用自给能测量了 K11 的轴向热中子注量率分布,并利用 K11（270.6 g ^{235}U）燃料组件的出入盒温度与流量,用热工法计算出 K11 热功率与积分功率（第 1 炉与第 2 炉分别为 47.51 MW·d 和 43.37 MW·d）。由一次裂变有 197.6 MeV 可用能量,计算出 1 MW·d 的能量要裂变 1.07 g ^{235}U,并进行辐射俘获修正后（^{235}U）变为 1.25 g。裂变能量有 6% 被 K11 燃料组件外其他物质吸收。用式(5 - 27)可计算出百分燃耗。结合用自给能测量出热中子注量率相对分布后,便得到最大点燃耗。结果列于表 5 - 13。

$$F = \frac{1.25 \times P_{\text{sum}}}{270.6 \times 0.94} \qquad (5-27)$$

式中: F 为燃耗; P_{sum} 为积分功率,MW·d。

表 5 - 13　K11 燃料组件燃耗

项　目	第 1 炉	第 2 炉	累　计
燃耗平均值/%	23.3	21.3	44.6
不均匀系数	1.5	1.4	
最大点燃耗/%	35	29.8	64.8

HFETR 首炉还利用气动球堆芯测量系统,测量了 J10 与 L12 的中心水腔的热中子注量率分布。相对测量使用锰钢球,绝对测量使用钴球。锰钢球在 NaI 在线测量装置完成测量,钴球在刻度好的 Ge(Li)γ 谱仪上离线测量。测

量结果表明：HFETR 的多种堆芯热中子注量率测量装置测量的轴向不均匀系数 k_z，主要受 $\frac{1}{2}$SB 棒位的影响。表 5 - 14 给出了气动球测量的轴向不均匀系数与 $\frac{1}{2}$SB 棒位的关系。

表 5 - 14　HFETR 首炉气动球测量的 L12 轴向不均匀系数

热功率/MW	$\frac{1}{2}$SB 棒位/mm	轴向不均匀系数 k_z	峰值位高度/mm
0.41	0	1.39	400
2.60	250	1.53	250
4.70	270	1.61	250
4.70	302	1.66	250
4.00	349	1.61	300
4.60	390	1.59	300
4.50	475	1.59	350
5.50	566	1.52	400
5.50	638	1.49	400

停堆后的缓发 γ 射线、β 射线、中子产生热能为剩余发热。在 HFETR 首炉物理试验中测量了停堆后的中子与 γ 射线随时间的变化，以分析剩余发热的变化，指导停堆冷却方式的研究，结果如图 5 - 32 所示。

在反应堆运行中，中子注量率与功率成正比。但 γ 射线与 β 射线由于其先驱核的积累，也会有所增加，在 HFETR 首炉运行中测量了一回路中总 γ 射线与总 β 射线及典型核素活度浓度，结果如图 5 - 33 所示。

2）HFETR 压力容器受照快中子注量测量

压水反应堆的压力容器是限制其寿命的关键设备，压水核电站设置有专用辐照监督管，对压力容器材料受中子辐照后的性能进行监督。而 HFETR 没有设置辐照监督管，压力容器所受快中子注量（$E > 1.0$ MeV）由理论计算跟踪实际运行历史数据计算给出。为验证理论计算，在 HFETR 运行多个炉段，对内外电离室孔道进行了快中子注量率测量。使用的中子探测器有高纯镍、铁、铟、铝、钛、锌、镁 7 种探测器，典型的结果如表 5 - 15 所示。

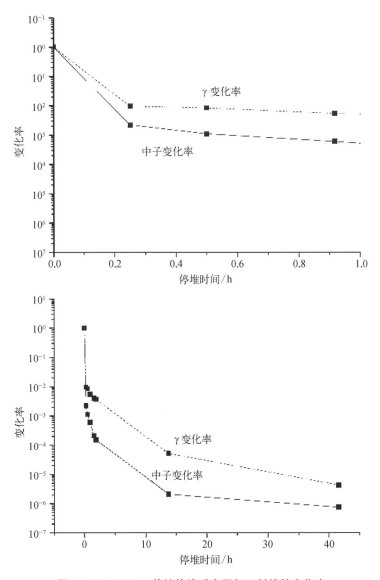

图 5 - 32　HFETR 首炉停堆后中子与 γ 射线的变化率

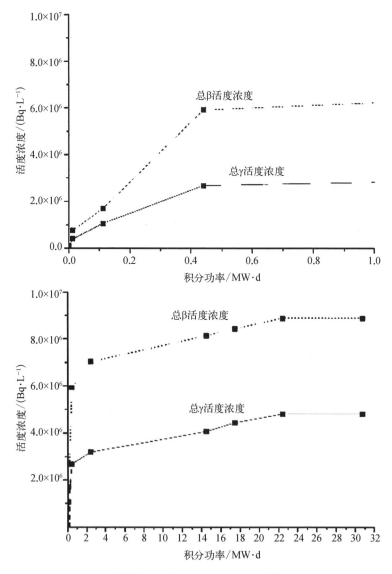

图 5‑33　HFETR 首炉一回路总 γ 活度浓度与总 β 活度浓度变化曲线

表 5‑15 HFETR 内外层电离室孔道快中子注量率测量结果

堆功率/MW	电离室孔道	快中子注量率/($cm^{-2} \cdot s^{-1}$)		偏差/%
		测量值	计算值	
50	13DS	8.22×10^{10}	8.80×10^{10}	6.6
	7DS	1.18×10^8	1.51×10^8	21.9

注：13DS 为内层电离室孔道，7DS 为外层电离室孔道。

在 HFETR 的材料辐照考验中，布置快中子能谱测量探测器，进行快中子能谱、快中子注量率、快中子注量测量。其方法与首炉相同。

5.4 反应堆功率刻度

核反应堆必须维持在一定功率水平运行才是安全的，燃料组件的最大热流密度才不会超过限值。首次临界后必须对堆的功率测量仪表进行刻度，以指导后续试验与运行。

功率刻度包括物理方法的核功率刻度与热工方法的热功率刻度两种。

核功率刻度利用中子探测器测量出活性区的中子注量率分布，主要是热中子与超热中子，以及某一点的绝对值，再计算出裂变率和裂变能（核功率）。核功率刻度主要用于低功率阶段，并外推到高功率，用来指导功率提升试验。

$$P_p = 1.6 \times 10^{-6} E_f (\Sigma_{f0} \phi_0 + I_{f0} \phi_e) V \qquad (5‑28)$$

式中：P_p 为核功率，MW；E_f 为一次裂变的可用能量，MeV；Σ_{f0} 与 I_{f0} 为燃料内的 ^{235}U 宏观 2 200 m/s 裂变截面与宏观共振积分，cm^{-1}；V 为燃料体积，cm^3。

热功率刻度时，测量出一回路的冷却剂流量与进出口温差后，按下式计算：

$$P_h = 4.862 \times 10^{-6} c q_m \Delta T \qquad (5‑29)$$

式中：P_h 为热功率，MW；c 为一回路冷却剂的比热容，J/(kg·℃)；q_m 为一回路冷却剂的质量流量，t/h；ΔT 为一回路进出口温差，℃。完成热功率刻度后,可以对核测仪表进行刻度。

  HFETR 首炉用活化箔法,在零功率阶段,用锰镍片中 ^{55}Mn 的辐射俘获反应,在全部燃料组件中布置聚乙烯探测条,测量得到活性区的平均相对热中子注量率为 0.547,在 L12 中心水腔 300 mm 高度的相对热中子注量率为 1.107。用金镉比法在 L12 中心水腔 300 mm 高度上,分 3 个功率水平测量热中子注量率,对 13DS 的功率测量装置进行了刻度,结果列于表 5‐16。

表 5‐16 13DS 的核功率刻度结果

项　　目	第 1 次	第 2 次	第 3 次
13DS 读数/A	0.22×10^{-7}	0.22×10^{-6}	0.22×10^{-5}
L12 燃料组件 300 mm 处热中子注量率/$(cm^{-2} \cdot s^{-1})$	5.43×10^{8}	5.18×10^{9}	5.70×10^{10}
全堆芯平均热中子注量率/$(cm^{-2} \cdot s^{-1})$	2.68×10^{8}	2.56×10^{9}	2.82×10^{10}
堆核功率/kW	7.72×10^{-2}	7.34×10^{-1}	8.09
13DS 的刻度值/(A/kW)	2.85×10^{-7}	3.00×10^{-7}	2.72×10^{-7}
	2.86×10^{-7}		

  关于 HFETR 的功率测量探头,内层 13DS 用于低功率阶段监测,外层 1DS 和 6DS 用于高功率下监测。在同一功率下,内外层功率测量值相差约 4 个数量级。必须在试验中测量内外电离室孔道中功率测量装置的电流比值 $\dfrac{I_{1DS}}{I_{13DS}}$ 和 $\dfrac{I_{6DS}}{I_{13DS}}$,以便由 13DS 的刻度值推到 1DS 和 6DS 的刻度值。试验测得内外电离室功率表读数关系如表 5‐17 所示。

表 5‐17 内外电离室功率表读数关系

1DS/13DS	6DS/13DS
0.86×10^{-4}	2.32×10^{-4}

冷态低功率的刻度结果外推到热态高功率时，反射层温度升高，使得堆芯中子泄漏增加；堆芯功率不变时，探头的测量值也会增加，进行如下修正：

$$f_T = \frac{1}{1 + a(T - T_0)} \qquad (5-30)$$

式中：f_T 为功率温度修正因子；T 为反射层温度，℃；T_0 为刻度试验中反射层温度，℃；a 为温度修正系数，理论计算表明，HFETR 首炉装载的 $a = 0.0015$。

此外，控制棒的高度对电离室孔道处的中子注量率也有影响。一个棒态下的核功率刻度，要应用到多个棒态，也应进行棒位修正：

$$f_d = \frac{1}{1 + \sum_i a_i [\eta(h_{i0}) - \eta(h_i)]} \qquad (5-31)$$

式中：f_d 为功率棒位修正因子；a_i 为第 i 根控制棒的修正系数，提升不同的棒，其值不同；$\eta(h_{i0})$ 与 $\eta(h_i)$ 分别为第 i 根控制棒在高度 0 与高度 h_i 时的相对积分效率。HFETR 首炉 a_i 为

$$a_i = \begin{cases} +0.111 & (\frac{3}{6}\mathrm{SB}) \\ +0.167 & (\frac{4}{7}\mathrm{SB}) \\ -0.167 & (\frac{1}{2}\mathrm{SB}) \end{cases}$$

表 5-18 给出了经反射层温度与控制棒高度修正后的核功率。

从表 5-18 可知，将冷态低功率(80 kW)下的核功率刻度结果外推到热态高功率后，如果不进行温度与控制棒棒位变化的修正，可能偏大 14%～24%，而修正后到小于 10%。

HFETR 首炉还用 ^{7}LiF(^{7}Li 质量分数为 99.99%)热释光探测片(TLD)测量 γ 剂量场。试验前，在 HFETRC 进行方法研究，用 TLD 与 γ 电离室进行显示比较，结果显示较符合。用聚四氟乙烯、铝、不锈钢作为 TLD 的介质，3 种材料的结果较符合。图 5-34 给出了 HFETR 首炉距堆芯不同距离的 γ 照射量率。

表 5 - 18 HFETR 功率刻度结果

控制棒高度/mm		反射层温度/℃	6DS 测量电流/$(10^{-6}\,A)$			核功率 $P_{核}$/kW	温差/℃	流量/(t/h)	热功率 $P_{热}$/kW	$\dfrac{P_{核}-P_{热}}{P_{核}}$
$^{3}_{6}$SB	4SB/7SB		原值	温度修正后	温度与棒位修正后					
1 000	550/520	10.8	0.33	0.328	0.278	4 187	0.958	3 780	4 211	-0.5
1 000	500/500	20.0	0.66	0.654	0.557	8 389	1.800	3 780	7 912	5.7
1 000	500/500	21.9	1.30	1.235	1.094	16 477	2.790	3 780	16 658	-1.1
1 000	450/450	24.0	2.00	1.971	1.690	25 454	5.220	3 780	22 943	9.9
1 000	450/450	26.3	2.60	2.553	2.189	32 967	7.235	3 780	31 800	3.5
1 000	470/470	27.7	3.00	2.939	2.513	37 347	8.538	3 780	37 527	-0.8
1 000	540/540	29.9	3.60	3.516	2.981	44 895	10.290	3 780	45 228	-0.7
1 000	600/600	31.6	4.00	3.897	3.271	49 209	10.650	3 780	46 810	5.0
1 000	650/650	32.8	4.30	4.182	3.488	52 530	11.375	3 780	50 000	4.8
1 000	650/650	33.7	4.60	4.468	3.725	56 099	12.623	3 840	56 363	-0.5
1 000	750/750	33.5	5.00	4.872	3.969	59 774	13.590	3 840	60 681	-1.5

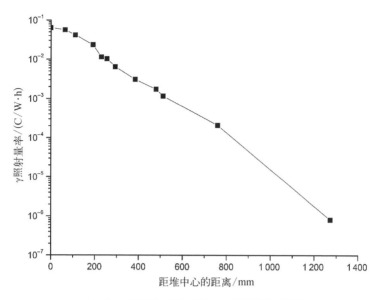

图 5‑34　HFETR 首炉堆芯 γ 剂量场分布测量

5.5　反应性测量

反应堆内各部件与控制棒的价值,对验证理论设计计算与安全运行都很重要。试验测量其价值,是堆物理试验的一项重要任务。其目的是为理论设计计算验证和安全运行提供反应性测量数据。

控制棒的价值又称为控制棒效率,反映了控制棒的反应性高低,包含微分价值与积分价值 2 种表述方式。微分价值指单位长度的价值,积分价值指某高度区间的价值。

反应性 ρ 表征核反应堆偏离临界的程度。当反应堆处在临界状态时,$\rho = 0$;当反应堆超临界时,$\rho > 0$;当反应堆次临界时,$\rho < 0$。

$$\rho = (k_{\text{eff}} - 1)/k_{\text{eff}} \tag{5-32}$$

5.5.1　试验方法

反应性测量的方法主要有逆动态方法、周期法、落棒法、跳源法、脉冲源法、硼中毒法、相对测量法等。

5.5.1.1　逆动态方法

由点堆动态方程知,堆内反应性 $\rho(t)$ 的变化满足下列方程:

$$\frac{\mathrm{d}N(t)}{\mathrm{d}t} = \frac{\rho(t) - \beta_{\mathrm{eff}}}{\Lambda} N(t) + \sum_{i=1}^{6} \lambda_i C_i(t) + S(t) \qquad (5-33)$$

$$\frac{\mathrm{d}C_i(t)}{\mathrm{d}t} = \frac{\beta_{i,\,\mathrm{eff}}}{\Lambda} N(t) - \lambda_i C_i(t) \qquad (5-34)$$

式中：$N(t)$ 为中子数；$\rho(t)$ 为反应性；β_{eff} 为有效缓发中子份额；Λ 为瞬发中子代时间，s；λ_i 为第 i 组缓发中子衰变常数；$\beta_{i,\,\mathrm{eff}}$ 为第 i 组缓发中子的有效份额；$C_i(t)$ 为第 i 组先驱核强度；$S(t)$ 为外中子源。堆内若不外加中子源，^{235}U 与 ^{238}U 自发裂变源强可忽略，即式(5-33)中 $S(t)$ 为 0。求解式(5-33)与式(5-34)可得

$$\frac{\rho}{\beta_{\mathrm{eff}}} = \rho' = 1 + \frac{\Lambda}{\beta_{\mathrm{eff}} N(t)} \frac{\mathrm{d}N(t)}{\mathrm{d}t} - \frac{1}{N(t)} \sum_i \big[a_i N(0) \mathrm{e}^{-\lambda_i t}$$
$$+ a_i \lambda_i \int_0^t N(t') \mathrm{e}^{-\lambda_i (t-t')} \mathrm{d}t' \big] \qquad (5-35)$$

式中：ρ' 为反应性，$a_i = \beta_{i,\,\mathrm{eff}}/\beta_{\mathrm{eff}}$ 为第 i 组缓发中子相对份额。因为中子注量率 $N(t)$ 和探测器测得的电流大小成正比，该电流又由小电流放大器按比例转化为电压，所以可用电压代替式(5-35)中的中子注量率 $N(t)$，测量出反应性。目前，有按逆动态方法生产的数字反应性仪，可用于在线测量反应性。a_i、Λ、λ_i 应预先确定。HFETR 首炉就使用了逆动态方法研制了模拟反应性仪。

数字反应性仪与模拟反应性仪在测量在大反应性（$>1\beta_{\mathrm{eff}}$）时，空间效应引入的不确定度因探头位置选取不当，可能较大，应特别注意。可通过将落棒前后热中子注量率变化最小的位置（最小不可用时，用次小位置），作为反应性仪的探头位置，以减小空间效应。

5.5.1.2 周期法

反应堆周期 T 是堆内中子数上涨 e 倍所需时间，也称 e 倍周期。通常反应堆周期测量装置测量显示的周期就是 e 倍周期。为了方便起见，也常用倍周期 T_2，即中子数上涨一倍所需的时间。

$$T_2 = \ln(2) T = 0.692 T \qquad (5-36)$$

反应堆的周期与正反应性一样，表征了反应堆超临界的程度。可以通过测量正周期来测量反应性。

由点堆动态方程可推导出反应堆周期和反应性之间的关系式(5-37)，即

倒时方程,该方程是用周期法测量反应性的理论根据。倒时是反应堆工程早期使用的术语,1 倒时等于周期为 1 小时所对应的反应性。

$$\rho = \frac{\Lambda}{T} + \sum_{i=1}^{6} \frac{\beta_{i,\,\text{eff}}}{1 + \lambda_i T} \qquad (5-37)$$

反应堆在临界状态下引入正阶跃反应性后,其中子注量率与周期的变化分别如图 5 - 35 与图 5 - 36 所示。

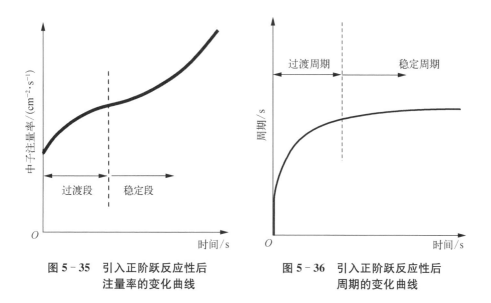

图 5 - 35　引入正阶跃反应性后
注量率的变化曲线

图 5 - 36　引入正阶跃反应性后
周期的变化曲线

在过渡段,由于引入正阶跃反应性后瞬发中子的影响,周期由短变长而趋于稳定,中子注量率由陡增变趋于固定速率增加。因此,在利用周期法测量反应性时,应注意下面事项。

(1) 临界后功率稳定 2～5 min 后,再引入周期。

(2) 所测反应性不能太小,也不能太大。反应性太小则周期长,等待时间也长,测量不确定度大;反应性太大则周期短,危险,易保护停堆。一般为 100 s 左右,且不小于 20 s。

(3) 等待一段时间,在稳定段,再开始周期测量。若测量不确定度控制在 1%,一般等一个周期。图 5 - 37 给出了不同周期的等待时间;若临界时有外中子源(同位素中子源、光激中子源等),等待稳定时间更长。

(4) 测量大反应性时,应分段,且应选取相互干扰效应较小的控制棒进行反应性补偿。

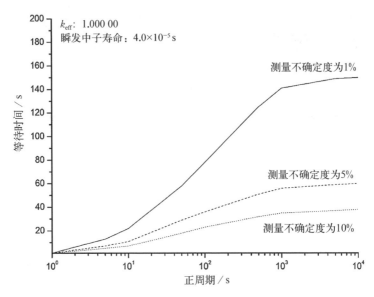

图 5‑37   不同周期测量不确定度的等待时间

5.5.1.3   落棒法

为克服周期法不能单次测量大反应性的缺点,常采取落棒法。其测量方法是:先将被测量控制棒(或部件)提出活性区,将反应堆功率稳定在合适的功率水平上,持续运行一段时间(几分钟)后,测量此时的中子注量率 N_0,然后快速落下控制棒(或部件),同时测量中子注量率 $N(t)$ 随时间的变化规律,根据此规律测量欲测件的反应性价值 ρ。

快速落棒后,中子注量率 $N(t)$ 随时间的变化可分为两个阶段,如图 5‑38所示:第一阶段为快变化阶段,在几十个瞬发中子寿命时间(0.001 s)内,缓发中子基本不变,$N(t)$ 的变化几乎由瞬发中子衰减引起;第二阶段为慢化阶段,此时瞬发中子基本衰变完,$N(t)$ 的变化几乎由先驱核衰减引起。

落棒法有微分法与积分法 2 种数据处理方法。

1) 微分法

由点堆动态方程可推导出如下方程:

$$\rho' = \frac{N_1 - N_0}{N_1} \tag{5-38}$$

式中:N_1 为落棒时仅由缓发中子产生的计数;N_0 为落棒前的稳定中子计数。如图 5‑38 所示,落棒前由计数装置测出 N_0,落棒后,由计数装置测出 $N(t)$,

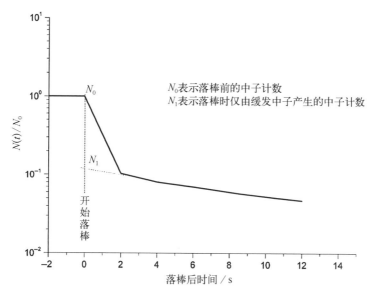

图 5-38 落棒后 $N(t)/N_0$ 的变化曲线

绘制出 $N(t)/N_0$ 曲线后,外推出 N_1,可由式(5-38)测量反应性。

在微分法测量中,外推 N_1 会引入一定的不确定度,可采用积分法消除。

2)积分法

积分法试验操作与微分法相同,仅数据处理不同。由点堆动态方程可推导出如下方程:

$$\rho' = \frac{\sum_{i=1}^{6} \dfrac{a_i}{\lambda_i}}{\int_{t_1}^{t_2} N(t)\mathrm{d}t} = \frac{13.2N_0}{\int_{t_1}^{t_2} N(t)\mathrm{d}t} \tag{5-39}$$

式中:t_1 为开始积分中子计数的时间,略大于落棒时间,s;t_2 为结束积分中子计数的时间,一般取中子计数下降 2~3 个数量级的时间,s。

5.5.1.4 跳源法

跳源法与落棒法的原理一样。落棒法是在临界状态下,提出控制棒;跳源法是在次临界下(或临界状态),提出中子源(如果是中子管,切断中子管的电压即可)。2 种方法都是根据稳定中子计数与变化后中子计数变化规律,测量出反应性。

5.5.1.5 脉冲源法

在待测堆内加入一个脉冲中子管,在次临界状态下,周期性产生中子,测量中子注量率随时间而变化,根据这些变化规律测量反应堆的动态参数(反应性、$\dfrac{\beta_{\text{eff}}}{\Lambda}$ 等)。

当脉冲中子注入后,中子注量率为

$$\phi(t) = \phi_0 e^{-\alpha t} + \phi_d(t) = \phi_p(t) + \phi_d(t) \tag{5-40}$$

式中:$\phi(t)$ 为打脉冲后 t 时刻的热中子注量率;ϕ_0 为 0 时刻的热中子注量率;α 为瞬发中子衰减常数,s^{-1};$\phi_d(t)$ 为 t 时刻缓发中子注量率。第一项 $\phi_p(t)$ 为瞬发中子随时间的变化,第二项 $\phi_d(t)$ 为缓发中子随时间的变化。当脉冲频率 R_A 满足:$\alpha \gg R_A \gg \dfrac{1}{\lambda_i}$ 时,在一个脉冲周期内,当瞬发中子完全衰减时,可以忽略缓发中子的衰减,$\phi_d(t)$ 基本不变,如图 5-39 所示。当脉冲中子注入次数足够多时,缓发中子基本近似为常数,又称为缓发中子注量率本底,其大小与脉冲频率 R_A 成正比。

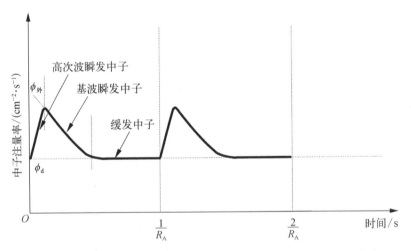

图 5-39 次临界系统在频率为 R_A 的脉冲中子作用下的中子注量率曲线

脉冲源法又有 3 种方法:(S-K)微分法、(S-G)外推面积比法、(D-R)加权法。

1)(S-K)微分法

瞬发中子衰减常数 α 为

$$\alpha = -\dfrac{\rho - \beta_{\text{eff}}}{\Lambda} \tag{5-41}$$

由式(5-41)知：

$$\rho' = 1 - \alpha \frac{\Lambda}{\beta_{\text{eff}}} = 1 - \frac{\alpha}{\alpha_{\text{c}}} \tag{5-42}$$

式中：α_{c} 为临界时瞬发中子衰减常数。在试验中，在次临界状态通过多次脉冲计数增加测量精度。通过图 5-39 求出 $\phi_{\text{d}}(t)$ 后，对式(5-40)用最小二乘法拟合出 α。用多种次临界状态的 α 测量值，外推出临界时的 α_{c}。便可用式(5-42)求出 ρ'。

(S-K)微分法不能用于深于 $3.5\beta_{\text{eff}}$ 的次临界系统，因为此时 $\alpha_{\text{c}} = \dfrac{\beta_{\text{eff}}}{\Lambda}$ 变化较大。

2) (S-G)外推面积比法

(S-K)微分法以 α_{c} 不变为条件，但实际上 α_{c} 与次临界度有关。为克服这一困难，肖斯特兰德(Sjostrand)最早提出了用积分面积比法测量次临界系统的反应性，后来高赞尼(Gozani)又对其进行了改进，消除了瞬发中子的高次谐波的影响。

$$\rho' = -\frac{R_{\text{A}}}{\alpha} \cdot \frac{\phi_{\text{外}}}{\phi_{\text{d}}} \tag{5-43}$$

试验中，由图 5-39 可得到 R_{A}、$\phi_{\text{外}}$、ϕ_{d}。这样就可通过式(5-43)用(S-G)方法测量反应性。

3) (D-R)加权法

(S-G)外推面积比法消除了瞬发中子的高次谐波的影响，但不能消除缓发中子高次谐波的影响。为克服这一困难，加里斯(Garells)和罗索(Russel)提出了加权积分法：瞬发中子注量率 $\phi_{\text{p}}(t)$ 与权重因子 $\text{e}^{\alpha_{\text{c}}t}$ 之积的时间积分，等于中子注量率 $\phi(t)$ 的时间积分。

$$\int_0^{1/R_{\text{A}}} \text{e}^{\alpha_c t}\phi_{\text{p}}(t)\text{d}t - \int_0^{1/R_{\text{A}}} \phi_{\text{p}}(t)\text{d}t = \int_0^{1/R_{\text{A}}} \phi_{\text{d}}(t)\text{d}t = \frac{\phi_{\text{d}}}{R_{\text{A}}} \tag{5-44}$$

式中：$\phi_{\text{p}}(t)$ 与 $\phi_{\text{d}}(t)$ 分别为包括高次谐波的瞬发中子注量率与缓发中子注量率。

$$\phi_{\text{p}}(t) = \phi_0 \text{e}^{\alpha t} \tag{5-45}$$

用式(5-40)拟合出 α 后，将式(5-45)代入式(5-44)，通过多次迭代拟合，便可得到 α_c。将 α 与 α_c 代入式(5-42)可得到 ρ'。

5.5.1.6 硼中毒法

硼中毒法测量反应性没有补偿棒来恢复临界，无干涉效应，可用来测量控制棒和堆内部件的反应性，还可以模拟燃耗效应与温度效应。该方法是较好的大反应性测量方法。

其方法如下：先测量出堆芯的硼微分价值曲线(效率曲线)；测量待测量件在活性区内外的临界硼浓度；得到待测量件在活性区内外的临界硼浓度之差，即为待测量件的价值。

硼微分价值曲线的测量方法如下。

直接测量法：在微超临界下，直接测量 2 种硼浓度下的反应性。利用周期法(或逆动态方法)测量硼浓度 C_{B1} 与 C_{B2} 的反应性 ρ_1 与 ρ_2，则 $\frac{1}{2}(C_{B1}+C_{B2})$ 硼微分价值为

$$\rho_C = \frac{\rho_1 - \rho_2}{C_{B2} - C_{B1}} \tag{5-46}$$

式中：C_{B1} 与 C_{B2} 分别为硼浓度，ppm；ρ_1 与 ρ_2 分别为硼浓度为 C_{B1} 与 C_{B2} 时的反应性，β_{eff}；ρ_C 为硼浓度为 $\frac{1}{2}(C_{B1}+C_{B2})$ 时的反应性，β_{eff}。通过上述方法，测量多种硼浓度 C_B 的硼微分价值，便可拟合出硼微分价值曲线公式。

间接测量法：在临界状态下，不同的硼浓度对应的控制棒高度不同(其他条件不变)。用其他反应性测量方法(周期法、逆动态方法、落棒法等)测量控制棒的价值后，不同浓度的临界棒位高度不同，提棒引入的反应性也不同，用式(5-46)可计算出硼浓度为 $\frac{1}{2}(C_{B1}+C_{B2})$ 的硼微分价值。

5.5.1.7 相对测量法

反应性相对测量法是指用已知反应性价值曲线的控制棒，刻度堆内部件的反应性。例如，将调节棒的线性段(如 300～700 mm)作为倒棒单元，详细记录每次倒棒过程中调节棒与每组手动棒的动作量，然后计算并绘出手动棒的价值曲线。

如果不是精确测量控制棒的相对价值曲线，在次临界状态下，可以用中子

计数率倒数法进行测量。由式(5-2)与图 5-2 知,中子计数率的倒数同反应性成比例。于是可用下式计算控制棒的相对积分价值。

$$\eta = \frac{1/N_0 - 1/N_i}{1/N_0 - 1/N_{all}} \qquad (5-47)$$

式中:η 为控制棒从 0 至 i 高度的相对积分价值;N_0、N_i、N_{all} 分别为控制棒在底、i 高度、顶时的中子计数率。反应堆临界后,用周期法测量一段控制棒的绝对价值后,结合相对效率曲线可得全棒绝对价值。

由于是在次临界状态下测量的,过程相对安全。但对于测量精度,因式(5-2)在此时的适用性不好且中子计数率不确定度大,测量结果的不确定度较大。

5.5.1.8　空间效应与干涉效应

在反应性测量中,应注意空间效应与干涉效应。

空间效应是指被测件的变化,在某些位置引起中子注量率相对变化较小,而另一些位置则较大,在较大位置布置测量探头,测得的反应性价值大于被测件的实际价值。可以通过理论计算,预先计算出中子注量率相对变化较小的位置,并将其作为空间效应较小的位置,放置反应性仪探头,以减小空间效应。

干涉效应是指被测件的价值因附近部件的变化而变化。例如,较近的两根控制棒,每根单独测量价值小于两根控制棒同时测量的价值。在通过落棒法测量微分价值曲线试验中,尽量选取距被测控制棒较远的控制棒作为补偿棒,来减少干涉效应。

5.5.2　典型试验结果

在 HFETRC、HFETR 上的典型试验结果如下。

5.5.2.1　HFETRC 的典型试验结果

1)相对测量结果

在 HFETR 首炉 1∶1 零功率物理试验中,研究了中子计数率倒数测量控制棒的相对积分价值曲线。1SB 与 1AB 的测量结果分别如图 5-41 与图 5-42 所示。

从图 5-40 与图 5-41 可知,由于在次临界下测量,中子计数率小,且式(5-2)是由点堆推导的近似公式,曲线形状与其他方法的测量结果相差较大。

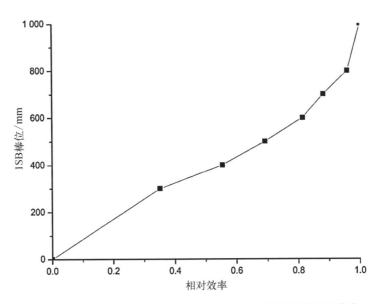

图 5－40　HFETR 1∶1 零功率试验 1SB 计数率倒数相对刻度曲线

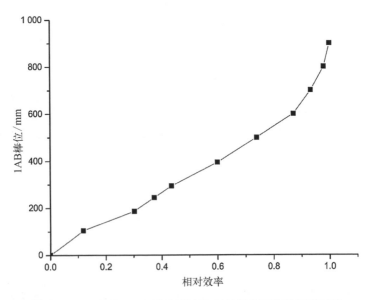

图 5－41　HFETR 1∶1 零功率试验 1AB 计数率倒数相对刻度

2) 控制棒价值

在 HEFTR 首炉 1∶1 堆芯零功率试验中,用落棒法和脉冲源法测量的控制棒效率、停堆深度结果列于表 5－19。

表 5 - 19　HEFTR 首炉 1 : 1 堆芯停堆深度与控制棒效率测量结果

测量对象	其余棒提升高度/mm										测量值/β_{eff}	
	1AB	2AB	1ZB	2ZB	1SB	2SB	3SB	6SB	4SB	7SB	脉冲源法	落棒法
停堆深度	0	0	0	0	0	0	0	0	0	0	−15.0	−17.0
停堆深度	900	900	0	0	0	0	0	0	0	0	−1.6	−1.6
2SB	900	0	0	0	0	—	0	0	0	0	−9.2	—
2AB	900	—	600	600	0	0	240	240	0	0	−6.0	−7.2
2AB	900	—	0	1 000	0	0	0	480	0	0	−5.8	−7.1
1AB	—	900	600	600	0	0	240	240	0	0	−6.4	−7.2
1AB	—	900	1 000	0	0	0	490	0	0	0	−5.8	—
$\frac{1}{2}$AB	—	—	600	600	0	0	240	240	0	0	−14.0	−16.0
1ZB	900	900	—	0	0	0	300	300	0	0	−1.0	−1.0
1ZB	900	0	—	0	0	660	0	0	0	0	−0.37	−0.34
7SB	900	900	0	0	0	0	0	0	0	—	−2.2	−2.2
3SB	900	900	0	0	0	0	—	0	0	0	−1.3	−1.4

注："—"表示被测棒。

在 HEFTR 首炉 1∶1 堆芯零功率试验中,用落棒法测量了 1ZB 与 7SB 的价值曲线,结果如图 5－42 所示。1ZB 的相对价值在 0～260 mm 范围内出现了负值,由于调节棒的吸收体是不锈钢的,过渡段是硼不锈钢的,当刚开始提升控制棒时,宏观吸收截面大的硼不锈钢向堆芯移动,增加了中子吸收。

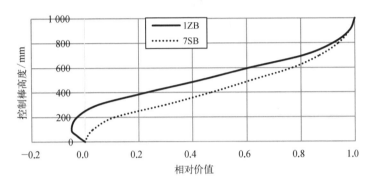

图 5－42　HEFTR 首炉 1∶1 堆芯 1ZB 与 7SB 相对价值曲线

在 HFETR 低浓化零功率试验中,分别在全低浓燃料组件小堆芯(见图 5－5)、高浓低浓燃料组件混装堆芯(见图 5－6)、全高浓燃料组件堆芯、全低浓燃料组件堆芯中测量 1ZB 与 3SB 的微积分价值。1ZB 与 3SB 的积分价值结果列于表 5－20,1ZB 微分价值如图 5－43 所示,3SB 微分价值如图 5－44 所示。

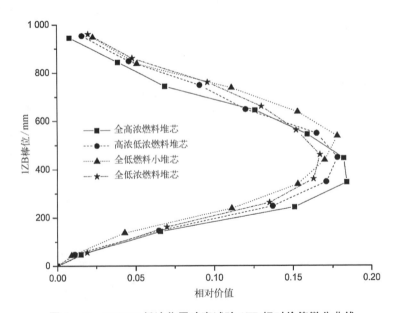

图 5－43　HFETR 低浓化零功率试验 1ZB 相对价值微分曲线

表5-20 HFETR 低浓化零功率试验控制棒积分价值测量结果

项目		探测器栅元位置	临界棒位/mm	插棒高度/mm	落棒时间/s	测量值/PCM	水温/℃
1ZB	全高浓	N6	$\frac{1}{2}$AB=1 000,1ZB=1 000,$\frac{4}{7}$SB=612,2ZB=−7,3SB=1, 6SB=−3,1SB=−1,2SB=−2	1 010	58	603	26.0
	混装	M6	1AB=994, 2AB=1 004, 1ZB=1 008, 4SB=1 004, 7SB=1 006, 3SB=444, 6SB=491, 2ZB=−7, 1SB=−1, 2SB=−2	1 008	62	616	11.0
	小堆芯	J5	1AB=995,2AB=1 005,1ZB=1 011,2ZB=3,4SB=812, 7SB=812,3SB=−2, 6SB=−2, 1SB=−2, 2SB=0	1 011	61	115	13.5
	全低浓	M18	1AB=996, 2AB=997, 4SB=998, 7SB=994, 1SB=−1, 2SB=2, 3SB=875, 6SB=873,1ZB=1 011,2ZB=2	1 011	59	558	21.0
3SB	全高浓	E4	$\frac{1}{2}$AB=1 000,3SB=1 000,$\frac{4}{7}$SB=520,6SB=−3,1ZB=0, 2ZB=−7,1SB=−1,2SB=−2	1 000	62	912	26.0
	混装	E6	1AB=1 005, 2AB=1 010, 1ZB=1 009, 2ZB=1 009, 4SB=644, 7SB=640, 3SB=1 003, 6SB=−3, 1SB=−1, 2SB=−2	1 003	2	975	11.0
	小堆芯	R14	1AB=995,2AB=1 005,3SB=1 005,6SB=−2,1ZB=1 011,2ZB=1 008,4SB=405,7SB=405	1 005	2	500	13.5
	全低浓	R17	1AB=996, 2AB=997, 1ZB=1 011, 2ZB=1 010, 1SB=104, 2SB=93,$\frac{4}{7}$SB=620, 3SB=1 007, 6SB=2	1 007	1.4	961	21.0

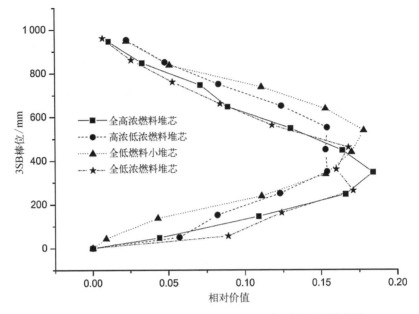

图 5 - 44　HFETR 低浓化零功率试验 3SB 相对微分价值曲线

3）硼浓度微分价值

在 HEFTR 首炉 1∶1 堆芯零功率试验中，测量了硼浓度微分价值曲线。无毒时达临界稳定后，加一定量硼酸，提升已刻度棒重新达临界，所提棒高度的价值即硼的反应性，不断重复可得硼浓度微分价值如下：

$$a_{C_B}(\beta_{\text{eff}}) = -3.53 \times 10^{-2} + 1.39 \times 10^{-4} C_B$$

式中，a_{C_B} 为硼浓度微分价值，C_B 为硼浓度。硼中毒测量的 HFETR 首炉 1∶1 零功率堆芯控制棒全到顶的临界硼浓度为 656 ppm，后备反应性为 $20.2\beta_{\text{eff}}$，控制棒总价值为 $36.0\beta_{\text{eff}}$。

5.5.2.2　HFETR 的典型试验结果

HFETR 上开展的反应性测量项目包括控制棒相对价值、控制棒空间效应与干涉效应、部件反应性、冷态控制棒价值、热态反应性、不同燃耗下调节棒价值、中毒与碘坑等。

1）HFETR 首炉相对法测量研究

在 HFETR 第 12 炉与第 13 炉功率运行时，将调节棒的线性段 300～700 mm 作为倒棒单元，详细记录每次倒棒过程中调节棒与每组手动棒的动作量，然后计算出 $^3_6$SB 手动棒的价值曲线，如图 5 - 45 所示。同时，用模拟机（逆动态方法）也测量 $^3_6$SB 手动棒的价值曲线，如图 5 - 46 所示。

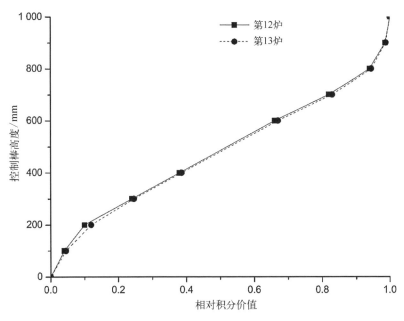

图 5 - 45　相对测量法测量的 $^3_6$SB 相对积分价值曲线

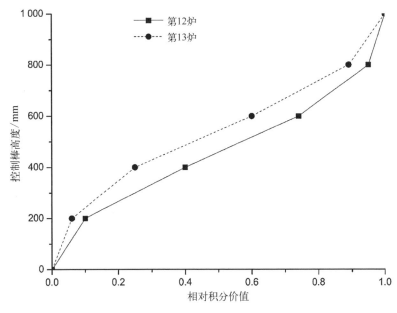

图 5 - 46　模拟机逆动态法测量的 $^3_6$SB 相对积分价值曲线

因为 HFETR 第 12 炉与第 13 炉的堆芯装载变化不大,所以测量的相对积分价值曲线基本重合。但模拟机测量的重合性不好,这是因为两次测量的干涉效应不同所致。

2) 空间效应与干涉效应研究

在 HFETR 首炉冷态堆芯,通过模拟机采用落棒法测量了典型控制棒价值,以研究空间效应,测量出的 HFETR 首炉部分控制棒价值列于表 5‑21。

表 5‑21　HFETR 首炉部分控制棒价值测量结果

被测控制棒	反应性/β_{eff}			
	探头在 12DS	探头在 15DS	探头在 9DS	探头在 7DS
$\frac{1}{2}$AB	14.4	—	—	—
1AB	6.2	4.5	—	—
1ZB 从 550 mm 到 350 mm	—	0.31	0.3	0.3
1SB 从 150 mm 到 0 mm	0.96	0.965	0.76	0.77

注:12DS、15DS 为内层电离室孔道,9DS、7DS 为外层电电离室孔道。

从表 5‑21 可知:1AB 不同位置的测量价值相差约 30%,1SB 从 150 mm 到 0 的测量价值相差约 20%,大反应性测量时空间效应明显;1ZB 从 550 mm 到 350 mm 内外层的反应性相差小,反应性的空间效应不明显。

在 HFETR 还进行了干涉效应研究,试验结果表明:活性区中的 4 根控制棒($\frac{1}{2}$AB 与 $\frac{1}{2}$SB)因价值较大,对活性区内外控制棒的价值都有明显的干涉影响;而反射层中的控制棒价值较小,对活性区内外控制棒的价值干涉影响都不明显。故在开展反应性测量中,在落棒次临界后,重新临界时应尽量选用反射层中价值较小的棒,以减小干涉效应。

3) HFETR 首炉部件反应性测量

HFETR 首炉用脉冲源法测量了部件反应性,脉冲频率为 15～200 Hz,道宽为 500～30 μs,脉冲宽度为 500～300 μs。临界棒位测量后,提出待测部件,用脉冲源法测量次临界度,得部件反应性价值列于表 5‑22。

表 5‑22　**HFETR 首炉脉冲源法测量的部件反应性价值**

部 件 类 别	栅 元 位 置	反应性价值/β_{eff}
燃料组件	J10	4.5
燃料组件	K11	3.4
燃料组件	H8	2.2
燃料组件	K14	1.5
燃料组件	N11	0.8
铍组件	J9	1.8
铍组件	P14	0.62
铍组件	H13	0.09

4）HFETR 首炉冷态控制棒价值测量

HFETR 首炉用模拟机,采用落棒法测量了首炉冷态控制棒价值。试验前,先通过理论计算,找出落棒前后热中子注量率变化最小的栅元,用于放置模拟机的探头,减小空间效应。在利用式(5‑35)计算反应性时,考虑了铍的光激缓发中子,测量结果列于表 5‑23。

表 5‑23　**HFETR 首炉冷态控制棒价值**

被 测 棒	测量条件	反应性/β_{eff}		计算值
		测 量 值		
		模拟机落棒法	1ZB 相对刻度法	
$\frac{1}{2}$AB	其余棒全插	11.0	—	14.6
2AB	1AB 提出	6.5	—	6.2
1SB	2AB 提出	—	9.0	8.9
2SB	2AB 提出	—	7.0	—
3SB 或 6SB	$\frac{1}{2}$AB 提出	1.40	—	1.38

(续表)

被 测 棒	测量条件	反应性/β_{eff}		计算值
		测 量 值		
		模拟机落棒法	1ZB 相对刻度法	
4SB 或 7SB	$\frac{1}{2}$AB 提出	2.30	2.36	2.10
1ZB	$\frac{1}{2}$AB 提出	0.87	—	0.82
停堆深度	棒全插	16.0	—	16.6

5) HFETR 首炉热态反应性测量

在 HFETR 首炉热态时,用模拟机落棒法测量 1ZB 价值后,再用其对其他棒进行相对刻度(见图 5-45)。也可用模拟机直接对控制棒的价值进行测量(见图 5-46)。在 25 MW 平衡氙条件下,1 ZB 总价值为 $0.90\beta_{eff}$,控制棒位置在 $300\sim800$ mm 处的微分价值为 $0.016\beta_{eff}$ cm^{-1}。

6) HFETR 首炉不同燃耗下 1 ZB 价值测量

HFETR 首炉在满功率后,用模拟机测量了不同燃耗调节棒的效率,1ZB 价值随燃耗有微小增加,224 MW·d 时为 $0.89\beta_{eff}$,995 MW·d 时为 $0.96\beta_{eff}$。因燃耗增加,外围的相对功率升高,调节棒价值增加。

7) HFETR 首炉中毒与碘坑测量

HFETR 首炉,堆功率在 20 MW 经历 35 小时左右平衡氙已建立,40 小时后平衡氙浓度基本不变。用相对测量法测得平衡氙毒为 $-4\,310$ pcm,燃耗反应性 -10.2 pcm/(MW·d)。

HFETR 首炉碘坑测量:堆功率在 40 MW 氙平衡后停堆,2.6 小时碘坑深度达 $9.0\beta_{eff}$;50 MW 氙平衡后停堆,18 分钟达 $4.5\beta_{eff}$。因此估算 125 MW 停堆 1.2 小时达碘坑最大值 ($13.0\beta_{eff}$)。

5.6 反应性系数测量

反应性系数指反应堆的反应性随某给定参数的变化率。对反应堆具有重要意义的一些反应性系数有燃料温度(doppler)系数、慢化剂温度系数、空泡系数及压力系数等。

5.6.1　试验方法

反应堆在启动、停堆或功率运行过程中,反应堆内核燃料、冷却剂的温度会发生变化,而由温度变化引起反应堆的反应性变化,这种现象称为反应堆的温度效应。表现温度效应大小的物理参数为反应性温度系数,即温度变化 1 ℃所引起的反应性变化量。通常用 α_T 表示反应性温度系数。

$$\alpha_T = \frac{d_\rho}{d_T} \tag{5-48}$$

式中: d_ρ 为反应性变化量; d_T 为温度变化量。

如果反应堆具有负温度系数:当因某原因使堆芯温度升高时,负温度系数使反应性减小,反应堆功率也随之下降,而功率下降将导致反应堆的温度降低。同理,当堆芯温度降低时,负温度系数使反应性增大,堆功率也随之增长,将使反应堆的温度升高。负温度系数是一种负反馈效应,具有内在的自稳性。对于核反应堆的安全运行具有非常重要的意义。

如果反应堆具有正温度系数,则情况刚好与上述相反。温度升高时,正温度系数使反应性增大,反应堆功率随之增大,又引起温度再升高,反应性再增大……若不采取干预措施,反应堆功率将不断地增长,以致造成堆芯损坏。正温度效应是一种正反馈效应,具有内在的不稳定性。从安全角度上考虑,不希望出现正温度系数。

理论上反应性温度系数通常分为燃料温度系数和慢化剂温度系数,但试验中较难将它们分开。燃料温度系数总是负值。而慢化剂温度系数可正可负,欠慢化堆芯是负值,过慢化堆芯是正值。

试验中在反应堆升温升压过程中,临界后稳定功率与压力,通过非核升温,测量不同温度下的反应性,来测量温度系数;或者测量不同温度下的临界棒位,用临界棒位之差来测量温度系数。

反应堆的活性区的平均温度不变,在不同堆功率下,燃料的平均温度不同,堆功率越高,燃料的温度越高。燃料温度升高,会引入负反应性。这种效应的大小用功率系数表示,即发生单位功率(1%或 MW 等)所引起的反应性变化的大小。

$$\alpha_P = \frac{d_\rho}{d_P} \tag{5-49}$$

式中: d_P 为堆功率变化量。

5.6.2 典型试验结果

反应性系数测量的温度系数、功率系数、压力系数典型试验结果如下。

1) 温度系数

在 HFETR 首炉试验中,在 600 W 功率稳定运行时,用 3 台主泵加热升温,用模拟机不断测量 1ZB 的效率,跟踪临界时 1ZB 的棒位变化(其余棒不变,压力不变),代表反应性变化,将棒位换算成反应性。得零燃耗无毒时 HFETR 的温度系数为

$$\alpha_T = -5.947 - 0.258T \tag{5-50}$$

式中,α_T 为温度系数,pcm/℃,T 为中子温度,℃。

2) 功率系数

在 HFETR 首炉平衡氙后,投入自动,调节功率调节放大器定值,功率由 5 MW 降到 4 MW,记录棒位变化、温度变化,将棒位换算成反应性,并引入氙毒与温度效应的反应性修正,减去缓发中子变化引起的反应性变化,得到功率系数为 −14.0 pcm/MW。

在 HFETR 首炉,反应堆 20 MW 下平衡氙毒后,在用模拟机通过落棒法测量控制棒价值过程中,进行氙毒与温度效应的反应性修正,减去缓发中子变化引起的反应性后,得到功率系数为 −12.5 pcm/MW。

在 HFETR 首炉的不同燃耗下,在不同功率水平测量的功率系数结果列于表 5-24。

表 5-24 不同燃耗下功率系数的测量结果

燃耗/(MW·d)	相对功率/%	12SB 棒位/mm	一回路质量流量/(t/h)	功率系数/(pcm/MW)
40	40	0	2 400	−11.6
162	20	0	1 350	−15.0
265	90	200	3 750	−9.0
638	90	388	3 750	−7.5
995	100	615	3 750	−6.7

从表 5-24 知：功率系数与一回路流量成反比；在相同流量下，功率系数
与燃耗成反比。

3）压力系数

在 HFETR 首炉，维持 50 W 功率不变，通过容补器改变一回路压力，临界
时调节棒的棒位变化（其余棒不变，温度不变）就是压力变化引起的反应性，将
棒位差换算为反应性，得到压力系数为 0.165 pcm/MPa。

第6章

燃料管理

燃料管理是对整个核燃料循环提出安全经济的管理策略,以实现燃料的高效利用、延长燃料使用寿命、提高燃料储存的安全性和反应堆运行的经济性。燃料管理分为堆芯燃料管理与堆外燃料管理。

6.1 堆芯燃料管理

堆芯燃料管理的目的是在满足反应堆安全要求的条件下,通过确定反应堆燃料的装载方式以及选择较佳的换料周期、换料方案等,使核燃料循环成本达到最小,是保证反应堆安全性和提高运行经济性的重要管理工作。

堆芯燃料管理的主要任务是确定合理的堆芯燃料管理方案和换料技术路线,最终达到提高燃料利用率、降低燃料循环成本、满足反应堆运行任务、实现较好经济性的目标。研究堆堆芯装载灵活、复杂,且通常需要开展众多试验,给堆芯燃料管理带来一定的难度,堆芯燃料管理也是研究堆安全运行及完成运行任务最重要的工作之一。

堆芯燃料管理的内容包括堆芯相关的物理设计和热工设计。物理设计主要包括堆芯装载设计,燃料组件功率及其分布,燃料组件燃耗及分布,运行寿期,与试验相关的物理参数计算等。热工设计主要包括确定反应堆内冷却剂流量、反应堆进(出)口冷却剂温度、燃料组件芯体或包壳表面温度、烧毁比,以及与试验相关的热工参数计算等。

在满足安全要求的前提下,同时保证众多试验顺利开展的情况下,优化出经济性最佳的燃料管理方式。

堆芯燃料装载策略:确定燃料组件、铍组件、铝组件、同位素靶件等堆内组件的布置方式和数量,控制棒的提棒策略,以实现均匀的功率分布。堆芯燃料装载策略还需要考虑燃料组件的循环周期,以最大限度地提高燃料利用率。

燃料循环策略:研究和优化燃料的循环方式(包括乏燃料的利用和再次入堆复用,反应堆运行功率和换料周期的调整等),可以提高燃料的利用率,减少核废料产生,有助于核材料的不扩散和安全管理。

热工水力设计:通过合理的热工水力设计,控制堆芯内的冷却剂流动和温度分布,以保证燃料组件的冷却和热力学稳定性。主要参数包括冷却剂进出口压差、冷却剂的流动速度、入口温度等。

6.1.1 堆芯计算程序

堆芯燃料管理的分析和模拟需要利用计算机模拟分析工具,对堆芯进行建模和仿真,评估不同燃料管理策略的性能和优劣,优化堆芯装载方案,预测燃料使用寿命,确保反应堆稳定、安全运行等。堆芯计算程序分为堆芯物理计算程序与堆芯热工计算程序。

6.1.1.1 堆芯物理计算程序

HFETR 堆芯物理计算以三维中子扩散方法、三维中子输运计算方法、蒙特卡罗方法为基础,建立全堆芯及辐照考验装置的计算模型,完成全堆芯及辐照试验物理参数模拟。主要软件有群截面参数制作的组件程序 CELL、HEL 等,堆芯燃料管理计算程序 ECP、HEFT、SARAX - HFETR、MCNP 等。针对各种试验建立相应的物理设计计算及分析方法,形成一套完整的适用于 HFETR 堆芯及各类辐照试验的物理分析体系。在基于蒙特卡罗方法、确定论方法的反应堆物理分析技术研究上取得了较多成果,在 HFETR 中进行了广泛工程应用:主要通过确定论程序进行堆芯物理设计计算,在满足反应堆寿期、堆芯安全限制条件下,保证反应堆安全运行;同时,辅以基于蒙特卡罗方法的 MCNP 程序对材料辐照装置、燃料辐照装置进行精细建模,用于主要辐照参数的精确计算,以满足各项考验指标的要求。

1) ECP 程序包

ECP 是一个自主研发专用于 HFETR 燃料管理的确定论镶嵌耦合中子扩散程序,与 CELL 组件群参数程序一起组成 HFETR 燃料管理程序系统。

CELL 程序是在 WIMS 程序基础上改编而成的,计算并生成用于 ECP 程序的各种材料的群参数。CELL 程序按照计算流程共分为 4 个部分:基本栅元的 69 群计算;具体几何栅元的少群计算;泄漏修正;燃耗计算。

ECP 程序进行临界—燃耗—倒换料计算,实现全堆芯物理参数的模拟计算。模拟 HFETR 各个燃耗步的临界和燃耗过程、在停堆和倒换料期间的关键物理参数的变化过程。HFETR 堆芯物理计算时，ECP 程序将堆芯划分成三维网格结构，用细网有限差分方法对中子扩散方程离散化，得到中子扩散方程的差分方程组。以两群中子扩散方程为例，其最基本的扩散方程形式如下：

$$-\left(\frac{\partial}{\partial x}D\frac{\partial \phi}{\partial x}+\frac{\partial}{\partial y}D\frac{\partial \phi}{\partial y}+\frac{\partial}{\partial z}D\frac{\partial \phi}{\partial z}\right)+\Sigma_r\phi=S \qquad (6-1)$$

式中，Σ_r 表示宏观界面(cm^{-1})。

对于快群：

$$S=\frac{1}{k_{eff}}\sum_{g=1}^{2}r\sum_{f}^{g}\phi^g \qquad (6-2)$$

对于热群：

$$S=\sum_{s}^{1\rightarrow 2}\phi^1 \qquad (6-3)$$

式中，D 为扩散系数，cm；S 为中子源强，$cm^{-3}\cdot s^{-1}$。

对网格的通量计算采用追赶法，用最佳松弛因子加以修正；同时，用粗网再平衡方法加速源迭代收敛，得到再平衡方程。求解再平衡方程组的内迭代用逐次超松弛法，外迭代用切比雪夫外推来加速收敛。

2) HEFT 程序包

HEFT 程序包是针对 HFETR 开发的堆芯燃料管理计算软件包，也是三维堆芯输运燃料管理程序，软件由 3 个主程序构成，分别为组件程序 HEFT-lat、堆芯燃料管理计算程序 HEFT-core、人机交互操作界面 HEFT-int。

HEFT-lat 是二维中子光子输运计算组件程序。评价和数据库采用 ENDF/B-VI，程序采用拼图形式的几何描述方式，几何可以描述任意二维问题。程序基于子群方法进行共振计算，以碰撞概率方法进行输运计算，预估修正方法进行燃耗计算。

HEFT-core 是以三维输运计算求解 DNTR 为基础开发的，采用 FORTRAN 语言进行模块式编程。通过 ANSYS 将求解对象进行任意三角形网格划分，可以计算得到任意节块的中子注量率、功率，适用于复杂非结构几何计算。

HEFT-int 为可视化输入/输出截面程序，主要由初始计算模块和倒换料模块构成。界面可以直观地对 HFETR 堆芯各类组件装载进行布置和换料操作，可显示组件材料类型、编号等信息。

3) SARAX - HFETR 程序包

SARAX - HFETR 程序是针对 HFETR 开发的三维中光子耦合输运堆芯燃料管理计算软件包,该软件包包括为堆芯稳态中子学分析提供多群形式的宏观、微观截面和通用动力学参数的截面程序 Tulip,以及堆芯稳态中子学分析程序 Lavender。该计算程序包相比于 ECP 程序具备了更加精细的计算功能,具备组件计算、燃料组件中孔靶件、铍组件及控制棒燃耗计算等功能。Tulip 程序采用基于连续能量点截面共振计算和等效一维几何模型输运计算方法,同时采用基于点截面的超细群方法计算中子慢化能谱,在保证高精度计算的同时避免了蒙特卡罗方法产生参数时存在的缺陷。该程序能够实现六角形组件、全谱系覆盖,满足堆芯计算用少群截面的生产需求。

Lavender 程序采用三维中子输运方法作为堆芯稳态和瞬态分析的核心,能够实现复杂中子场和中光子耦合场分布的高精度数值模拟,满足堆芯的中子学参数和动力学参数计算需求,并采用任意三角形网格进行堆芯物理计算建模,满足栅阵结构、环形结构以及组合式非结构几何的中子输运计算需求。同时,采用三维空间分布反应性反馈的点堆动力学方法,能够满足长时间过程的动态模拟需求。

堆芯中子输运计算方法采用基于三角形三维中子输运方程离散纵标节块方法,考虑各向同性散射,角度采用离散纵标法离散,三棱柱内的三维多群中子输运方程可写为

$$\mu^m \frac{\partial \Psi_g^m(x, y, z)}{\partial x} + \eta^m \frac{\partial \Psi_g^m(x, y, z)}{\partial y} + \frac{\xi^m}{h_z} \frac{\partial \Psi_g^m(x, y, z)}{\partial z}$$

$$+ \sum_t^g \Psi_g^m(x, y, z) = Q_g(x, y, z) \qquad (6-4)$$

式中: m 为采用离散纵标法离散后的某一角度方向; μ^m、η^m、ξ^m 分别为角度方向在 x、y、z 坐标轴上的分量; g 为能量分群后的某一能群; $\Psi_g^m(x, y, z)$ 为 m 方向第 g 群的中子角通量密度,$cm^{-2} \cdot s^{-1}$; h_z 为三棱柱高度,cm。

中子源项包括裂变源和散射源:

$$Q_g(x, y, z) = \sum_{g=1}^G \left\{ \sum_s^{g'-g} + \chi^g \nu \sum_f^{g''} \right\} \Phi_g(x, y, z) + S_g(x, y, z)$$

$$(6-5)$$

式中: G 为总的能群数; $S_g(x, y, z)$ 为第 g 群外中子源空间分布; χ^g 为第 g

群中子裂变谱；ν 为裂变中子数；$\sum_{f}^{g''}$ 为 g'' 群中子产生截面。

4）MCNP 程序

MCNP 是一个多粒子蒙特卡罗输运计算程序，全名是 Monte Carlo Neutron and Photon Transport Code，该程序是一个通用的概率论计算程序，可以模拟计算电子、光子、中子、质子、重离子等各种粒子在介质中与物质相互作用的过程。基于蒙特卡罗方法开发的粒子输运程序，对空间多维复杂的几何问题，可以真实地模拟粒子在材料介质中输运的过程，并能够求解各种复杂几何条件下和截面变化情况下的问题。蒙特卡罗方法在处理几何结构复杂和材料不均匀性较大的堆芯时具备明显的优势，能够获得较为精确的计算结果。对 HFETR 上一些复杂的几何结构的计算模拟过程，通过确定论程序进行堆芯物理设计计算，辅以基于蒙特卡罗方法的 MCNP 程序进行精细建模，用于材料辐照、燃料辐照计算等。相比于确定论程序，利用蒙特卡罗程序能够对堆芯中子学参数进行更加详细的计算。

6.1.1.2　堆芯热工水力计算程序

HFETR 稳态热工水力分析的主要任务是通过模拟和计算堆芯的热工性能，评估堆芯的冷却能力等，以保证反应堆安全运行。为保证 HFETR 的安全运行和各类辐照试验的顺利完成，需要将稳态热工水力分析与堆芯装载设计密切结合，通过不断地迭代，最终设计出同时满足物理限值要求和热工设计准则的堆芯和辐照试验过程，并通过安全分析，可以确保反应堆及辐照试验在各种运行工况下的安全性。HFETR 堆芯热工水力计算主要软件有流量分配计算程序 Hfetr. f、燃料组件三维温度分布计算程序 CASH、稳态热工水力分析程序 COBRA、事故瞬态分析程序 RELAP、三维热工水力分析程序 STAR‐CD。从 HFETR 运行以来，针对 HFETR 开展了诸多卓有成效的热工水力研究，涉及堆芯流量分配、堆芯稳态热工水力计算、单盒燃料组件三维尺度热工精确计算、辐照燃料和材料以及同位素的热工计算等，在确保反应堆安全运行的同时，也保障了多种辐照任务安全、顺利开展。

1）Hfetr. f/CASH 程序

Hfetr. f/CASH 是针对 HFETR 开发的专用堆芯稳态热工水力分析计算程序。

Hfetr. f 程序是 HFETR 堆芯稳态热工水力分析计算程序，适用于复杂堆芯的流量分配程序。该程序结合试验测量结果描述了各类流道的阻力特性，可以较为精确地计算和分析 HFETR 复杂堆芯的流量分配，程序采用了稳态热工水力数学模型、堆芯流量分配模型、燃料组件传热模型。

CASH 程序是 HFETR 带肋多层套管燃料组件流场及温度场数值模拟程序，是在给定通道几何尺寸和流道进口温度、进口平均流速、燃料组件发热量等条件下，利用有限容积法求解各流体夹层的速度分布和温度分布，以及燃料管、内外套管和肋片中的温度分布。

该程序是基于计算流体力学（CFD）方法的程序，同一流道采用有限容积方法求解三大守恒方程，可以开展精确的三维流场温场模拟分析，对确保 HFETR 安全运行在功率限值内有着重要的意义。动量方程和能量方程的通用形式如下：

$$\frac{1}{r}\frac{\partial u}{\partial \theta}+\frac{\partial v}{\partial r}+\frac{v}{r}+\frac{\partial w}{\partial z}=0 \tag{6-6}$$

$$\frac{\partial(\rho u\phi)}{\partial z}+\frac{1}{r}\frac{\partial(r\rho v\phi)}{\partial r}+\frac{1}{r}\frac{\partial(\rho w\phi)}{\partial \theta}$$

$$=\frac{\partial}{\partial z}\left(\Gamma\frac{\partial\phi}{\partial z}\right)+\frac{1}{r}\frac{\partial}{\partial r}\left(\Gamma r\frac{\partial\phi}{\partial r}\right)+\frac{1}{r}\frac{\partial}{\partial\theta}\left(\frac{\Gamma}{r}\frac{\partial\phi}{\partial\theta}\right)+S \tag{6-7}$$

式中：u、v、w 为矢量流速；r、θ、z 为柱坐标系 3 个方向矢量；ρ 为流体密度；ϕ 为流体温度或流速；Γ 为广义的扩散系数；S 为源项。

求解采用有限容积法来建立离散方程，采用压力耦合方程组的半隐式方法，解决压力与速度的耦合问题，各夹层的流量分配以通道两端的压降相等为原则，并按分配后的流量来确定每层水的入口速度，计算水的速度场时以该截面的平均温度确定水的物性参数。各层流体的速度场按照以上原则完成求解后，将进行固体区、流体区肋片温度场整体求解，从而获得整个求解区域的温度场。

2）COBRA 程序

COBRA 程序是一种通用的反应堆热工水力计算程序，可用于全堆热工水力计算以及辐照考验组件子通道热工水力计算。目前，已经对于反应堆和考验组件中的棒形、其他型燃料组件开展了相关稳态热工水力安全分析，计算各类组件堆芯进出口温度、包壳温度、芯体温度以及 DNBR 等关键热工参数，确保在稳态条件下反应堆堆芯和考验组件的安全。

3）RELAP 程序

RELAP 程序是通用系统安全分析程序，在 HFETR 中用于对实际和假设的瞬态、事件和事故过程的热工水力现象进行模拟分析，建立反应堆、主泵、主热交换器、容积补偿器、加压泵等主冷却剂相关系统的模型，可以对主泵断电、二回路给水丧失、大破口失水事故和小破口失水事故等进行瞬态安全特性分析，分析模型如图 6-1 所示。

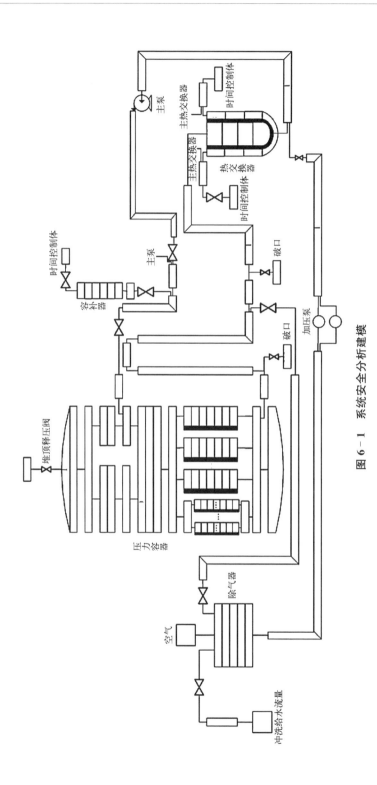

图 6 - 1　系统安全分析建模

4) STAR - CD 程序

STAR - CD 程序是一种通用的 CFD 计算程序,CFD 是能够开展精确的温度计算、流量分配计算、开展流固耦合共轭传热、结构应力等诸多方面的技术。CFD 方法是目前较为先进的计算方法,得到了各个国家学者的认可和使用,在未来核反应堆稳态热工水力安全分析与设计中将起到重要的作用。目前,HFETR 的局部的精细三维热工水力稳态分析通常采用 STAR - CD 程序,已经针对各种靶件开展了温度场仿真模拟,成功地进行了多种材料以及同位素生产辐照装置和靶件的温度分析,保障了 HFETR 反应堆的辐照任务顺利开展。

6.1.2　堆芯装载设计

在 HFETR 停堆换料时,一部分旧燃料组件被卸出,一定数量的新燃料组件被装入,并且重新布置。通过改变堆内燃料组件、铍组件、铝组件、不锈钢组件等布置方式,以满足 HFETR 物理热工限值,满足辐照任务指标要求,确定堆芯装载方案。

HFETR 中燃料组件、铍组件、铝组件和不锈钢组件均占各据一个栅元,且可灵活互换位置。堆内的辐照孔道、铍组件中孔、燃料组件中孔等都可用于燃料、材料辐照以及同位素生产。因此,HFETR 堆芯装载方案设计与核电厂换料有差异,除了燃料组件外,还包括铍组件、铝组件和不锈钢组件等在堆内的布置,优化目标包括展平功率分布、延长堆芯寿期、提高燃料利用率,同时还需调整堆芯布置使得各个辐照孔道都达到特定的中子注量率的目标值,最重要的是保证反应堆及各类试验的安全。

6.1.2.1　设计思路

为了满足各项燃料、材料和同位素的辐照考验要求,满足反应堆的寿期、堆芯安全限制条件等,需要从全堆和局部对中子场进行精细构建及优化,以保证反应堆安全运行并满足各类辐照试验的指标要求。

首先,根据辐照考验要求,对辐照孔道局部进行装载设计,选取可行的局部装载方案,并对堆芯的燃料组件、铍组件、铝组件、不锈钢组件等的位置和数量进行调整,确定满足 HFETR 安全限制要求和辐照考验要求的初步堆芯装载方案。然后,对选定的堆芯换料方案进行最终的核设计。根据需要对堆内各组件的布置进行调整,以确保堆芯装载方案能满足堆芯安全限值的要求。在各种运行工况下,反应堆应具备足够的堆芯冷却能力,保证反应堆燃料组件处于热工安全状态,并且具有足够的热工安全裕量,以防止在事故工况下燃料组件发生损坏。

6.1.2.2 设计原则

堆芯设计是一个复杂的工程领域,在堆芯设计过程中需要综合考虑多种因素,并且针对不同的反应堆类型、设计目标和运行要求,有具体的设计原则。HFETR 堆芯设计原则如下。

堆芯物理设计原则。其基本原则是保证燃料组件反应堆运行任务的完成。在安全方面:堆芯寿期初,要求两根安全棒提起时堆芯冷态次临界度满足限值要求;堆芯寿期末,要求 HFETR 燃料组件盒平均燃耗不大于规定的燃耗限值,同时在物理设计过程中需要考虑到燃料组件、同位素靶件、材料辐照件等堆内材料的热工水力安全。在经济性方面:要求在满足基本原则和安全原则的前提下力求使运行成本最低。

堆芯热工设计原则。在稳态和正常瞬态运行工况下,燃料组件包壳表面的最高温度限值为 195 ℃,不允许发生欠热沸腾;在可预期的事故工况下允许欠热沸腾,但不允许容积沸腾,不允许发生传热烧毁,最小 DNBR 不小于 1.95;在任何工况下,应保持燃料组件的完整性,无贯穿性腐蚀;不致因热应力过大等原因造成燃料组件破裂;合理分配堆内其他构件(控制棒、铍组件、铝组件等)的冷却流量,满足铍组件、铝组件 90 ℃ 壁温限值,保证堆芯安全。

6.1.2.3 典型堆芯装载设计

HFETR 堆芯布置随着辐照试验和生产任务的变化而灵活改变,以动力堆燃料和材料的辐照考验为主,兼顾同位素生产等其他任务。堆内 18 根控制棒位置不变,堆芯内其余位置可布置燃料组件、铍组件、铝组件、不锈钢组件等。根据不同的辐照试验任务需求,典型装载可分为 25 盒燃料组件堆芯、60 盒燃料组件堆芯和 80 盒燃料组件堆芯,分别如图 6-2～图 6-4 所示。

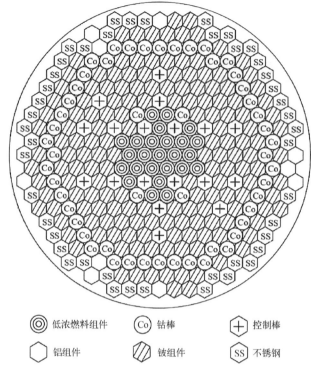

图 6 - 2　25 盒燃料组件堆芯装载示意图

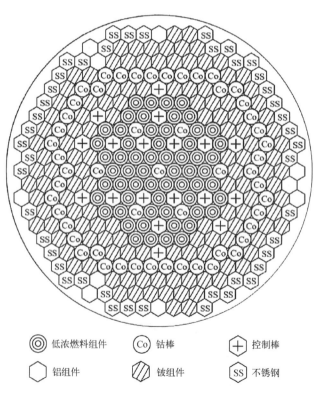

图 6 - 3　60 盒燃料组件堆芯装载示意图

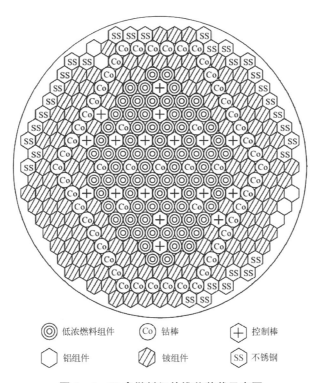

◎ 低浓燃料组件　　Ⓒⓞ 钴棒　　⊕ 控制棒

⬡ 铝组件　　▨ 铍组件　　SS 不锈钢

图 6‑4　80 盒燃料组件堆芯装载示意图

6.2　堆外燃料管理

堆外燃料管理为新燃料组件、乏燃料组件提供满足存放临界安全、组件完整性、核材料管理实保要求的环境。储存分为新燃料组件储存、乏燃料组件储存。

6.2.1　新燃料组件储存

HFETR 接收到来自燃料组件制造厂交付的新燃料组件后，就将其存放于主厂房新燃料组件储存库房中的燃料组件储存柜中。每个燃料组件储存柜设置的存放位置可放置 5 盒燃料组件，柜内还预留了可放置一盒铪棒的位置，燃料组件储存柜布置如图 6‑5 所示。新燃料组

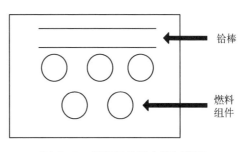

铪棒

燃料组件

图 6‑5　燃料组件储存柜示意图

件在柜内采取直立吊挂存放方式,其下部有定位板定位。

为确保满足临界安全要求,储存柜设计采取将燃料组件上端头吊挂在铝卡环内,下端头插入铝栅孔内,使燃料组件保持一定的间距;另外,可根据需要额外加挂一盒铪棒,进一步降低次临界度。

为确保储存新燃料组件完整性、安保等要求,新燃料组件储存库房设置火灾报警、防盗防破坏、隔离水源、恒温恒湿等技术措施,储存柜材质避免采用慢化材料,同时采用具有防火作用的涂料。

6.2.2 乏燃料组件储存

新燃料组件根据运行需要放入堆芯使用,经过一段时间功率运行后,从堆芯卸出被放置于乏燃料水池的乏燃料储存架上暂存,达到设计燃耗的乏燃料组件待充分冷却后将运往乏燃料后处理厂进行处置。

HFETR乏燃料水池在底部放置5个乏燃料组件储存架,每个储存架可储存329盒乏燃料组件,布置如图6-6所示。储存架按存放未辐照燃料组件进行临界安全设计以满足临界安全要求。实际存储乏燃料组件时的次临界度会更加保守,另外储存架还可用于存放控制棒、铍组件等带有放射性的堆芯部件。为适应较长时间储存乏燃料组件的需要,还设置了专门用于控制乏燃料水池水质的净化系统,其水质标准与反应堆一回路水质标准相同。

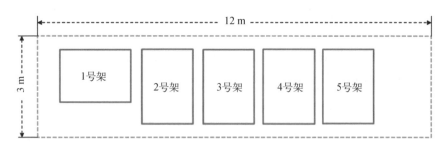

图 6-6　HFETR 乏燃料水池储存架布置示意

第 7 章
燃料材料堆内辐照考验

燃料组件是反应堆堆芯的核心部件,其性能与核反应堆的安全性、可靠性等性能密切相关。核燃料及材料的堆内辐照试验是燃料研发体系中不可或缺的中间环节,从燃料的概念性设计提出,到燃料以组件形式应用于工程,其间必须针对燃料、包壳材料等关键对象进行堆内辐照考验,以综合评价燃料及材料的耐辐照性能,进而衡量安全性、可靠性、经济性、先进性等[1-2]。辐照试验技术是指利用研究堆产生的中子及各种射线,设计建造辐照装置和试验回路以控制辐照环境,实现核燃料及材料的辐照行为监测或为辐照效应检测提供服务。辐照试验可以对前期的燃料设计提供重要反馈,以及为后期的工程化应用提供技术验证。辐照试验的目的在于初步筛选新燃料和包壳的设计及制造工艺,综合验证燃料的设计、制造工艺及运行性能等,以测试燃料的运行限值以及在事故工况下的失效阈值[3]。

辐照试验依赖于试验平台、对象、工具等关键要素,同时基于特定工况下的辐照参数控制,以及辐照行为监测,来实现考验目的。在燃料辐照技术的关键要素中,将研究堆作为试验平台,燃料及材料等试验件作为试验对象,试验回路及辐照装置作为试验工具。特定工况主要包括稳态考验工况、瞬态考验工况以及模型事故考验工况。辐照参数控制和辐照行为监测基于辐照在线测量,而辐照在线测量技术主要针对核环境、辐照环境以及辐照行为进行检测。

基于辐照考验参数等需求,HFETR 采用的辐照方式主要有随堆辐照试验以及回路辐照试验。随堆辐照试验的特点主要包括靶件或辐照装置安装在栅元或辐照孔道内,燃料释热由主冷却剂带出,被考验燃料或材料被制造成靶件或者直接安装在辐照装置内。随堆辐照试验可以进一步细分为静态辐照试验和随堆在线仪表化辐照试验。随堆在线仪表化辐照试验相对静态辐照试验而言,前者可以将测量的信号直接引出,达到实时测量的目的。回路辐照的特点如下:可以模拟燃料组件在各工况下,实际运行的温度、压力、流速、水质等环境参数;装置内部的释热由单独的系统带出,而不依赖主冷却剂。针对不同核反应堆燃料及材料辐照试验方式的选择,主要依赖辐照参数的要求以及辐照工况的模拟情况。

7.1 静态辐照试验

静态辐照试验是指没有回路水质与仪表化测量装置,将辐照样品与辐照装置静态地安装于燃料组件中孔或堆芯栅元内,随堆进行辐照试验。静态辐照试验的优势在于堆内操作方便,可以比较容易地出入堆,有较好的经济性;其缺点在于辐照试验依赖试验前的计算、设计与分析,不能及时反馈和控制辐照参数,仅在预先调节好的条件下进行辐照试验。静态辐照试验的主要步骤如下:首先是物理计算、热工水力计算、辐照装置结构设计;其次是辐照装置制造与装配;再次是堆外热工验证试验、堆外水力验证试验;最后是辐照装置入堆,辐照装置随堆辐照考验、辐照装置出堆及辐照后检验。

7.1.1 燃料组件中孔辐照

HFETR 内的燃料组件中孔有较高的应用价值,在这些孔道内进行材料辐照考验具有很大潜力。HFETR 燃料组件结构如图 7-1 所示。燃料组件盒中心为直径 14 mm×1 mm 的铝合金三筋管(即燃料组件内套管),它的中心孔直径为 12 mm,长度为 1 100 mm。三筋管上端头装有节流塞,使内孔水质量流量不超过 700 kg/h。燃料组件中孔内快中子注量率可达$(2.5\sim15)\times10^{14}$ cm^{-2} · s^{-1},热中子注量率可达$(1.0\sim5.0)\times10^{14}$ cm^{-2} · s^{-1},抽出三筋管,插入一根外形尺寸相同或相近的辐照装置,在保证燃料管冷却的条件和强度要求的前提下,可以利用它作为辐照空间,进行材料辐照考验。

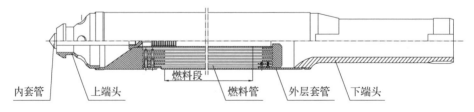

内套管　　　　上端头　　　　燃料段　　　　燃料管　　　外层套管　　　下端头

图 7-1　燃料组件结构示意图

燃料组件中孔内的快中子注量率很高,非常适合结构材料的辐照考验,辐照 1 个换料周期(约 30 天)中子注量就可达到 1×10^{21} cm^{-2} 以上。反应堆内燃料组件中孔选择较多,使得燃料组件中孔靶件的辐照形式具有很高的灵活性,可以在不占用孔道辐照资源情况下满足不同的材料辐照需求。同时,燃料组件中孔辐照装置结构简单,经济性较好。综上所述,燃料组件中孔辐照潜力巨大,具有广阔的应用前景。

7.1.1.1　装置设计考虑

装置直接与内层燃料管相接触,稍有不慎,很容易引起燃料组件管毁坏。因此,在设计中必须考虑装置的安全性和可靠性。此外,还需要考虑结构简单合理,便于出入堆操作,热室内切割和取样难易程度等。为了遵循上述设计要求,在装置设计制造过程中,严格按图 7 - 2 所示的程序执行。

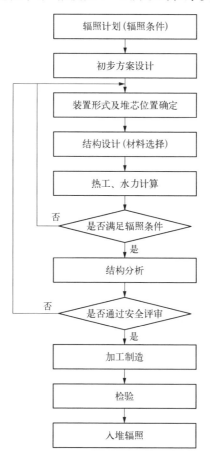

图 7 - 2　燃料组件中孔辐照装置设计制造程序

由图 7-2 可以看到，对每项辐照计划，首先需要提出具体的辐照要求，例如温度、中子注量、压力、介质、辐照时间等条件，然后才能开始设计。

装置设计制造过程如下：首先是根据辐照计划所提出的要求、装置形状及尺寸提出初步方案，并估算或根据经验估计出各有关参数；其次是确定装置的最佳类型、结构，并根据辐照任务的物理条件决定该靶件在堆芯中的位置；再次是开展热工、水力计算，并将计算结果与辐照条件相对比，对装置结构及数据的准确性、合理性以及制造工艺的可行性、在辐照过程中的可靠性进行分析，进而开展安全评审；最后是加工制造，包括零件加工、清洗、组装、焊接组装时要准确地称量、编号和记录，并开展相关检验，被认定为合格的辐照装置才可入堆辐照。

7.1.1.2 装置结构特点和形式

燃料组件中孔辐照装置总长度为 1 206 mm，结构如图 7-3 所示。燃料组件中孔辐照装置主要分为 3 个部分：上端头、辐照试验段和下端头。上端头形状和尺寸与铍组件内小铍棒相同，便于上部定位和装置出入堆吊装；辐照试验段长度为 1 000 mm，外部是一根 $\phi 14\ mm \times 1.5\ mm$ 的套管，外表面带有三条肋，以加强装置的刚度，并保证装置外表面环形流道均匀；下端头与燃料组件内套管下端头结构类似，下端头留有 1 mm 直径的小孔，用于装置下部定位和焊接密封。

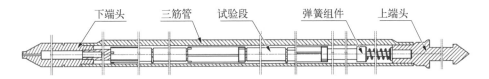

图 7-3 燃料组件中孔辐照装置结构示意图

燃料组件中孔辐照装置的上端头、三筋管和下端头材料都选用铝合金。装置内部需要根据样品的辐照要求充入惰性气体，以减少装置内部热阻和防止样品在辐照过程中氧化。出于保证反应堆安全和辐照试验顺利进行的目的，对装置的密封性能有较高的要求。装置组装焊接完成后，需对焊缝进行射线探伤，渗透检测和氦质谱检漏，从而保证装置具有良好的密封能力。对于在堆内辐照时间较长的装置，还需要进行酸洗钝化处理，以防腐蚀对装置性能造成影响。

7.1.2 栅元靶件辐照

HFETR 内的栅元型靶件辐照装置具有较大的灵活性和适用性。在

HFETR 内,铝反射区、铍反射区和燃料组件区共有 295 个 $\phi 63$ mm 栅元位置(不含 18 根控制棒所在位置)。这些区域内中子注量率的变化范围很大,快中子注量率变化范围为 $10^{12} \sim 10^{15}$ cm$^{-2} \cdot$ s^{-1},热中子注量率变化范围为 $10^{12} \sim 10^{14}$ cm$^{-2} \cdot$ s^{-1}。这些栅元位置都可作为燃料、材料和同位素生产的辐照空间。根据辐照样品的形状、尺寸及辐照条件要求,只要设计一个外形尺寸接近于燃料组件或铍组件的栅元型装置,放入栅元位置就可进行辐照。

设计占栅元靶件辐照装置时须进行严格的热工、水力计算,使其在保证传热和结构安全的条件下,不影响反应堆的流量分配。

7.1.2.1　装置设计考虑

装置设计必须考虑安全性和可靠性,还需考虑结构简单、合理,便于出入堆操作、切割及样品取出等。

1)热工设计

对于利用栅元型靶件进行燃料辐照,要求在正常运行工况下反应堆应具备足够的堆芯冷却能力,保证反应堆燃料组件处于热工安全状态,并且具有足够的热工安全裕量,以防止在事故工况下燃料组件发生损坏。除满足准则要求外,为了确保燃料辐照安全,必须限制燃料中心温度或表面温度,以及最大表面热负荷,并根据燃料的各种参数和要求,分别进行严格的热工计算,确定燃料表面的最大热中子注量率,从而确定该装置在堆内的合适位置。

对于利用栅元型靶件进行同位素和材料辐照,也需建立热工计算模型,评估芯体、包壳或材料受试件的温度,以确保满足辐照考验要求。

2)水力设计

HFETR 的水力特点之一是活性段压差大,在 1 510 mm 长度上压差达 4.6×10^5 Pa。辐照装置的水力设计需遵循下列原则:能满足辐照样品的热工要求,这对于燃料样品及其他高释热率的样品尤为重要;要尽可能地减小对反应堆流量分配的影响;要满足样品表面冷却后水流速的要求;要考虑结构的冲刷稳定性。

基于上述理由,在进行装置的水力计算时,必须详细计算流量和各截面处流速。对于活性区的高压差,相应采取增大装置流动阻力的方法,即在装置下部内流道设置不同尺寸的节流塞,以获得要求的流量和流速。

3)材料选取

辐照装置的结构材料必须耐中子辐照和耐腐蚀;具有足够的强度、良好的机加工性能和焊接性能;中子吸收截面尽可能小,γ 释热率低并具有良好的导热性能;与被辐照样品相容性好。

4) 结构要求

装置结构要求:要便于长柄工具抓取,装置的上端头及外形结构应与燃料组件基本相同,以便能使用同一种抓取工具;结构要力求简单,便于热室切割解体和取样,并要尽可能减少放射性废物;要求内部结构形式和尺寸必须满足热工和水力要求;装置内必须避免存在大的水腔,以免导致局部热中子注量率过大,影响反应堆安全。

7.1.2.2　装置结构特点

栅元靶件辐照装置主要有两种:密封样品罐靶件辐照装置和直接冷却型靶件装置2种。直接冷却型靶件装置结构主要由3个部分组成:上接头、装置辐照段外壳和下接头,如图7-4所示。上接头形状和外部尺寸与燃料组件头部相同,便于定位和吊装;装置辐照段外壳长度在1 000 mm以上,外径为63 mm,壁厚为2~4 mm,用来盛放或固定辐照样品,其位置高度与反应堆活性段相对应;下接头外形尺寸与燃料组件或铍组件相同,长度一般为250~350 mm,内部尺寸可依据设计需求定制,下接头插入栅格板内,用于装置的下部定位。这3个部分焊接后的总长度为1 510 mm。该类装置一般根据热工、水力计算结果需在下接头内部设置混流挡板与节流塞,用来控制装置内水的流量和流速。

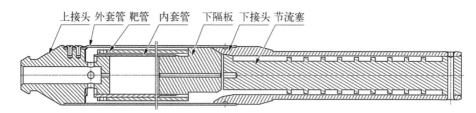

上接头　外套管　靶管　内套管　下隔板　下接头　节流塞

图7-4　直接冷却型靶件装置

这两种装置的内部结构差别较大,要根据辐照样品的形状、尺寸和具体要求而定。针对辐照样品的冷却特点大致可分为两类:一类是密封样品罐,其特点是样品不直接接触冷却水,而是密封在辐照罐内,这种装置多用于燃料芯块辐照和同位素辐照;另一类是直接冷却型,即样品表面直接被反应堆一次水强迫冷却,这种装置用于要求较低温度的结构材料样品。

密封型辐照装置的制造加工比较严格,每个工艺流程都有专门的要求。大多数辐照罐内要求冲入氦气,以减少罐内热阻和防止样品在辐照过程中氧化。辐照罐焊接完毕后,对每道焊缝都要按规范进行液体渗透检测(PT)和射线检测(RT),并进行氦检漏;对辐照时间较长的样品,必须对辐照罐外表面进行氧化处理,以防腐蚀,氧化膜厚度一般为 $10\sim20~\mu m$。考虑到各种靶料的释热率大小、导热特性和中子自屏效应各不相同,辐照罐可设计成不同的形状和尺寸。

　　无论是密封样品罐靶件辐照装置还是直接冷却型靶件装置,其辐照管或样品间都设置定位架,使辐照罐或样品固定在合适的位置上。定位架的设计有较大的灵活性,可以根据样品或辐照罐的具体尺寸和要求制成不同的形状。

7.1.3　静态辐照试验流程

　　静态辐照试验流程如图 7-5 所示。

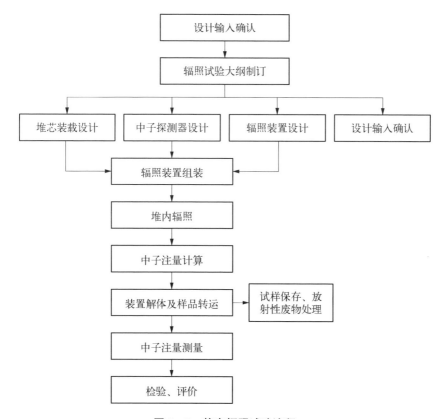

图 7-5　静态辐照试验流程

　　确定静态辐照试验设计输入后,明确辐照温度、中子注量与辐照环境,依据任务要求和试验程序要求,编制辐照试验大纲或方案。根据辐照试验大纲开展堆芯装载设计、中子探测器设计、辐照装置设计,之后开展辐照装置的加工与组装。辐照样品入堆辐照出堆后,需对装置进行切割解体与样品清洗转运,并通过中子探测器检验测量出中子注量是否达到试验要求,完成辐照后检验。

7.2 随堆仪表化辐照试验

仪表化辐照试验是指设计辐照装置承载试验对象在堆内辐照,并利用仪器仪表实现辐照参数在线监测的一种试验。其优势在于:仪表化辐照试验装置布置于辐照孔道内,试验件布置于试验段内,在辐照试验过程中精确监测和控制辐照参数,并且测控系统在线进行数据采集和存档,可设置阈值报警。另外,受试件堆内辐照期间能够对诸如辐照温度、冷却剂流速等辐照参数进行监测与控制。其不足是:限于辐照孔道尺寸,辐照装置径向尺寸较小,为了实现辐照装置参数的在线监控以及调控,辐照装置中加载了传感器及相关的管路,导致辐照装置结构复杂,组装困难,堆内移动困难,可调节程度依赖堆内传感器的研发水平,一旦传感器失效便无法更换。

7.2.1 材料随堆仪表化辐照装置

材料随堆仪表化辐照试验装置设计是一个多学科综合的结果,其中涉及反应堆工程、机械以及热工物理等。辐照装置设计主要考虑的因素包括反应堆特性、试验输入以及安全性。反应堆特性包括物理特性、孔道尺寸、堆芯布置;试验要求包括受试件的规格和数量、仪控需求;安全性方面包括辐射防护、力学评价及热工分析等。

7.2.1.1 设计考虑

为满足辐照试验的要求,辐照装置设计以及试验段样品布置应同一类型样品尽量在同一层布置完成;样品数量过多时,同一类型样品尽量布置对称于基准面或紧邻布置;不同类型样品布置在同一层时,长度应尽量接近;尽可能多地布置样品,同一外形尺寸样品可以重叠布置,增加孔道在轴向上的利用率;样品布置总长度尽可能短,装置两端离基准面不能过远;样品不能填满样品孔时,用棒材填补,棒材材料与夹块材料一致。

7.2.1.2 装置结构

1) 内外通水型辐照试验装置设计

(1) 总体结构:内外通水型辐照试验装置采用分段结构设计,主要由辅助密封段、辐照试验段、气管组件和下端头4个部分构成。内层孔道辐照试验装置结构如图 7 - 6 所示。

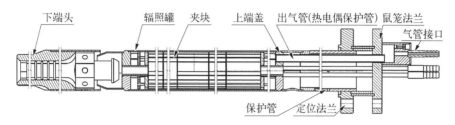

下端头　　　辐照罐　夹块　上端盖　出气管(热电偶保护管) 鼠笼法兰

气管接口

保护管　定位法兰

图 7 - 6　内层孔道辐照试验装置结构示意图

辅助密封段位于辐照装置的最上端,主要作用是固定辐照装置,并使其与反应堆平顶盖密封。气管组件通入和排出惰性气体,用以调节辐照罐内气体成分,达到调控辐照罐内温度的功能。辐照试验段为辐照试验装置的关键设计部分。辐照样品用夹块固定,样品夹块上开孔安装进气管,并在样品夹块内外设计适当的气体间隙。通过向辐照罐内导入不同的惰性气体来控制试验温度。为了对中子注量和温度进行监控,在辐照罐内布置有中子探测器和温度测点。下端头插入栅格板的一个栅元孔中,起定位作用,由于各辐照装置的下端头的结构一致,因此下端头可重复利用。

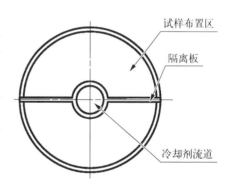

试样布置区

隔离板

冷却剂流道

图 7 - 7　辐照罐结构示意图

由于 γ 屏蔽效应导致辐照罐内阳面和阴面辐照温度不一致,为方便辐照样品温度调节,辐照罐采用分区设计,由两块相互独立的半圆筒组成,使一半辐照罐正对堆芯(阳面),另一半背对堆芯(阴面),其结构如图 7 - 7 所示。

(2) 热工设计:装置设计除了必须满足安装要求外,还需满足试验的温度要求。通过设计适当的辐照罐结构尺寸,使试验装置满足温度控制要求。辐照试验段的结构尺寸通过热工计算确定。

图 7 - 8 所示为热工计算模型。辐照试验段按以下方式进行热工设计分析,对任意面积 A 的传热面,其导热过程可用下式描述。

$$-\lambda \frac{\mathrm{d}t}{\mathrm{d}r} = \frac{\Phi}{A} \tag{7-1}$$

式中：λ 为该传热面材料的导热系数，$W/(m \cdot K)$；dt/dr 表示温度沿路径方向上的变化梯度，负号表示热量沿正方向传递，温度在正方向上逐渐降低；Φ 为通过该传热面的热流功率，W。

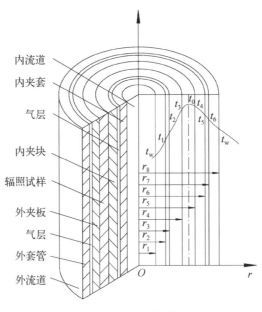

内流道
内夹套
气层
内夹块
辐照试样
外夹板
气层
外套管
外流道

图 7-8　热工计算模型

2) 外侧通水型试验装置设计

（1）结构设计：外侧通水型辐照试验装置主要由辐照试验段、辅助密封段和气管组件 3 个部分构成。针对材料辐照，由于外围辐照孔道设置了压力管，辐照装置与 HFETR 的一回路水隔离，并且其处在堆芯外围，中子注量率低。因此，装置结构相对简单，如图 7-9 所示。

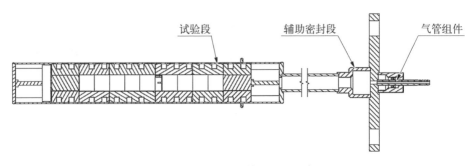

试验段　　　辅助密封段　　　气管组件

图 7-9　辐照试验装置结构示意图

辅助密封段位于辐照装置的最上端,主要作用是固定辐照装置,并使其与反应堆平顶盖密封。气管组件通入和排出惰性气体,以调节辐照罐内气体成分,达到调控辐照罐内温度的功能。

辐照试验段为辐照试验装置的关键设计部分,其中样品的安装、温控方式、温度测点布置以及中子注量测点布置与内外通水型辐照试验装置一致。

(2) 热工设计:与内外通水型辐照装置不同,外侧通水型辐照装置试验段的辐照罐为管型结构,其传热方式为多层带内热源的圆柱导热方式,辐照罐外冷却水与辐照罐和孔道压力管之间传热方式为自然对流,外侧通水型辐照试验段导热模型如图 7-10 所示。

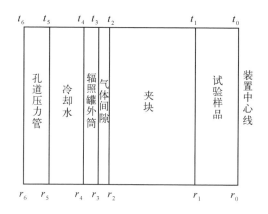

图 7-10　外侧通水型辐照试验段导热模型

7.2.2　燃料随堆仪表化辐照装置

燃料随堆仪表化辐照试验装置是承载燃料试验件完成堆内辐照考验的核心部件,与试验指标的实现以及反应堆的安全相关。因此,在辐照装置设计过程中要综合分析反应堆特性、试验对象、试验要求等。

7.2.2.1　燃料辐照装置设计考虑

燃料辐照装置设计要求达到辐照条件下受试件的辐照任务指标,能够获取相关辐照参数;辐照装置为压力检测系统提供引压接口;压力检测系统满足辐照装置考验段进出口及多孔流量计压力检测;压力检测系统实现考验段冷却水取样。

7.2.2.2　燃料辐照装置结构

辐照装置主要由装置段、考验段组成。随堆燃料辐照试验装置结构如图 7-11 所示。

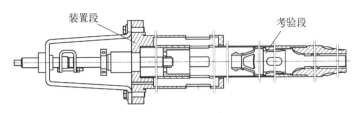

图 7 - 11　随堆燃料辐照试验装置

1）装置段

装置段主要由进水管组件、流量调节组件、测量管等组成。装置段各部件之间通过焊接连接，装置段通过法兰密封固定在 HFETR 平顶盖上，HFETR 冷却剂经支撑管组件进入进水管，再经进水管流入考验段，对试验件进行冷却。装置流量的调节主要是基于滑块与进水管相对运动以改变进水管侧面进水孔的面积，从而调节进入考验段内的冷却剂流量。辐照装置段共设置 2 根引压管检测考验段进出口的压差，其中一根测量管作为取样管。同时，装置段安装有流量计测量进入考验段流量。

2）考验段

考验段设计外径一般为 63 mm，考验段中放置燃料试验件，考验段由辐照试验件、外套管、节流塞和下接头等组成。考验段内辐照试验件分轴向多层排布，每层按照热工以及试验要求布置一定数量的辐照试验件；试验件周围用堵流件包裹。依据热工水力计算结果，设计堵流件使流经试验件的冷却水流量满足热工计算，使燃料试验件芯体以及外表面的温度达到试验要求。为使辐照考验装置流量调节满足燃料段冷却要求，同时保证辐照考验装置具有较大的冷却剂流量调节裕度，以使冷却剂充分混合，在考验段下接管内设置冷却剂混合器。

7.2.3　辐照参数在线测量技术

研究堆内辐照在线测量技术主要是指在研究堆内辐照环境条件下，利用测量仪器借助测量工具，开展针对辐照环境参数、反应堆物理参数、核燃料及材料辐照行为参数的测量技术。辐照在线测量技术与测量仪表性能密切相关，以测量仪表应用为核心的辐照在线测量技术的特点可概括为可靠性、准确性、微型化、耐高温、耐腐蚀、耐辐照、简单化。仪表一旦被置入测量装置，很难或者根本不可能被更换，该因素要求测量技术具有可靠性。

研究堆内辐照在线测量技术可以细分为 3 个方向：反应堆参数测量技术、

辐照环境测量技术、辐照行为监测技术。

7.2.3.1　反应堆参数测量技术

1）技术特点

反应堆参数测量技术主要是探测辐照试验中反应堆相关的物理参数,其特点在于,该测量技术与反应堆特性密切相关,在技术实施时必须对反应堆的特性有一定了解,以指导测量方法确定及测量仪器选型。该测量技术主要用于掌握反应堆的特性,同时获取的参数是分析核燃料及材料辐照性能的重要输入。反应堆参数测量技术主要含中子特性测量技术和 γ 特性测量技术。

2）中子特性测量技术

测量的基本原理是利用并分析中子等粒子与敏感组件材料之间相互作用的产物特性。测量中子注量的手段有微型裂变室、涂硼室、自给能中子探测器(SPND)等在线测量手段,以及探测丝和探测箔等离线测量手段。

自给能探测器是辐照试验过程中测量中子的一种更有效的手段。具体原理:在其进行辐照时,在电极上由于发射荷能电子而产生正电荷。因此,它不需要任何的外加极化电源。一般划分为 β 流中子探测器、内转换中子探测器。

β 流中子探测器又称延迟响应自给能中子探测器,在这类探测器中,发射体材料俘获中子后形成短寿命的 β 放射性同位素,活化了发射体 β 衰变过程中发射高能电子流,通过测量该电流就可以测出中子注量率。属于这类自给能中子探测器的发射体材料主要有铑、钒、银等。

内转换中子探测器又称为瞬时响应自给能中子探测器,其基本结构和 β 流中子探测器相同,如图 7‑12 所示。在这类探测器中,发射体原子核俘获中

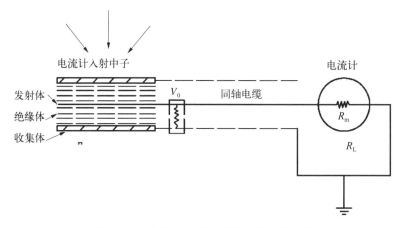

图 7‑12　内转换中子探测器工作原理简图

子之后形成处于激发状态的复合核,复合核退激过程中辐射γ射线。γ射线与探测器材料通过康普顿散射、光电效应以及产生电子对等相互作用,转换为电子,通过这些电子的发射形成了探测器的电流。因为这个过程是在极短时间内发生的,所以这类探测器对中子场变化的响应是瞬时的。属于这类探测器的发射体材料主要有钴、钪、镉等。

7.2.3.2 辐照环境测量技术

1) 技术特点

辐照环境测量技术主要是指针对辐照环境中的非核参数进行测量。该参数主要由外界控制,而非由反应堆直接决定。该测量技术可以同时用于反应堆的随堆环境测量和回路辐照。辐照环境测量技术获得的参数一方面用于验证辐照环境是否处于需求条件下,另一方面作为反馈量来调节辐照环境。辐照环境监测主要是针对辐照装置能够提供的辐照环境参数。在这些参数中,温度和流量是最关键的参数。温度是一个重要的辐照技术指标,影响整个辐照装置的安全。而流量与冷却剂的流速等流动特性密切相关,保证一定的流量对辐照试验的稳定开展和安全性非常关键。

2) 温度测量技术

在进行材料的辐照性能研究时,对温度测量的精确度提出了很高的要求。在辐照试验中采用的温度探测器往往是在强辐照射场中、在有害的介质中以及在高压等条件下工作,因此测量辐照样品的温度是非常复杂的。考虑到温度是辐照试验中的重要指标参数,会影响整个装置的安全,在辐照装置中,温度探测器的置入基本上是必然的。

根据不同的原理,现阶段用于测量堆内温度的探测器有热电偶、熔断丝、SiC温度计等。在允许从实验装置本体中引出电缆线的反应堆上,均使用热电偶来测量温度。热电偶的优点在于:整体尺寸不大(采用微型热电偶,包含保护外套在内,直径只有0.5 mm)、热端的尺寸最小,有足够的机械强度和令人满意的柔韧性、惯性小,以及热电偶一次刻度包括的温度范围大。上述优点使热电偶成为在反应堆中辐照材料时测量温度的基本工具。

3) 流量测量技术

保证冷却剂流量对辐照试验的安全以及保证辐照技术参数至关重要。现有用于测量流量的技术有很多,其中孔板式流量计已在堆内燃料辐照考验过程中,应用于辐照装置内冷却剂流速测量。

7.2.3.3　辐照行为监测技术

1) 技术特点

辐照行为监测技术是指利用高精度测量仪器,集成仪表化辐照装置,对核燃料及材料的辐照性能进行在线测量的技术。从燃料的概念性设计提出到燃料以组件形式应用于工程,其间必须针对燃料、包壳材料等关键对象进行堆内辐照考验,以综合评价燃料及材料的耐辐照性能,进而衡量其安全性、可靠性、经济性、先进性等。辐照试验的目的之一就是获取辐照行为参数,辐照行为在线测量的关注点在于关注试验对象在宏观上的过程变化,辐照行为参数可以及时反馈辐照性能的变化,从而有助于全面获取燃料及材料的辐照性能数据,进而更加全面地评估燃料及材料的辐照性能。其区别于辐照后检测的结果测量,辐照行为是辐照效应的重要构成,鉴于过程量与结果量的同等重要性,辐照行为的在线测量与辐照后检测是一种相辅相成的关系,它们共同构成辐照效应研究的完整体系。

根据 HFETR 目前已开展的核燃料及材料在堆内不同的辐照行为变化,辐照行为监测技术包括材料释热率测量技术、材料形变测量技术。

2) 材料释热率测量技术

在反应堆中,随着堆内结构材料的增多,以及某些辐照装置中结构材料所占份额较大,结构材料释热已经是堆内热量的重要来源之一。堆内结构材料增多会导致反应堆内释热量随之增加,可能造成堆芯内局部温度偏高,对材料的辐照和反应堆的安全造成影响,通过测量研究堆内结构材料的释热率,不仅可以指导合理布置辐照靶件以及降低反应堆的运行风险,还可以指导辐照装置的合理设计以及进一步保证辐照试验的顺利安全实施,并降低辐照试验成本。另外,特别是小功率燃料组件的辐照考验,由于材料释热在总释热中所占比例不可忽略,准确衡量材料的释热率对确定小功率燃料组件核功率非常关键。

测定材料释热率方法很多,为测量反应堆辐照孔道内的材料释热率,根据 HFETR 测量条件和测量精度的要求,量热装置可采用量热计开展释热率测量。量热计又分为单棒式和多棒式。多棒式量热计的结构来源于双桥式(见图 7 - 13),与通用的双桥式量热计相比,多棒式量热计要多出一条测量桥,因此可以实现更多样品释热率的同时测量。

单棒式量热计(见图 7 - 14)的结构明显比双桥式的结构简单,其主要是基于测量一根棒上的温度分布,但要求测量棒的导热系数稳定。由于大部分材

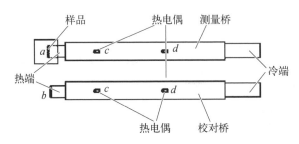

图 7‑13　双桥式量热计结构

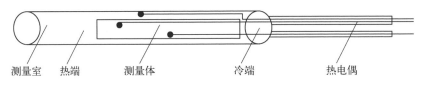

图 7‑14　单棒式量热计

料在堆内结构会发生一定变化,其导热系数可能会随之改变,因此,单棒式量热计的测量精度偏低。不过从其结构来看,单棒式量热计非常有利于测量装置小型化。

3) 材料形变测量技术

核材料及燃料在堆内辐照过程中,其尺寸变化是最为直观的表现。引起材料在堆内尺寸变化的一个重要因素是材料与堆内中子及各种射线发生相互作用后,其晶格等性质发生变化。同时,辐照环境中存在的污垢附着等也会造成材料尺寸的改变。测量堆内材料在辐照时尺寸变化主要依赖直线位移传感器测量技术。

常用的直线位移传感器为线性可变差动变压器(linear variable differential transformer,LVDT),这是一种精确的线性位移在线检测技术,能够在恶劣的环境中有效工作。LVDT 器件包括 1 个初级线圈、2 个次级线圈、铁芯、基座、套管及电缆等,如图 7‑15 所示。因为铁芯与被测物体通过连接杆相连,所以

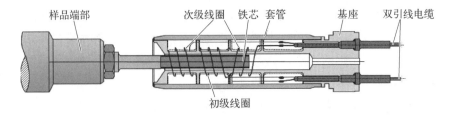

图 7‑15　线性可变差动变压器的结构简图

在铁芯中间设置带螺纹的孔。当铁芯由中间向两边移动时,两个次级线圈输出电压之差与铁芯移动呈线性关系。

7.2.4　随堆仪表化辐照试验流程与应用

随堆仪表化辐照试验是燃料及材料堆内辐照考验的一种重要试验方法,也是一种实现精细化辐照的手段。该类试验方法虽然涉及流程复杂,各个环节紧密联系,但可直观监测试验过程参数,应用较为广泛。

7.2.4.1　仪表化燃料及材料辐照试验流程

从新型燃料及材料的概念设计到工程化应用的每个环节,辐照考验均扮演着重要角色。辐照考验是一个多学科交叉内容,涉及环节众多的综合试验验证过程。燃料及材料辐照试验流程如图 7-16。

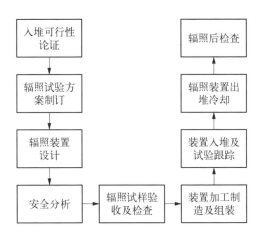

图 7-16　材料辐照试验流程

首先,依据任务提出的燃料及材料辐照技术指标,从辐照资源、试验装置设计、堆芯装载设计、热工物理计算、辐照后检验等方面评估论证,并制订辐照试验方案,明确辐照试验目标与内容,辐照技术路线、辐照装置设计、堆芯装载设计、堆内辐照试验流程、辐照后检验内容及方法。其次,完成辐照装置的结构设计以及热工水力分析,同时从物理热工、装置设计、试验运行、辐射防护、限制操作等方面开展试验安全影响分析。再次,完成辐照试验装置的加工制造组装以及入堆,开堆后,实时监测辐照试验运行参数并记录,直至装置出堆运输至乏燃料水池冷却。最后,完成冷却的辐照装置在热室内解体切割后分拣试样,根据任务要求开展辐照后检查。

1）入堆可行性论证与确认

依据任务提出的燃料及材料辐照技术指标，从辐照资源、试验装置设计、堆芯装载设计、热工物理计算、辐照后检验等方面评估是否能实现辐照要求，达到试验预期目标。

2）辐照试验方案制订

依据辐照任务要求开展辐照孔道的论证、物理设计以及热工设计。确定辐照方式，明确辐照试验目标与内容，辐照技术路线、辐照装置设计、堆芯装载设计、堆内辐照试验流程、辐照后检验内容及方法。

3）辐照装置设计

根据辐照试验的方案，完成辐照装置设计，包括结构设计、热工水力设计、测控系统设计、试验目标影响分析。

4）安全分析

选择 HFETR 内合适的辐照孔道，从物理热工、装置设计、试验运行、辐射防护、限制操作等方面开展试验安全影响分析。

5）辐照试样验收及检查

对辐照试样的尺寸等关键参数进行入堆前检查，以复核尺寸等参数是否满足要求，并确定记录试样入堆前状态。

6）装置加工制造及组装

依据辐照试验方案及辐照装置设计要求，开展辐照试验装置的加工及组装，并依据方案要求，完成辐照试样在装置中的布置，使辐照装置具备入堆条件。

7）辐照装置入堆及试验跟踪

将辐照装置吊入指定孔道后，与温度调控系统、气体调节系统及压力测量系统连接，并监测系统稳定性，开堆后，实时监测辐照试验运行参数并记录。

8）辐照装置出堆冷却

辐照装置入堆后即进入堆内辐照试验阶段，根据试验程序进行各项试验操作，达到预期指标后，辐照装置出堆，然后将其在乏燃料水池中冷却，以待后续检查。

9）辐照后检查

完成冷却的辐照装置在热室内解体切割后分拣试样，根据任务要求开展辐照后检查。

7.2.4.2　仪表化辐照试验的辐照对象

1）材料试验对象

核材料在工程化应用前都要经过研究堆验证,因此,核反应堆涉及的各种材料包括结构材料、压力容器、壳体材料等,都会成为 HFETR 的试验对象,如表 7-1 所示。

表 7-1　材料试验对象表

材　料　类　型		材　　料
轻水堆材料	堆内结构材料	导向管支撑板;围板组件吊篮;筒体;堆芯栅格板合金
	压力容器材料	合金钢
	安全壳材料	混凝土
聚变堆材料	第一壁材料	奥氏体不锈钢;钒合金;SiC 复合材料
	氚增殖剂材料	固态氚增殖剂
	面向等离子体材料	碳复合纤维;铍;钨
	高热流密度材料	铜合金;钼合金;铌合金

在实际的辐照试验过程中,为了方便探究材料的表观、力学及微观等性能,将被试验材料制备成一定规格的试样(小样品),形成标准化试样和标准化的辐照后检验流程。图 7-17 所示为材料试验对象。针对材料的力学性能,制备了拉伸试样、冲击试样等进行入堆辐照;针对材料微观特性,制备了扫描电镜等试样进行入堆辐照;针对材料物理特性等,制备了热导率等试验进行入堆辐照。同时,建立了针对小样品辐照及检测的标准,并已在 HFETR 上开展了一些小样品辐照。部分辐照样品如图 7-18 所示。

2）燃料试验对象

新型燃料的研发阶段包括燃料球/芯块、燃料样件、燃料组件和缩比例燃料组件。每个阶段都会有针对性的研究试样。燃料芯体研究阶段的主要试验对象为燃料包壳和燃料芯块,燃料组件研究阶段主要的试验对象为燃料短棒等,缩比例研究阶段主要的研究对象为小组件。燃料试验对象如图 7-19 所示。

燃料研发的每个阶段,HFETR 都建立了相应的研究平台、研究方案及研究装置等,形成了一套完整的试验体系。

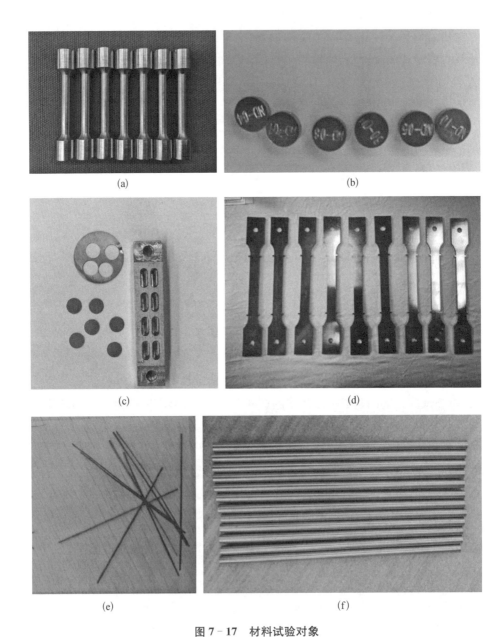

图 7 - 17　材料试验对象

（a）拉伸试样；（b）微观试样；（c）透射电镜试样；（d）蠕变试样；（e）纤维束试样；（f）包壳管材试样

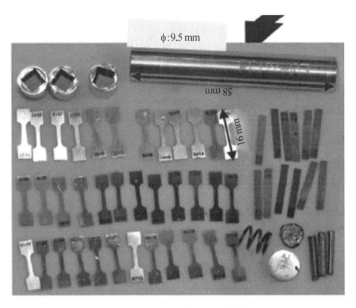

图 7 - 18　辐照试验小样品

(a)　　　　　　　　　　　　　　　　　(b)

图 7 - 19　燃料试验对象

（a）燃料芯块；（b）燃料辐照样件

3）仪器仪表试验对象

核反应堆中各种参数的监测都需要仪器仪表或探测器等,这些仪器仪表、探测器(见图 7 - 20)在工程化应用前都要在试验堆中进行性能鉴定或评估。为了验证这些元器件的性能,以 HFETR 为依托,设计专用的装置,将探测器等搭载于装置内,在中子场中对其性能进行验证。

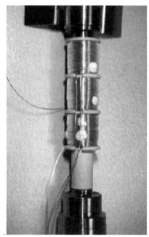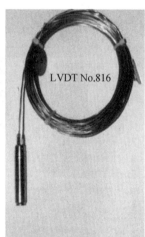

图 7‑20   仪器仪表试验对象

7.3   回路辐照试验

核燃料组件是核反应堆的核心部件,辐照试验是核燃料研发的重要环节,可为核燃料的设计提供重要反馈,每种新型燃料组件在投入工程应用前都需要对其进行设计验证[1-3],包括包壳材料的设计和制造工艺验证,燃料组件的设计、制造及运行的综合性能、运行限值及事故工况下的失效阈值等的验证。上述验证要求在辐照考验过程中尽可能地模拟燃料组件在真实运行工况下的环境条件,如燃料温度、冷却剂压力、冷却剂流速、冷却剂水化学特性等。这些参数往往与现有研究堆的运行参数相差较大,如 HFETR 主冷却系统设计压力为 1.96 MPa、设计温度为 80 ℃,而新型压水堆燃料要求运行压力为15.5 MPa、运行温度为 340 ℃。因此,需要在研究堆内构建一个独立的回路,通过控制回路参数达到控制试验参数的目的。

辐照试验回路基于上述目的的设计建造,不仅能模拟各种堆型在不同运行工况下的温度、压力、流速、水质等环境参数,还可以实现对各种参数的在线测量与调整,极大地提高了燃料组件辐照考验的效率和准确性,但也存在系统复杂,设计、建造及运行周期长、试验成本高等缺点。

7.3.1   回路辐照试验概述

辐照试验回路根据试验堆型和工况的不同,可以分为面向不同堆型的回路、面向试验研究的回路、面向特定工况的回路等。

面向不同堆型的回路可以分为高温高压水试验回路、沸水堆试验回路、超临界水试验回路、高温气冷试验回路、钠冷辐照试验回路、铅铋辐照试验回路、聚变堆氚增殖剂辐照试验回路等。高温高压水试验回路用于模拟压水堆工况对燃料组件进行辐照考验,如我国 HFETR 的高温高压水回路。沸水堆试验回路用于模拟沸水堆工况对燃料组件进行辐照考验,如日本的 OWL‐1(Oarai Water Loop 1)。超临界水试验回路用于模拟超临界工况对燃料组件进行辐照考验,如捷克的超临界水燃料验证试验回路。高温气冷考验回路以二氧化碳或氦气作为冷却剂模拟高温气冷堆环境对燃料组件进行辐照考验,其难点在于辐照温度高,需精确控制以及对裂变气体的测量,如日本的 OGL‐1(Oarai Gas Loop 1)。钠冷辐照考验回路以钠或钠钾合金作为冷却剂,常压下运行,温度在 $400\sim500$ ℃;在冷却系统的设计上由于钠化学性质活泼,一般采用多回路设计防止回路中钠与其他工质发生反应。铅铋辐照考验回路以铅铋合金作为冷却剂,常压下运行,温度在 $500\sim700$ ℃。

面向试验研究的回路中应用较多的是水化学腐蚀回路。堆内水化学腐蚀回路是研究燃料组件包壳和堆内结构材料辐照加速应力腐蚀断裂效应(irradiation accelerate stress corrosion crack,IASCC)的试验回路,用于研究材料在堆内辐照环境下的老化、腐蚀、吸氢等问题。

面向特定工况的回路主要包括瞬态辐照试验回路、事故工况模拟试验回路等。瞬态辐照试验回路用于模拟反应堆的运行瞬态对燃料组件的影响,国外主要核研究国家基本都具备瞬态试验技术,主要通过改变堆功率、建立中子吸收回路等方法模拟瞬态。事故工况模拟回路是为了研究在事故工况下燃料组件烧干、过热和再淹没时的材料行为而建立的。

7.3.2　高温高压水辐照试验回路

高温高压水辐照试验回路是开展压水堆(pressurized water reactor,PWR)燃料组件辐照试验的重要设施。区别于随堆辐照试验,高温高压回路可建立 PWR 燃料组件辐照试验所必需的高温高压辐照环境、调节流经燃料组件表面的冷却剂流量、调节冷却剂水质参数,进而模拟压水堆工况对燃料组件进行辐照考验。

但不同的辐照工艺会导致高温高压回路系统构成不完全一致。回路通过主泵提供动力,使一次冷却水在管道中强制循环,不断地流经考验元件并带走其热量,一次冷却水的热量通过主热交换器传递给二次冷却水,二次冷却水作为回路的最终热阱将热量导出。回路在导出考验元件热量的同时能够实现安全停堆、应急冷却水注入、余热排出、水质净化、压力管检漏、回路运行参数测量等功能。

7.3.2.1 设计考虑

回路应能长时间安全可靠地工作,并保证热工水力条件的稳定性和适当的调节性,在满足建造任务条件的前提下,适当拓宽考验回路考验范围的可能性;回路设计应贯彻纵深防御的原则,提供多层次的保护,回路安全设施在各种工况下都应具有足够的安全功能,安全系统应依据单一故障准则,按照多重性、多样性、独立性等进行设计;回路设备及系统管道采用分区布置,并采取必要的措施,减少工作人员受照剂量;设计应兼顾先进性和经济性,并充分考虑设备和系统的可操作性和可维修性。

7.3.2.2 总体设计参数

现代压水堆核电厂通常工作压力为 15.5 MPa,反应堆进口冷却剂温度为 280~300 ℃,反应堆出口冷却剂温度为 310~330 ℃,进出口温升为 30~40 ℃。通常设计压力取 1.1~1.25 倍的工作压力,因此高温高压回路通常设计压力为 17.2 MPa、设计温度为 350 ℃,基本可涵盖 PWR 堆型燃料组件真实运行条件下对压力和温度的要求。回路设计功率为一回路换热器设计换热功率的总和,根据回路设计定位的不同,高温高压回路设计功率通常为 500~2 000 kW。回路一次水流量与回路设计功率相关,通常为 15~35 m³/h。

7.3.2.3 高温高压回路功能

1) 考验燃料组件,导出燃料组件的热量

回路能够模拟压水堆工况在 15.5 MPa 工作压力、330 ℃最高运行温度、特定流速与水质的条件以对燃料组件进行辐照考验。回路由主泵提供动力,将一次冷却水在回路的管道中强制循环,带走燃料组件的热量,一次冷却水流量可以满足燃料组件换热功率的要求。一次冷却水通过热交换器将其热量传递给二次冷却水,二次冷却水作为回路的最终热阱将热量导出后排出。通过一次冷却水和二次冷却水的两次传热,回路可以将燃料组件的热量导出。

2) 防止燃料组件损毁

在事故工况下,向回路的高、中、低压安注系统连续投入,向考验装置中注入应急冷却水,可以防止元件包壳过热及芯体熔化。

3）不危及反应堆的安全

回路检漏系统能对伸入反应堆内的辐照装置压力管进行破损监测,从而保证考验装置与反应堆完全隔绝。回路还设置有温度、压力、流量等多种类型停堆保护信号,一旦回路运行出现异常并触发停堆信号,反应堆立即停闭,可有效地避免因为回路的故障而危及反应堆的安全。

4）控制水质,建立满足试验要求的水化学环境

回路净化系统能够对一次水水质进行取样分析、杂质和离子净化、悬浮物过滤和化学物添加,使水质的各项指标满足试验要求。

5）实时监测多种参数

回路设有温度、流量、压力、γ剂量、中子、湿度等多种参数的监测点,通过这些参数能够实时监测回路运行情况。

7.3.2.4　回路工艺系统组成

高温高压考验回路由主回路系统和净化系统、破探系统、二次冷却水系统、安注系统、补水系统、检漏系统、去污系统、电气系统、仪控系统等组成。图 7 - 21 所示为回路系统工艺流程,详见附录中对典型辐照考验回路的介绍。

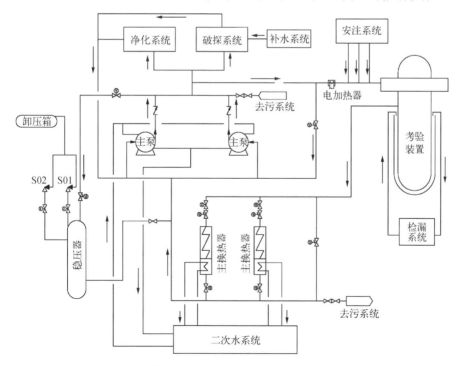

图 7 - 21　回路系统工艺流程图

7.3.3 燃料瞬态试验回路

反应堆运行过程可能涉及快速调节反应堆功率的运行工况,对燃料组件的性能提出了更高要求。高温高压水辐照试验回路通常只能在特定功率水平下对燃料组件进行稳态辐照考验,为实现燃料组件功率水平的瞬态变化,需设计建造燃料瞬态试验回路。

7.3.3.1 瞬态试验回路简介

燃料在稳态下的考验不足以支撑燃料辐照性能的综合评价,为获得燃料瞬态性能数据,有必要对燃料开展基于瞬态工况下的辐照考验。开展燃料瞬态性能研究的关键技术是实现燃料组件功率的瞬变调节,功率调节内容包括功率跃增、功率循环和负荷跟随。

1) 功率跃增

功率跃增试验是短暂性地改变功率大小,其显著特点是功率从先期运行的功率水平往上增大。由于燃料芯块和包壳之间的热膨胀率不同,或者由于高温时裂变气体气泡重溶引起燃料肿胀,会导致 PCMI 效应(燃料芯块与包壳机械相互作用)发生。在高燃耗时,燃料组件进行功率跃增试验会增加破损的可能性,因此可以通过功率跃增试验探索高燃耗下燃料的破损阈值。功率跃增试验是通过功率瞬态试验回路改变燃料组件功率,使燃料组件功率实现单步跃增或多步跃增。

2) 功率循环

功率循环试验是周期性地重复改变功率大小。例如,从一个高功率水平下降到低功率水平,然后又回到高功率水平并多次循环。在功率循环期间,燃料组件的 PCMI 效应非常强烈,这是因为燃料棒在功率变化前处于力的平衡状态,当功率变化时会打破这种平衡状态并进入另一种平衡状态。功率循环试验是验证燃料组件在反复力变化和热冲击时的抗破损能力。

3) 负荷跟随

负荷跟随试验是为了提高核电的经济性,以一天或一周为一个周期,根据对电力需求大小来调节核反应堆功率。负荷跟随试验主要研究燃料组件在负荷跟随时的破损情况,研究跟踪模式、跟踪次数、循环形式和运行时间等对燃料破损的影响。

通过上述 3 个方面的试验对燃料组件的功率瞬态行为进行研究,可获得燃料组件破损的线功率阈值、燃料组件在功率循环下的抗破损能力和寿期内负荷跟随对燃料完整性的影响。这些参数的获得可以为燃料组件设计准则和运行安全许用限值提供直接的实验数据。

实现燃料功率瞬态调节的主要方法有提升堆功率、转动固体中子吸收体、可垂直移动辐照装置、氦-3气体密度调节等。氦-3气体密度调节法具有快速、均匀,且能显现一类及二类功率跃增等优点,但对氦-3密度调节装置的压缩比、扩充比及压扩速率等技术性能要求高。日本学者利用JMTR研究堆采用氦-3气体密度调节法完成了多次瞬态试验,其中包括功率循环试验。挪威、比利时及法国等均已采用氦-3气体密度调节法成功完成了燃料瞬态试验。本章主要基于氦-3气体密度调节法来介绍瞬态试验技术。

7.3.3.2 瞬态试验回路设计考虑

根据其应用目的,瞬态试验回路的设计应确保功率瞬态试验回路长期运行的安全性和可靠性,保证热工水力条件的稳定性和适当的调节性;回路设备及系统管道采用分区布置,并采取必要措施,减少工作人员受照剂量。回路的安全设施在各工况下应具有足够的安全功能,安全系统应依据单一故障准则,按照多重性、多样性、独立性等进行设计;氦-3回路在设计上应采用足够的安全措施对工作场所、环境、回路和运行人员的安全进行氚防护。在事故工况期间和之后,限制氦-3回路包容系统内氚向外释放;应保证在所有工况下不影响反应堆及其实验设施的基本安全功能,并充分考虑氦-3回路压力变化引起不可接受的反应性瞬变;回路设计应兼顾先进性、经济性和现实性,并充分考虑设备和系统的维修性和可测试性。

7.3.3.3 瞬态试验回路总体参数

瞬态试验需要在高温高压水运行工况下开展,其试验回路主要包含一条PWR水回路系统和一条用于实现功率瞬变的氦-3调气系统。针对PWR水回路系统,其设计压力为17.2 MPa、设计温度为350 ℃,设计换热功率及冷却水流量根据试验需求而定。针对氦-3调气系统,设计压力为6 MPa、设计温度为500 ℃,并通过系统工艺设计实现所需的功率变化速度。

7.3.3.4 系统工艺组成

氦-3瞬态试验回路主要由高温高压水回路部分、氦-3气回路部分及氦-3冷却辅助循环回路组成。高温高压水回路部分的结构和功能与高温高压考验回路基本一致,用于模拟元件堆内热工水力和水化学环境。氦-3气回路部分是整个瞬态试验回路的核心,通过改变回路内的压力达到活性段局部中子注量率骤变,从而实现功率调节的目的,是实现瞬态试验的关键。辅助冷却回路为一低温低压回路,用于带走氦屏吸收中子的反应热与辐照装置的 γ 释热。此外,氦-3 气回路与辅助循环回路均配有仪控系统,用于该部分回路监测、记录与控制,同时在异常工况时给出报警信号。

瞬态试验装置在高温高压试验装置基础上增设有氦屏及其辅助冷却组件。氦屏通过装置内的氦-3 气体连接管与堆外氦-3 回路连接,氦-3 气体在堆外强制驱动下,在氦-3 回路与装置间进行循环;氦屏辅助冷却腔通过冷却腔体法兰盖上部辅助回路连接管与堆外辅助冷却回路连接,通过辅助冷却水将氦屏热量导出,防止氦屏组件烧毁。

氦-3 气体回路主要由氦-3 气体循环泵、氚阱、调压器和管道连接阀门组成,其原理如图 7-22 所示。在瞬态试验时,辐照装置氦屏内的氦-3 气体吸收中子发生(n, p)反应改变局部中子注量率,实现功率的调节。功率调节速率与氦屏内氦-3 气体密度变化速率呈正相关,通过调压器可缓慢连续地改变氦屏内的氦-3 气体密度,通过充气罐和放气罐可快速地改变氦-3 气体密度。此外,由于(n, p)反应产生的氚不仅具有较强的放射性且氚浓度会影响氦屏内的氦-3 气体浓度,从而影响中子吸收速率,因此可通过氦-3 气体循环泵在装置和回路内形成强制循环从而带出氚。氚被带出装置后通过氚阱被吸收,以保持回路和装置内氦-3 气体浓度和避免放射性污染。

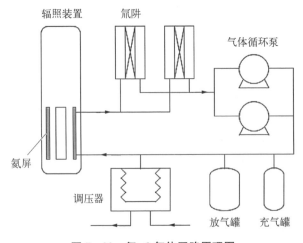

图 7-22 氦-3 气体回路原理图

由于回路中存在(n, p)反应生成的放射性氚,因此氦-3 气体循环泵为涉氚泵,密封要求极高,通常采用全密封金属波纹管泵。氚阱作为放射性介质氚的吸附设备,对保障系统安全具有重要的作用。氚阱以海绵钛作为吸收剂,内设有加热装置,保障在 5 MPa 以下、400 ℃ 左右具备稳定、高效的吸收速率。氚与海绵钛生成的钛氢化物具有较强的稳定性,可长期储存。调压器是实现功率调节的关键设备,采用双层缸体结构,内层为金属波纹管气缸充有氦-3气体;外层为不锈钢缸筒充有氮气,通过氮气侧压力调节改变氦-3气体侧压力。

同时,为了满足瞬态试验对功率变化速率的要求,氦-3气回路内设置有充气罐和放气罐,介质为氦-3气体。当氦-3气回路处于高压状态(远高于放气罐压力)下需要提升装置瞬时功率时,通过氦-3回路与放气罐的连通,高压气体迅速从装置及回路内向放气罐内汇集,氦屏内氦-3气体密度骤降,局部中子注量率骤升,完成功率的瞬态提升;当氦-3气回路处于低压状态(远低于充气罐压力)下需要降低装置瞬时功率时,通过氦-3气回路与充气罐的连通,高压气体迅速从充气罐向装置及回路流动,氦屏内氦-3气体密度骤升,局部中子注量率骤降,完成功率的瞬态降低。瞬态试验的功率骤变速率取决于充气罐与放气罐和回路与装置总容积的比值及调压器的预设压力。

为保证氦-3回路的氚防护要求,氦-3回路中的涉氚设备统一安装在密封性良好的包容箱内。为防止氚泄漏,包容箱内为负压,并设有箱内气体循环管路,循环管路上安装有氚测量系统用于监测氚泄漏情况。包容箱侧面设有手套孔便于人员操作。

此外,瞬态试验对氦-3气体浓度具有极高的要求,试验前需要对氦-3回路和装置氦屏内的气体进行抽真空。因此,氦-3回路内设置有机械真空泵和分子泵等组成多级抽真空系统,保证氦-3回路和装置氦屏内氦-3气体的洁净度。

为保证反应堆的运行安全,瞬态试验应充分考虑瞬态试验时正反应性的引入量。

7.3.4　材料腐蚀试验回路

燃料包壳是防止核燃料放射性释放的重要屏障,其性能直接影响反应堆安全。在运行过程中包壳材料与高温高压水之间存在一定的相互作用,可能造成材料表面产生腐蚀,导致燃料组件发生破损。高温高压水对材料的腐蚀受堆内中子场、压力、温度和水质条件(如 pH 值、溶氧、溶氢、硼酸等离子含量)等多种因素综合影响。为更精确地模拟包壳材料的工作环境,以获得包壳材料在实际堆内辐照环境下的腐蚀数据、筛选包壳材料,在 HFETR 上建设水化学腐蚀试验回路及高性能锆合金腐蚀试验回路 2 座综合性堆内辐照环境下水化学试验平台，可用于开展堆内辐照环境下的材料腐蚀及水化学腐蚀试验、冷却剂介质辐解行为研究试验、腐蚀产物迁移沉积行为研究试验等。

7.3.4.1 回路设计考虑

水化学腐蚀试验回路的设计应遵循高温高压水回路的主要设计原则，回路能长时间安全可靠地工作，保证热工水力条件的稳定性和适当的调节性；在满足建造任务的前提下，适当拓宽回路考验范围的可能性；考虑回路设备及系统管道的布置方式，减少所需占用的场地和空间；设计应兼顾先进性和经济性，并充分考虑设备和系统的可操作性和可维修性。此外，针对水化学腐蚀试验的特殊要求，需专设水化学系统，并使其具备较强的水化学测量和调节控制能力。

水化学腐蚀试验回路原理如图 7-23 所示。其由主回路系统、水化学系统、二次冷却水系统、检漏系统、电气系统、仪控系统等子系统组成。回路设计压力为 23.5 MPa，设计温度为 360 ℃，一次冷却水设计体积流量为 6~12 m³/h。回路通过主泵提供动力，使一次冷却水在管道中强制循环，不断地流经堆内辐照装置并带走考验件热量，一次冷却水的热量通过热交换器传递给二次冷却水，二次冷却水作为回路的最终热阱将热量导出后排出至排水总管道。

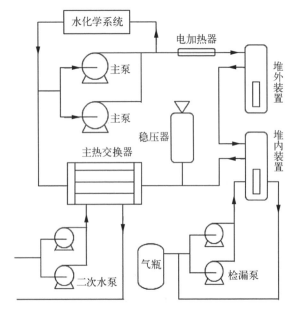

图 7-23 水化学腐蚀试验回路原理

7.3.4.2　回路组成及功能

主回路系统通过主管道连接到考验装置的进出口端,形成一条密闭的高温高压环路,环路内的设计温度为 360 ℃、设计压力为 23.5 MPa,一次冷却水在主泵驱动下,在该环路内强制循环,不断地带走辐照装置在试验过程中产生的热量,一次冷却水的体积流量设计为 6～12 m³/h。为了维持主回路系统的压力,在主回路系统上设置稳压器,稳压器通过喷淋降温、降压与电加热组件发热升温、升压匹配,将回路的压力波动限制在一定的范围内;在极端情况下,稳压器可以通过打开其安全阀将一部分蒸汽输送到卸压箱中以保证回路的压力不超过限值。一次冷却水的热量将通过热交换器传送至二次冷却水。水化学腐蚀试验回路可配置堆内装置与堆外装置,其中堆内装置安装于反应堆内部,堆外装置安装于堆外工艺间。通过堆内装置与堆外装置,可在相同水质条件下,对比研究有无堆内辐射环境的材料水化学腐蚀行为。

二次冷却水系统为回路提供最终热阱,可以满足对主回路系统热交换器、水化学系统冷却水、主泵冷却水等的供水需求。二次冷却水系统的水源为外部输送的自来水,二次冷却水在流经设备换热后均汇至一根总的排水管道,排水管道连接至 HFETR 排水总管道上。

水化学系统从主泵出口引出一定的流量,经过冷却使水温降至特定的温度以下后,除去悬浮物,调节水中各种离子的浓度,并在需要的情况下通过化学加药装置向回路水中添加溶液,或通过气体加药装置向回路水中添加气体,以使水质参数满足要求。完成水质调节后的水通过上充泵返回主管道。在水质调节过程中为测量系统的水质状况,在水化学系统中还设置有电导率测量装置、溶解氧分析仪等在线测量仪表,以及取样装置等设施。水化学系统能够实现多种功能,包含 pH 值调节、药物添加、溶解氧控制、净化杂质和离子、悬浮物过滤、回路补水、回路排水等功能。

检漏系统通过温度、压力、湿度 3 个参数来探测伸入反应堆内的压力管是否发生破裂,从而保证考验装置与反应堆完全隔绝。检漏系统使用 2 台检漏泵将氮气充入压力管与绝热管之间的环形缝隙里,并不断地使氮气在检漏环路中循环,使用仪器监测氮气的温度、压力、湿度,一旦发现异常,立即采取保护措施。

回路各个系统间均设有隔离阀,可以在需要时切除任意一个辅助子系统,方便回路检修维护;在安全级别不同的系统间还设置了双重隔离阀。为保证回路中的水质,凡与回路一次冷却水接触的管道、设备及阀门均选用不锈钢材料。

7.3.4.3 回路主要设计参数

水化学腐蚀试验回路的设计压力和温度比高温高压水回路更高,其设计压力为 23.5 MPa,设计温度为 360 ℃,换热功率为 150 kW,冷却水体积流量为 6~18 m³/h。

7.3.5 燃料回路辐照试验装置

燃料回路辐照试验装置作为回路冷却剂压力边界,包容、承载燃料组件以及相应冷却剂,并为燃料组件提供冷却剂流道,以有效冷却燃料组件;辐照装置还为燃料组件提供高温冲刷环境,以进行辐照、高温、冲刷耦合条件下的耐腐蚀性验证。此外,辐照装置还承担了实现装置内回路冷却剂和装置外反应堆冷却剂之间的有效隔热的功能。

辐照装置根据考验堆芯设计结果,并结合辐照孔道接口尺寸进行设计。辐照装置结构及水力设计应满足辐照考验指标、过程参数测量、辐照试验安全等要求。燃料回路辐照试验装置主要由 3 个部分组成:压力管组件、分流管组件、绝热管组件。燃料回路辐照试验装置结构如图 7-24 所示。

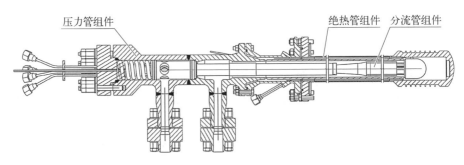

图 7-24 燃料回路辐照试验装置

1) 压力管组件

压力管组件设计有单入口与单出口,用于连接主回路系统,压力管组件是回路压力边界的一部分,由于其垂直放置,压力管组件不仅需承受回路中冷却剂的压力,还需承受压力管中液柱的压力。

压力管组件由法兰组件、出口组件、入口组件、压力管、下封头组件组成,如图 7-25 所示。法兰组件是压力管组件的上密封结构,与压力管组件主体用螺栓连接,可以通过自由拆装实现燃料组件的拆装,在法兰组件上设计有测量引线密封结构和覆盖气排气结构。出口组件是回路冷却剂流过燃料组件后的出口,用法兰连接的方式连接到主回路系统的换热器端。入口组件是回路冷却剂的入口,用法兰连接的方式连接到主回路系统的主泵端。压力管是一节长的不锈钢无缝钢管,上下分别焊接在入口组件与下封头组件上,在压力管下端燃料组件位置外壁可以设计电加热丝,用于应急情况下对装置底部回路冷却剂进行加热,防止回路故障危及燃料组件安全。下封头组件是压力管组件的最下端,封头内设计为半圆结构用于回路冷却剂的折返导向,并在下封头组件内设计有燃料组件的支撑定位结构。

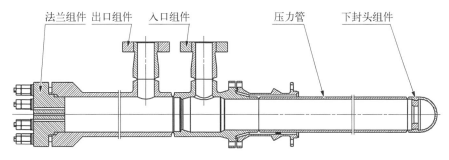

图 7 - 25　压力管组件结构示意图

2）分流管组件

分流管组件安装在压力管中,由于其不承受内外压差,故分流管组件为常压组件。分流管组件为冷却剂在辐照装置内提供稳定流道,保证燃料组件的冷却剂流速。分流管组件设计有与燃料组件匹配的接口,可以实现燃料组件的装载与拆卸。

分流管组件由吊装头组件、分流管、方盒组件组成。吊装头组件是分流管组件实现吊装的结构,吊装头下端设计有密封面,用压力密封的方式阻绝冷却剂流动,实现回路冷却剂按设计流道进行流动。分流管是一节长的不锈钢无缝钢管,分流管的中间设计有夹层,用于安装热电偶等测量仪器。方盒组件安装在分流管组件的最下端,是分流管组件与燃料组件的接口部件,其外形通过匹配燃料组件外形来设计,在方盒组件上布置了温度测量来监测燃料组件的出入口冷却剂温度。

3）绝热管组件

绝热管组件是辐照装置的第二道压力边界。在压力管正常工作情况下可以隔绝压力管壁面与反应堆冷却剂,起隔热保护作用。在压力管破损时可以及时监测,并作为第二道压力边界,避免外泄的冷却剂释放到反应堆一次水系统中,保护燃料组件与反应堆的安全。

绝热管组件由绝热管法兰、绝热管、绝热管下封头组成,如图 7 - 26 所示。绝热管法兰是绝热管组件与反应堆的连接部件,采用螺栓连接安装到反应堆平顶盖上。绝热管是一节长的不锈钢无缝钢管,在正常工作下承受反应堆一次水外压,在破损情况下承受回路的内压。绝热管下封头安装在绝热管组件最下端,与绝热管采用焊接方式连接,绝热管下封头外壁设计有节流齿以匹配反应堆栅格板的流量分配要求。

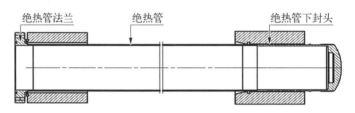

图 7 - 26　绝热管组件结构示意图

燃料回路辐照试验装置工作在高温高压环境下,在使用中要考虑晶间腐蚀的危险,材料在固溶处理后,制造过程中要进行焊接、热加工或热处理,材料允许使用含钼或不含钼的超低碳奥氏体不锈钢和用铌或钛稳定的奥氏体不锈钢。燃料回路辐照试验装置的承压部件焊接需采用核级焊材。

燃料回路辐照试验装置的零部件加工、组装、焊接、表面处理均严格执行有关规范。对产品的质量检查如氦检漏、X 射线探伤、水压试验均严格按照有关标准执行,并严格执行产品验收程序,经有关方面验收合格后方能入堆辐照。严格的质量控制保证了装置在堆内辐照过程中的安全性和可靠性,HFETR 至今所有已入堆的装置未发生过危及反应堆安全的事故。

7.3.6　回路辐照试验流程与应用

回路辐照试验流程如图 7 - 27 所示。

1) 入堆可行性论证与确认

依据任务要求中提出的燃料辐照技术指标,包括试验温度、试验压力、燃耗、水化学参数等,从辐照资源、试验装置设计,考验回路设计、堆芯装载设计、热工物理计算、辐照后检验等方面评估是否能实现辐照要求,以达到试验预期目标。

2) 辐照堆芯物理热工计算

首先开展考验堆芯设计,考验堆芯设计包括堆芯相关的物理、热工设计,

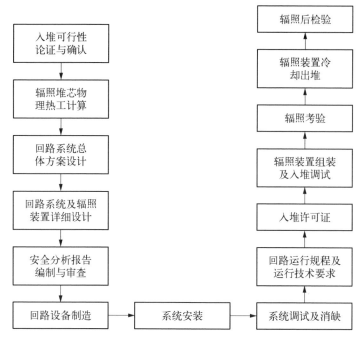

图 7 - 27　回路辐照试验流程图

并确定辐照孔道位置。物理设计主要包括辐照考验堆芯装载设计、燃料组件堆内辐照时间、燃料组件功率及其分布、燃耗分布及与试验相关的物理参数计算；热工设计主要包括确定考验段内冷却剂流量、考验段进(出)口冷却剂温度、燃料棒包壳表面温度、燃料棒燃耗跟踪计算方法等。

3) 回路系统总体方案设计

根据物理热工计算结果，确定回路系统组成构架、主要参数、工艺流程、关键设备选型，并评估出经费与进度需求。在标准体系方面，确定所适用的法规标准，制订回路各个专业涉及的标准清单；在系统组成构架方面，确定系统的总体构架，明确回路需设置的各个分系统；在主要参数方面，论证回路的设计压力、设计温度、换热功率、系统流量、水质参数、供电负荷、仪表测点清单等，确保回路设计参数能够满足试验需求；在工艺流程方面，确定回路系统的运行方式，获得总体工艺流程图；在关键设备选型方面，论证各个关键设备的主要参数，对其结构形式、运行方式进行评估与确定；在经费与进度方面，初步评估出系统的建设经费与设计、采购、建安、调试进度。

4) 回路系统及辐照装置详细设计

对回路各个工艺系统进行详细设计，计算分析各个系统的热工水力参数、系统详细工艺流程;对回路设备进行详细设计,完成热工设计、水力设计、结构设计、力学分析,确定相应的加工制造技术要求;对回路系统进行布置设计、获得设备平面布置图、管道安装图、支架图等。提出设备与管道的安装技术要求。

5) 安全分析报告编制与审查

回路设计完成后,对回路开展辐照试验进行安全分析,按照相关法规和标准编制回路试验的安全分析报告,评估试验对 HFETR 安全的影响。取得国家核安全监督管理部门颁发的辐照试验许可。安全分析应对与辐照考验试验相关的回路运行人员资格管理、运行组织体系、回路运行工况、安全限值、辐射防护措施,以及事故下的安全措施及影响进行说明。

6) 回路设备制造

对回路涉及的设备、材料进行采购与制造。在回路设备制造过程中应进行严格的质量管控,其中核安全级设备需向监管部门备案。

7) 系统安装

回路的系统安装需由具有相关核级设备安装施工资质的单位进行,安装工作包括场地整治、设备基础制作、设备安装、管道安装、焊接作业及无损检测、电缆敷设、系统试压及吹扫、保温层施工等。

8) 回路系统调试及消缺

对系统展开调试,主要包括单系统调试、冷态联合调试、热态联合调试等阶段。单系统调试是针对各个子系统及设备进行功能验证、通电绝缘检查、启停试验测试、阀门开度测试等。冷态联合调试针对系统在常温状态下的排水排气试验、流量调节试验、主泵切换试验、阀门启闭试验等。热态联合调试在电加热的条件下对系统进行升温升压,测试系统的电加热可投入功率、系统在高温条件下的密封性能、系统在热态条件下的流量调节性能,并开展主泵切换试验、阀门启闭试验、稳压器喷淋试验等。通过调试,及时发现系统运行中出现的缺陷,并对缺陷进行整改并消除,保证系统状态与设计指标一致。

9) 回路运行规程及运行技术要求

制订回路运行规程,明确值班员、助理值班员的工作职责,明确各系统的运行方案。制订回路辐照试验运行技术要求,确定回路试验过程中的运行限值参数。

10) 入堆许可证

在回路辐照试验前,需向监管部门取得入堆运行许可。

11）辐照装置组装及入堆调试

在 HFETR 现场将燃料组件与辐照装置进行组装,并安装至 HFETR 特定的孔道上。组装过程中需确保燃料组件在堆芯中的方位关系,确保阴、阳面与设计一致,并留有见证记录。装置入堆后,对回路系统进行升压检漏,并开展堆内水力冲刷试验,验证装置的水力特性,获得装置的阻力数据。

装置入堆后,将在开堆过程中进行带核综合调试,其间首先通过电加热将系统温度、压力升至试验值,在开堆后根据反应堆的功率水平逐渐切除电加热器,之后转换为核加热。

12）辐照考验

燃料组件辐照装置装入指定辐照孔道进行堆内辐照考验,根据试验程序进行各项试验操作,燃料组件达到预期指标后,辐照装置出堆、冷却,待冷却完成后进行检查。辐照考验应根据考验任务的要求,并结合反应堆和高温高压回路的实际状态合理设置考验运行方式,如低功率运行、满功率运行、超功率运行等。

辐照考验通常包括以下几个过程。首先,进行入堆前检查,包括燃料组件检查、辐照装置及高温高压回路检查;其次,开展堆及考验回路联合调试,包括燃料组件装入辐照装置及辐照装置整体入堆,辐照装置安装于反应堆指定位置对应的辐照孔道,用螺栓紧固于反应堆平顶盖上,并将辐照装置与考验回路相连,验证考验装置入堆不带核的运行相容性和系统的功能;再次,反应堆启动提升功率与考验组件功率试验,验证物理、热工计算结果,核定运行参数、确定运行工况;最后,进入稳定考验运行,考验回路运行人员严格按照运行限值和条件进行回路运行工作,运行期间密切关注各系统、设备运行状况,以及控制室参数显示、变化情况,进行正确合理的分析、判断、处理和及时上报。

13）辐照装置出堆冷却

辐照装置入堆后即进入堆内辐照试验阶段,根据试验程序进行各项试验操作,燃料受试件达到预期指标后,辐照装置出堆,然后将其在乏燃料水池中冷却。

14）辐照后检验

燃料组件出堆冷却后,应开展组件水下整体检查,包括水下外观检查和尺寸测量;转运至解体切割热室内,开展组件解体切割,在拔取燃料棒的过程中,开展拉棒力测试试验;在拆卸组件过程中,进行拆卸力矩测量。燃料棒、可燃毒物棒等零部件拆除后运送至非破坏检查热室,按照检验要求,开展外观、检漏、尺寸、相对燃耗、涡流、射线、裂变气体测试及表面沉积物等分析,获得组件零部件非破坏性检查数据;针对燃料棒等零部件,开展切割取样,随后开展金相检查、燃耗分析、裂变产物分析、力学性能测试等破坏性检查。根据检查结果,对燃料组件进行辐照后综合性能评价与分析。

参考文献

[1]　奇卡若夫,索姆索诺夫. 高中子通量反应堆中的材料辐照技术[M]. 米绍曾,译. 北京:原子能出版社,1981.

[2]　Crawford D C, Porter D L, Hayes S L, et al. An approach to fuel development and qualification[J]. Journal of Nuclear Materials, 2007, 371(1−3): 232−242.

[3]　Carmack J, Goldner F, Bragg-Sitton S M, et al. Overview of the US DOE accident tolerant fuel development program [R]. Idaho Falls: U. S. Idaho National Laboratory (INL), 2013.

第 8 章

同位素辐照生产

放射性同位素技术应用是核技术和平利用中最活跃的领域,具有投资小、见效快、收益大、能耗少、适用性强等特点。目前,已广泛应用于工业、农业、医学、环保、军事等领域,并取得了显著的经济效益、社会效益与环境效益,在保障经济发展与改善人民生活质量中发挥越来越重要的作用。

在工业上,放射性同位素在传统工业改造上发挥着重要的作用,包括核子控制系统在工业生产自动化上的应用,放射性同位素示踪技术对工艺流程的改进,无损探伤在质量和安全上的作用,核测井在勘探和开采方面的应用等。

在农业上,放射性同位素技术不仅有助于传统农业科学化,而且还可进一步指导生产,在辐照突变育种、农业害虫防治、食品辐照灭菌等方面发挥重要的作用。

在医学上,放射性同位素可用于肿瘤诊断、治疗及医学研究。核医学是放射性同位素技术中最重要、最活跃的领域之一,与广大人民群众的生命健康息息相关,在心血管疾病、神经系统疾病、肿瘤、高致病性的传染病毒等疾病的早期和特异性诊断以及疾病治疗方面发挥着不可替代的作用。目前,重要的医用同位素原料包括 ^{89}Sr、^{14}C、^{32}P、^{125}I、^{131}I、^{223}Ra 和 ^{99}Mo 等。全球使用放射性同位素的医院超过 10 000 家,在核医学中,^{99m}Tc 是最常用的医用同位素,每年应用诊断量超过 4 000 万例。在发达国家及地区中,美国每年有近 2 000 万人次,欧洲每年约 1 000 万人次接受核医学诊治。发达国家在放射性药品支出占卫生保健费用的 4% 左右,放射性诊疗费用支出占 10% 以上。全球核医学行业年产值逐年增长。在我国,随着我国人民生活水平的提高和医疗卫生技术的进步,预计 5~10 年后国内放射性药物市场总额将达到百亿元,核医学产值将达到千亿元规模。

通过反应堆、加速器以及乏燃料提取均可以获得放射性医用同位素,其中反应堆具有热中子注量率高、安全系数高、生产成本低,以及可以同时生产多种同位素的优势,目前 80% 的医用同位素是通过反应堆生产的。反应堆辐照同位素生产工作涉及多个过程,如靶件制备、堆内辐照、靶件转运至放化分离设施、放射化学处理或密封源封装、质量控制和运输等。

8.1 理论基础

反应堆生产放射性核素具有较多优势:可同时辐照多种样品,可辐照的样品量大,靶件制备容易,辐照操作简便,成本低廉等。因此,它是制备人工放射性核素最重要的方法。反应堆主要通过中子轰击不同的靶核大量生产多种放射性核素。在进行入堆辐照前,研究人员需要进行反应堆内辐照生产放射性核素产额的理论计算,以指导放射性核素的生产实践。反应堆生产放射性核素的产额与中子注量率、能量、靶核的核反应截面、靶原子数量、辐照时间以及产物半衰期等有关。

8.1.1 核反应截面

中子与靶材料原子核的相互作用可以用核反应截面来定量表示,它是核反应发生的概率量度。其物理意义是一个中子与一个靶核发生核反应的概率。反应截面的 SI 单位为 m^2,常用单位为靶恩(barn,缩写为 b),简称靶,1 靶 (b)$=10^{-24}\ cm^2$。截面的数值往往随中子能量和原子核的不同而变化。在低能区(一般指 $E \leqslant 1\ eV$),吸收截面随中子能量的减小而逐渐增大,即与中子速度成反比。一般的反应截面值使用温度为 20 ℃。如果慢化剂温度较高,则反应截面值需要修正。当中子能量上升至超热中子能区,反应截面随能量变化曲线变得尖锐,并具有不连续的尖峰或共振。在非常高的中子能量下,反应截面值急剧下降。

裂变反应时,99% 以上的中子是在裂变的瞬间(约 10^{-14} s)发射出来的,我们把这些中子叫作瞬发中子。它们的能量分布在从低于 0.05 MeV 到 10 MeV 的相当大范围内。用 $X(E)dE$ 表示能量在 E 和 $E + dE$ 范围内裂变中子的份额。$X(E)$ 通常叫作裂变中子能谱,^{235}U 裂变时瞬发中子的能谱表示(见图 8-1)为 $X(E) = 0.453\exp(-1.036E)\sin(\sqrt{2.29E})$。裂变中子的最概然能量稍低于 1 MeV。裂变中子的平均能量约为 2 MeV。

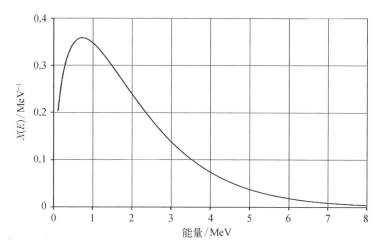

图 8 - 1　²³⁵U 核热中子裂变时的裂变中子能谱

8.1.2　核反应类型

利用核反应堆进行的核反应主要为中子核反应,具体为利用中子轰击靶原子核,使原子核的状态发生变化或形成新的原子核的过程。通过反应堆辐照生产同位素的反应类型主要有(n, γ)反应、(n, p)反应、(n, α)反应、(n, f)反应。

1)(n, γ)反应

大多数堆产同位素是由(n, γ)反应得到的。这种反应也常称为热中子俘获。比如:

$$^{59}_{27}\mathrm{Co} + ^{1}_{0}\mathrm{n} \rightarrow ^{60}_{27}\mathrm{Co} + \gamma \ (\sigma = 36 \ \mathrm{b}) \tag{8-1}$$

$$^{98}_{42}\mathrm{Mo} + ^{1}_{0}\mathrm{n} \rightarrow ^{99}_{42}\mathrm{Mo} + \gamma \ (\sigma = 0.13 \ \mathrm{b}) \tag{8-2}$$

$$^{176}_{71}\mathrm{Lu} + ^{1}_{0}\mathrm{n} \rightarrow ^{177}_{71}\mathrm{Lu} + \gamma \ (\sigma = 2 \ 057 \ \mathrm{b}) \tag{8-3}$$

其中,产物是靶元素的一种同位素。因此,无法进行化学分离且产物比活度有限。

有的(n, γ)反应产物为较短半衰期的同位素,其β^-衰变产物为另一种放射性同位素。比如:

$$^{130}_{52}\text{Te} + ^{1}_{0}\text{n} \longrightarrow ^{131}_{52}\text{Te} + \gamma \ (\sigma = 67 \text{ b}) \tag{8-4}$$

$$^{131}_{52}\text{Te} \longrightarrow ^{131}_{53}\text{I} + \beta^- \tag{8-5}$$

这种反应方式生产的同位素可与靶元素进行化学分离,进而获得高比活度的同位素产品。

2)(n, p)反应

当入射粒子为快中子时,其中子能量较高,超过了(n, p)反应阈能,会发生(n, p)反应。比如:

$$^{58}_{28}\text{Ni} + ^{1}_{0}\text{n} \longrightarrow ^{58}_{27}\text{Co} + ^{1}_{1}\text{H} \ (\sigma = 4.8 \text{ b}) \tag{8-6}$$

$$^{32}_{16}\text{S} + ^{1}_{0}\text{n} \longrightarrow ^{32}_{15}\text{P} + ^{1}_{1}\text{H} \ (\sigma = 0.165 \text{ b}) \tag{8-7}$$

这种核反应的产物也可以与靶元素进行化学分离,得到高比活度的同位素产品。

3)(n, α)反应

该反应发生在中子能量超过(n, α)反应阈能时,也可以由热中子产生。这种核反应也可以获得高比活度同位素产品。

4)(n, f)反应

热中子诱发^{235}U裂变产生大量有用的放射性同位素。每次裂变产生 2 个裂变产物。裂变产物分为两类,一类是质量数约为 95 的轻组,另一类是质量数约为 140 的重组。此外,一些裂变产物经历连续衰变,形成裂变衰变链。其中,重要的衰变产物有 ^{99}Mo、^{131}I(短半衰期裂变产物);^{137}Cs、^{90}Sr(长半衰期)等。

8.1.3 产额计算

产额计算是生产放射性同位素的必要一环,主要将中子注量率、辐照时间、靶核数量及相关核衰变参数作为计算输入,得到预估的辐照产额,为同位素生产所需辐照靶数量、辐照时间等关键参数提供数据支持。下面列出 3 种常见核反应的产额计算公式:

1)A(n,r)B(n,r)C(n,r)

$$\sigma_A \downarrow \quad \sigma_B \downarrow \quad \sigma_C$$
$$\lambda_B \downarrow \quad \lambda_C$$

对于这类核反应,产物 B 和 C 的放射性比活度的计算公式为

$$S_B = I \cdot \frac{N_A \lambda_B}{W} \cdot \frac{\phi \sigma_A}{\phi \sigma_B + \lambda_B - \phi \sigma_A} \cdot \left[e^{-\phi \sigma_A t} - e^{-(\phi \sigma_B + \lambda_B)t} \right] \tag{8-8}$$

$$S_C = I \cdot \frac{N_A \lambda_C}{W} \cdot \frac{\phi^2 \sigma_A \sigma_B}{(\lambda_C - \phi \sigma_A)[\lambda_C - (\phi \sigma_B + \lambda_B)][(\phi \sigma_B + \lambda_B) - \phi \sigma_A]} \cdot$$

$$\{ [\lambda_C - (\phi \sigma_B + \lambda_B)] e^{-\phi \sigma_A t} - (\lambda_C - \phi \sigma_A) e^{-(\phi \sigma_B + \lambda_B)t}$$

$$+ [(\phi \sigma_B + \lambda_B) - \phi \sigma_A] e^{-\lambda_C t} \} \tag{8-9}$$

2) A(n,r)B

$$\begin{matrix} \sigma_A \downarrow \lambda_B \end{matrix}$$

对于这类核反应,相当于 $\sigma_B = 0$,其产物 B 的放射性比活度的计算公式为

$$S_B = I \cdot \frac{N_A \lambda_B}{W} \cdot \frac{\phi \sigma_A}{\lambda_B - \phi \sigma_A} \cdot \left[e^{-\phi \sigma_A t} - e^{-\lambda_B t} \right] \tag{8-10}$$

3) A(n,r)B(n,r)C(n,r)

$$\begin{matrix} \sigma_A \downarrow & \sigma_B \downarrow \sigma_C \\ & \lambda_B & \lambda_C \end{matrix}$$

$$\begin{matrix} D(n,r) \\ \downarrow & \sigma_D \\ & \lambda_D \end{matrix}$$

对于这类核反应,其产物 D 的放射性比活度的计算公式为

$$S_D = I \cdot \frac{N_A \lambda_D}{W} \cdot \phi \sigma_A \cdot \frac{1}{(\phi \sigma_D + \lambda_D)} \cdot \frac{1}{[(\lambda_D + \phi \sigma_D) - (\phi \sigma_B + \lambda_B)]} \cdot$$

$$\{ (\lambda_D + \phi \sigma_D) \cdot [1 - e^{-(\phi \sigma_B + \lambda_B)t}] - (\phi \sigma_B + \lambda_B)[1 - e^{-(\phi \sigma_D + \lambda_D)t}] \}$$

$$\tag{8-11}$$

式中:A 为靶子元素;B 为靶子元素 A 经过一次(n, γ)反应后的产物;C 为靶子元素 A 经过二次(n, γ)反应后的产物;D 为靶子元素 A 经过一次(n, γ)反应并进行 β⁻衰变后的产物;I 为靶子元素 A 中靶子同位素丰度;W 为靶子元素 A 的相对原子质量;N_A 为阿伏伽德罗常数,其值为 $6.023 \times 10^{23} \ \mathrm{mol}^{-1}$;$\sigma_A$ 为靶子元素 A 的中子俘获截面,cm^2;σ_B 为产物 B 的中子俘获截面,cm^2;σ_D 为产物 D 的中子俘获截面,cm^2;λ_B 为产物 B 的衰变常数,s^{-1};λ_C 为产物 C 的衰变常数,s^{-1};λ_D 为产物 D 的衰变常数,s^{-1};Φ 为中子通量,$\mathrm{s} \cdot \mathrm{cm}^{-2}$;$t$ 为中子照射时间,s;S_B 为产物 B 的放射性比活度,Bq/g;S_C 为产物 C 的放射性比活度,Bq/g;S_D 为产物 D 的放射性比活度,Bq/g。

在实际生产过程中产生的同位素常常低于上述理论计算值,原因主要有靶的自屏蔽效应、反应堆功率变化、相邻样品造成注量率降低(特别是高中子吸收体)、靶的燃耗造成靶原子数量明显降低等。

8.2 辐照生产工艺及设施

反应堆制备放射性同位素生产工艺按顺序主要分为靶件制备,靶件辐照、切割及转运,放射化学处理,分析测量 4 个步骤。

8.2.1 靶件制备

靶件是进行放射性同位素辐照生产的材料起点,靶件的核心为靶料,即用于辐照的目标。其制备过程可以分为靶料选择和靶的封装。

1) 靶料的选择

当采用反应堆辐照生产同位素时,需要综合考虑靶材纯度、靶材核素富集度、靶材化学形态、靶材辐照稳定性等因素确保辐照的安全与效率,主要要求为靶材料应当选择高纯度的材料,以避免产生杂质放射性核素;富集靶材料可以提高产物的比活度;靶材料的化学形态应当便于辐照后的放化处理,一般为氧化物或金属;靶材料的几何尺寸或物理形式应当使自屏蔽效应尽量低;靶材料不得含有易爆、自燃或挥发性物质、元素形式的汞,在辐照条件下不应分解形成任何气体产物。当生产如^{60}Co、^{192}Ir 等长寿命核素时,应考虑其未来的用途而使用特制的靶及封装尺寸和形状。如果靶材料有吸潮性,应当在封装之前对其进行干燥;由于金属形式的靶会吸附一定量的氢、氮等,这类靶应当在封装前除气。

图 8-2 富集^{186}WO$_3$ 粉末靶料

HFETR 用于放射性同位素辐照生产最常用靶料的形态为氧化物固体粉末。图 8-2 所示为用于辐照生产^{188}W 的富集^{186}WO$_3$ 粉末。

2) 靶的封装

靶料入堆辐照前需要先封装至一个容器内作为内靶管,材质一般为高纯石英、铝等,富集^{186}WO$_3$ 石英内靶管如图 8-3 所示。内靶管在使用前需要进行仔细的清洗去污,以防止可能存在的化学杂质或辐照活化放射性杂质影响放射性同位素产品的质量。靶料的装载量则主要由反应截面、目标产量、反应堆中子注量率及辐照时长等因素决定,一般都与上述条件呈正相关性。

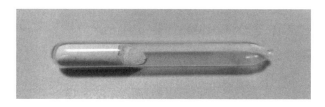

图 8-3　富集 $^{186}WO_3$ 石英内靶管

图 8-4　HFETR 辐照靶件

内靶管制备完成后还需要将其封装至外靶管中(见图 8-4),最常用的封装材料是铝。选择铝作为封装材料的原因如下:铝的中子吸收截面较低,由铝材料生成的放射性同位素半衰期很短,因此辐照后的放射性废物处理较为容易。此外,铝材料可以通过冷焊封装,避免靶材料受高温影响。辐照前,通常使用热水浴起泡试验或使用乙二醇对冷焊靶件进行密封性测试。如果充入氦气,也可以进行氦气泄漏测试。

8.2.2　靶件辐照、切割及转运

靶件制备完成后,将由工作人员根据靶件装载方案进行靶件入堆操作,靶件被固定至特定的位置后接受中子辐照。达到预定辐照时间后,由工作人员进行靶件出堆操作,靶件出堆后被放置于冷却水池中暂存,操作人员再根据需要将其转运至热室内进行后续的靶件解体工作,HFETR 通过水下通道转运以实现放射性屏蔽。

图 8-5　热室内靶件切割解体

解体工作是利用切割刀具切割外靶管焊接处,使铝塞脱落(见图 8-5),再缓慢倒出靶件内的铝弹簧及内靶管。

图 8-6 从靶件中取出的内靶管

完成靶件解体及内靶管倒出后,工作人员在 HFETR 热室顶部大厅通过行车吊装转运装置让转运装置落位至热室顶部转运孔上。随后工作人员操作转运装置使装置底部打开并将预先放置的转运桶通过钢丝绳缓慢下放至热室内,热室前区操作人员则利用机械手夹取内靶管放至转运桶内,再由热室顶部大厅的转运装置操作人员将转运桶收起提至转运装置内,关好底盖后再通过行车将转运装置吊放至运输通道。待吊放完成后,再由转运人员将转运装置拉走转移至放射化学处理场所。图 8-6 所示为从解体后靶件中取出石英内靶管。

将靶件转移至放射化学处理场所后,按照 HFETR 热室转运的方式再从放射化学处理设施热室顶部的转运孔将转运桶放入热室内,工作人员操作机械手从转运桶中取出内靶管。

8.2.3　放射化学处理

放化分离工作人员接收内靶管后的放射化学通用处理流程:内靶管清洗、内靶管解体、靶料处理、放射化学分离提取。

1) 内靶管清洗

由于内靶管在辐照及转运过程中均有可能受到沾污,包括一般的杂质污染和放射性杂质污染。为了保证放射性同位素产品的纯度,需要对内靶管表面进行清洗去污,去污方法一般用溶液浸泡,如采用去离子水、稀酸、稀碱或无水乙醇等浸泡。

2) 内靶管解体

完成内靶管清洗后,需要将内靶管进行解体以获取辐照后的靶料。若内靶管为铝管,一般通过切割方式进行。若内靶管为石英管,一般将整体砸碎、部分夹碎或切割等方式完成。

3) 靶料处理

根据不同靶料的性质,处理方式不尽相同。一般对靶料进行溶解处理,溶解液一般为酸液或碱液,有些溶解液需要自行制备,得到所需的溶解液后方可进行后续处理。为了得到浓缩溶解液或特定的溶液体系,一般采用加热蒸发的方式对溶解液进行进一步处理,待溶解液蒸发至近干后再用特定的溶液再溶解剩余物。而有的靶料无须进行特殊处理即可用于下一步操作,如无须对用于干法制备碘-131的二氧化碲靶料进行溶解。

4) 放射化学分离提取

为了除去体系中存在的其他杂质,工作人员需要进行放射化学分离提取操作。一般需要从大量的靶元素基体中分离提取出微量的目标核素,质量比一般为 $10^3 \sim 10^6$。常用的放射化学分离方法包括溶剂萃取法、色谱法、升华法等。

其中:溶剂萃取法又称为液液萃取法,是利用溶质在互不相溶的溶剂里溶解度不同的原理,用一种溶剂把溶质从另一溶剂中提取出来的方法。该方法的优点是方法简便,分离速度快,选择性好等;缺点是有机溶剂具有一定的毒性、易挥发性及可燃性等。色谱法又称为色层法,是利用混合物中各组分在固定相和流动相中亲和力的差异使各组分在两相间分配不同来实现彼此分离;按照分离过程机制又可分为吸附色谱法、离子交换色谱法、固相萃取色谱法和凝胶色谱法等。升华法是利用固体物质在一定温度下从固态不经液态直接转变成气态的现象,基于物质升华温度不同而实现相互分离,该方法具有操作简单的优点,但提纯效率一般不高。

上述流程由于具有较高的放射性,需要在放射性屏蔽手套箱中完成。放射性同位素处理设施中放射性屏蔽手套箱非常常见。铅屏蔽厚度一般为 $50 \sim 200\ mm$。由低碳钢框架和铝板制成,配有铅玻璃的观察窗用于观察,配有小型机械手或钳手用于操作,如图8-7和图8-8所示。

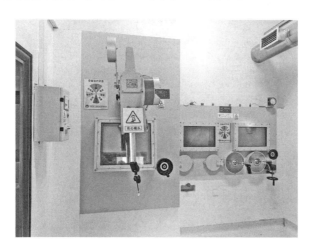

图8-7　放射性屏蔽手套箱

图 8‑8　放射性屏蔽手套箱内部

8.2.4　分析测量

放射性同位素制备过程中的分析测量主要分为放射性分析测量、化学分析测量和生化分析测量。

1) 放射性分析测量

放射性分析测量主要包括放射性核纯度、放射化学纯度、比活度、放射性浓度。

其中：放射性核纯度是指在含有某种特定放射性核素的物质中，该核素的放射性活度与该物质中总放射性活度的比值。放射化学纯度是指在一种放射性样品中，以某种特定化学形态存在的放射性核素活度占总的该放射性核素活度的比值。比活度是指在一种放射性样品中，特定放射性核素活度与该核素所有同位素总质量的比值。放射性浓度是指单位体积某放射性核素的活度。

放射性活度一般采用 γ 谱仪、活度计或低本底液闪仪等核辐射探测仪器测量，放射化学纯度一般通过纸色谱或放射薄层色谱法测量。HFETR 采用的仪器如图 8‑9～图 8‑11 所示。

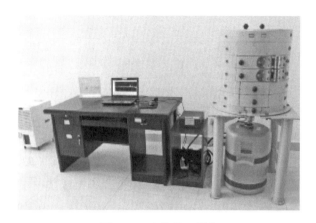

图 8-9　高纯锗 γ 谱仪

图 8-10　低本底液闪仪

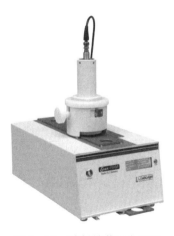

图 8-11　放射性薄层色谱仪

2) 化学分析测量

对于放射性同位素样品,化学分析测量主要包括 pH 值、金属离子含量等。其中:pH 值通过试纸或 pH 计测量;金属离子含量由电感耦合等离子体质谱仪(ICP‐MS)、电感耦合等离子体光谱仪(ICP‐AES)或紫外分光光度计等测得。

3) 生化分析测量

由于医用放射性同位素特殊的应用场景,一般还需要对医用同位素放射性样品中细菌内毒素进行测量,测量方法一般为利用鲎试剂来检测或量化由格兰阴性菌产生的细菌内毒素,以判断样品中细菌内毒素的限量是否符合规定。

8.3 高通量工程试验堆放射性同位素生产情况

放射性同位素研发与生产一直是高通量工程试验堆(HFETR)综合开发利用的重要内容。早在 1965 年,HFETR 还处于概念设计阶段时就考虑了放射性同位素的生产需求,设计过程中预留了辐照孔道,配套了相应的化学热室,为同位素产品的研发与生产提供了良好的条件。

依托 HFETR,先后研发出可用于核电池的 ^{63}Ni 纯 β 放射源、医疗用的 ^{60}Co 远距离治疗源、^{60}Co 后装源、^{192}Ir 后装源、凝胶型 ^{99m}Tc 发生器、^{113m}In 发生器、碘[^{131}I]化钠口服溶液、来昔决南钐[^{153}Sm]-注射液、氯化钐[^{153}Sm]灭菌溶液、氯化锶[^{89}Sr]注射液、邻碘[^{131}I]马尿酸钠注射液、间碘[^{131}I]苄胍注射液、磷[^{32}P]玻璃微球、磷[^{32}P]酸钠注射液、磷[^{32}P]酸钠口服液、胶体磷[^{32}P]酸铬注射液,工业用的 ^{60}Co 辐照源、无损检测用 ^{60}Coγ 源、无损检测用 ^{192}Irγ 源、无损检测用 ^{170}Tmγ 源、^{60}Co 棒状料位源、^{60}Co 点状仪表源、油田测井用 ^{113m}In 发生器,科研、标记用的碳[^{14}C]酸钡、碘[^{125}I]化钠溶液等 20 余种放射性同位素产品,并建成放射性药物及密封放射源生产线二十余条,产品供全国数百家用户使用,取得了良好的经济和社会效益,为我国核技术应用产业发展做出了突出贡献。在这些高质量同位素产品研发与生产过程中,HFETR 发挥了至关重要的作用,解决了我国同位素严重依赖进口、核心原料"卡脖子"的困境,支持我国同位素研发、同位素自主保障体系的建立和核技术应用产业发展。

8.3.1　镍 - 63

1）^{63}Ni 的价值和作用

^{63}Ni 是镍的同位素之一,其半衰期为 100.1 a,能产生纯 β 射线,最大能量高达 66.9 keV,是目前世界上应用最广泛的低能 β 放射源之一,特别是目前新能源核电池开发应用、电子俘获探测器、海关用爆炸物质探测器和高灵敏的泄漏探测器等多个应用领域迫切需要^{63}Ni 纯 β 放射源。

^{63}Ni 是辐伏核电池常用的一种 β 放射源,美国格伦研究中心和埃姆斯研究中心于 2009 年已将小型化同位素电池列为核心研究方向之一;俄罗斯国家原子能集团已着手研发用于航天卫星的小型^{63}Ni 核电池,并已通过科学研究和试验设计工作阶段。

^{63}Ni 毒剂报警器是常用的化学毒剂侦检手段之一,是目前运用最为广泛、技术较成熟手段,具有灵敏度高、工作可靠、抗干扰能力强、无需化学试剂等优点,而^{63}Ni 毒剂报警源是其关键部件。

2）^{63}Ni 的生产途径

^{63}Ni 的生产是通过^{62}Ni 在反应堆内经中子辐照发生^{62}Ni$(n,\gamma)^{63}$Ni 反应后获得的,然后再经过分离提纯,制成高纯^{63}NiCl$_2$ 溶液,再以该溶液为原料,通过电沉积等方法,将^{63}Ni 溶液转化为固体的^{63}Ni 放射源。因^{62}Ni$(n,\gamma)^{63}$Ni 截面较小,一般在高通量研究堆中辐照生产,辐照后的镍靶件通常为固体,除存在大量镍(包括^{63}Ni 产品)外,还存在一定的放射性和非放射性杂质,其中^{60}Co、^{58}Co、^{57}Co、^{59}Fe 等将产生强 γ 射线。因此,固体镍靶溶解、^{63}Ni 分离提纯是制备的关键步骤。

目前,美国橡树岭实验室(ORNL)是^{63}Ni β 源全球唯一供应商,ORNL 利用其运营的 HFIR 堆及其附属设施完成该同位素生产。首先采用电磁分离法获得高富集度的^{62}Ni 进行制靶,其辐照工艺采取 25 g 金属^{62}Ni 芯体,装入 35 in(英寸,1 in=2.54 cm)铝制导管,焊接制作成靶件,辐照 15 个炉段后,每个芯体生产约 375Ci 的^{63}Ni。

俄罗斯核燃料产供集团(TVEL)2019 年表示,通过使用气体离心机进行^{63}Ni 浓缩,已成功制备可用于核电池制造的高丰度^{63}Ni。

3）HFETR 生产^{63}Ni 现状

自 20 世纪 80 年代,研究者开展了^{63}Ni 纯 β 放射源的辐照、生产和制备工艺的初步研究。2016 年,针对 HFETR 内辐照的镍靶件开展了^{63}Ni 源制备工作。采用离子交换法进行^{63}Ni 提纯,用电沉积法进行^{63}Ni 放射源制备,成功制

备得到 ^{63}Ni 纯 β 放射源。

8.3.2 锶-89

1) ^{89}Sr 的价值和作用

^{89}Sr 是一种纯 β 发射体,其半衰期为 50.53 d,其发射 β$^-$ 射线的最大能量为 1.495 MeV,能有效治疗癌症骨转移疼痛。^{89}Sr 在医学上的用途最早在 1942 年由 Pecher 发现,20 世纪 80 年代以"Metastron"产品在英国商用,1986 年 Blake 对 14 名前列腺癌骨转移癌患者给予 ^{89}Sr 治疗,发现 ^{89}Sr 在病变骨摄取量为正常骨摄取量的 5 倍,1993 年美国食品和药物管理局(FDA)批准 ^{89}Sr 用于治疗骨转移疼痛。此后,^{89}Sr 逐渐被应用于癌症骨转移疼痛的治疗,其在前列腺癌患者(有效率为 80%)和乳腺癌患者中疗效最佳(有效率为 89%)。

2) ^{89}Sr 的生产途径

目前,^{89}Sr 的生产主要有 3 种方式:利用热中子引发 ^{88}Sr(n, γ)^{89}Sr 核反应生产,利用快中子引发 ^{89}Y(n, p)^{89}Sr 核反应生产,利用医用同位素生产堆(MIPR)生产。3 种生产方式各有其优缺点:(n, γ)反应生产适用范围广且杂质含量少,但产品比活度通常较低且靶材成本高;(n, p)反应生产的产品比活度高且更加稳定,但只能在快堆中生产且分离程序复杂;MIPR 生产效率高,但建堆成本高且混合气体组分复杂。此外,国外也有一些其他类型的反应堆可用于 ^{89}Sr 生产。如加速器驱动次临界反应堆,其生产方式与 MIPR 生产类似,比利时运营 IBS 公司正在研究固体核燃料的加速器驱动优化辐照系统(ADONIS)。

^{88}Sr 在反应堆中发生的核反应链如图 8-12 所示。

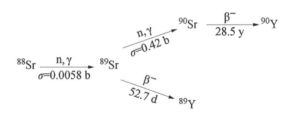

图 8-12 ^{88}Sr 核反应链

3) HFETR 生产 ^{89}Sr 现状

(n, γ)反应是最先用于生产 ^{89}Sr 的方法,以 HEFTR 为例,其热中子注量率约为 1×10^{14} cm^{-2} · s^{-1},辐照 56 天后,经分离提纯可得到 $(7.7 \sim 10.8) \times 10^9$ Bq/g 的 ^{89}SrCl$_2$ 溶液。HFETR 的 ^{89}Sr 年生产能力约为 50 Ci。

8.3.3　碳-14

1）^{14}C 的价值和作用

碳-14 是碳元素的一种放射性同位素,于 1940 年首次被美国劳伦斯伯克利国家实验室发现,半衰期约为 5 730 年,衰变方式为 β$^-$ 衰变,β 射线最大能量为 156 keV。^{14}C 半衰期长,射线能量较低,其作为示踪剂,具有方法简单、易于追踪、毒性小、准确性和灵敏性高等特点,在研究物质分布、揭示反应机制、阐明迁移过程、医学临床诊断等方面扮演着重要的角色,已广泛应用于疾病诊断、新药开发、工业、农业等诸多领域,尤其是高比活度 ^{14}C 标记的生物医药分子用于进行药代动力学研究,是生物医药研究中不可缺少的、最有效的科学技术手段之一,具有重要意义。

2）^{14}C 的生产途径

^{14}C 的生产通常是以含氮化合物为原料,在反应堆中经热中子辐照后由 ^{14}N(n, p)^{14}C 反应生成放射性核素 ^{14}C,再经过化学处理转化为较稳定的 Ba^{14}CO$_3$ 固体化合物,它是制备各种 ^{14}C 标记化合物的起始原料。^{14}C 提取有湿法和干法 2 种。湿法是用强腐蚀性酸和强氧化剂提取靶料中的 ^{14}C;干法是在高温下用氧气提取。两种方法后续的吸收、过滤和干燥工序相似。湿法提取过程由于使用了强腐蚀性酸和强氧化剂溶液,会产生大量的强腐蚀性放射性废液,产生的放射性废液处理难度较大。而干法仅使用高纯氧气,提取反应仅生成 Al$_2$O$_3$、N$_2$、CO$_2$ 以及极微量的 SO$_2$、NO 和 NO$_2$,并且极微量的有害气体 SO$_2$、NO 和 NO$_2$ 会被碱性吸收液吸收中和,不会排放到环境中,制备过程中由于不使用强腐蚀性酸,产生的放射性废液量很少,环保性更好。因此,干法制备工艺在环保方面具有明显的优势。

3）HFETR 生产 ^{14}C 现状

早期,利用 HFETR 通过自制氮化铝靶料,采用干法氧化法提取 ^{14}C 并制得 Ba^{14}CO$_3$,产品比活度达到 55 Ci/mol 以上,达到国际先进水平。截至 2023 年,已完成数十居里 Ba^{14}CO$_3$ 产品,生产的产品向国内医药企业供应。

8.3.4　碘-131

1）^{131}I 的价值和作用

碘-131 是一种十分重要的医用放射性同位素,发射 β 射线（99%）和 γ 射线（1%）,β 射线最大能量为 0.606 3 MeV,主要 γ 射线能量为 0.364 MeV,半衰期为 8.02 天。临床上主要用于甲状腺功能诊断、甲状腺功能亢进症和甲状腺癌转移灶的治疗。此外,碘-131 还是多种标记药物的重要原料,用于肾、肝、心肌、脑显像和杀伤多种实体肿瘤细胞。碘-131 国内年需求量约为 1 万 Ci,仅次于锝-99m,随着我国 SPECT/CT 装置在医院的普及,碘-131 的需求量会逐年快速增长。

2)^{131}I 的生产途径

碘-131 反应堆生产的核反应主要有两种。第一种是用富集的铀-235 为靶材料,通过裂变反应$^{235}U(n,f)^{131}I$得到碘-131,产额约为 0.82%,可以大批量生产,但由于副反应杂质多,工艺条件复杂,会产生大量高放废液。为制得符合药典要求的产品,生产工艺和质量控制要求严格,受生产工艺和废物处理等条件限制,只有少数国家采用。第二种是用金属碲或碲的化合物(如二氧化碲)为靶料,通过(n,γ)反应得到^{131}Te,再经 β 衰变而获得碘-131,其反应如图 8-13 所示。

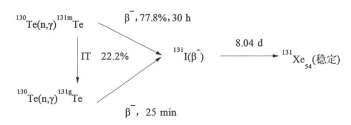

图 8-13 反应堆制备^{131}I 核反应

该方法产生废物少,没有 α 杂质和其他裂变产物的污染,产品纯度高,生产成本低,被大多数国家采用。

3) HFETR 生产^{131}I 现状

利用 HFETR 辐照并通过干法制备的碘-131 为初级核素产品。辐照使用的^{130}Te 的同位素丰度为 34.08%,热中子截面为 0.29 b。已形成从 HFETR 辐照靶件提取碘-131 的生产工艺技术,研制了一套自动化控制、连续生产、稳定可靠的适合大批量长期生产的装置,可大幅度提高生产效率,减少操作人员的工作量和受照剂量。目前,已具备单批次百居里^{131}I 的生产能力。

8.3.5 磷-32

1)^{32}P 的价值和作用

^{32}P 是一种反应堆生产的 β 放射性核素,其物理半衰期为 14.26 d,只发射

β射线,平均能量为 0.695 MeV,组织内的最大射程为 8.6 mm,在组织中的平均射程为 4 mm,其能量皆在浓聚局部吸收,对局部组织产生辐射损伤,是一种理想的治疗核素。磷[^{32}P]酸钠在细胞内的聚集量与细胞分裂速度成正比,血液恶性肿瘤细胞分裂迅速,浓聚量比正常造血细胞高 3～5 倍,加上肿瘤细胞对射线又较敏感,故若给予足够量的磷[^{32}P]酸钠,肿瘤细胞可以接受足够的辐射剂量而受到破坏和抑制,而正常造血细胞不受明显影响。因此,利用^{32}P局部照射可以破坏和抑制肿瘤组织生长,缓解症状,甚至消除病灶,达到治疗的目的。同时,磷[^{32}P]酸钠还广泛应用于核苷酸和磷肥的标记。

2) ^{32}P 的生产途径

^{32}P 主要有两种生产方法:第一种方法是以含磷靶材料(赤磷或磷化合物)在反应堆中辐照通过^{31}P(n, γ)^{32}P 实现,反应产生的^{32}P 混于大量稳定的^{31}P 中,为有载体的^{32}P。该反应式也是实现^{32}P 玻璃微球产品辐照生产的核转变原理。第二种方法是以含硫靶材料(硫黄或硫化物)在反应堆中辐照通过^{32}S(n, p)^{32}P 反应实现,得到无载体的^{32}P。无载体^{32}P 主要用于药物标记进行靶向治疗,但目前该类药物临床使用极少,需求较低。

3) HFETR 生产^{32}P 现状

利用 HFETR 开展了有载体、无载体^{32}P 及^{32}P 玻璃微球生产制备工作,年生产量可达上百居里。

8.3.6　钼-锝发生器

1) ^{99}Mo –^{99m}Tc 发生器的价值、作用

^{99m}Tc 具有能量适宜的 γ 射线(140 keV)和半衰期(6.02 h),被广泛用于核医学单光子发射计算机断层显像(SPECT)。全球每年^{99m}Tc 标记药物用于核医学诊断达 3 000 万次以上,超过核医学应用次数的 80% 以上。^{99m}Tc 使用量最多的是美国,约占全球使用量的 44%;其次是欧洲 22%、日本 12%、加拿大4%。随着 SPECT/CT 的发展及多种^{99m}Tc 标记显像药物获批上市,预计未来^{99m}Tc 在核医学诊断领域仍将扮演重要的角色。^{99m}Tc 由母体核素^{99}Mo 经β$^-$衰变而来。由于^{99m}Tc 的半衰期只有 6.02 小时,目前全球主要以供应^{99}Mo –^{99m}Tc 发生器为主,用户只需每天通过用生理盐水淋洗发生器即可获得^{99m}Tc,十分便利。

2) ^{99}Mo –^{99m}Tc 发生器的生产途径

全球商业化的^{99}Mo –^{99m}Tc 发生器主要有两种:一种是裂变型^{99}Mo –^{99m}Tc

发生器;另一种是凝胶型^{99}Mo$-^{99m}$Tc发生器。

(1) 裂变型^{99}Mo$-^{99m}$Tc发生器。裂变型^{99}Mo$-^{99m}$Tc发生器中^{99}Mo源于^{235}U(n, f)^{99}Mo,该反应裂变产额约为6.1%,由于几乎没有其他钼同位素,^{99}Mo的比活度高达10^{11} Bq/mg。此外,该发生器以氧化铝为柱填料吸附^{99}Mo制成裂变型^{99}Mo$-^{99m}$Tc发生器,经生理盐水淋洗获得高放射性浓度的^{99m}Tc。1958年美国Brookhaven国家实验室首次研发成功裂变型^{99}Mo$-^{99m}$Tc发生器。

裂变型^{99}Mo$-^{99m}$Tc发生器具有柱体积小、淋洗峰窄、淋洗效率高等优点。但全球生产裂变^{99}Mo主要采用高浓缩^{235}U靶料,出于安全考虑,目前国际推行低浓缩^{235}U生产^{99}Mo路线。然而,裂变^{99}Mo的生产存在靶件制备、分离纯化、放射性气固液废处理等技术难点,大多数国家并不具备自主生产裂变^{99}Mo的能力。

(2) 凝胶型^{99}Mo$-^{99m}$Tc发生器。凝胶型^{99}Mo$-^{99m}$Tc发生器中^{99}Mo源于^{98}Mo(n, γ)^{99}Mo,其反应截面仅约0.13 b,经该反应获得的^{99}Mo比活度较低,仅约10^{7} Bq/mg。含^{99}Mo的钼与锆、钛、铝、铁等经化合反应形成含钼化合物,经烘干得到钼酸盐胶体颗粒作为发生器柱填料制成凝胶型^{99}Mo$-^{99m}$Tc发生器。1981年,Evans和Matthews等成功合成了可用于钼锝分离的MoZr胶体,并对其淋洗效率和钼溶解率进行了验证。1987年Evans等开发出凝胶型^{99}Mo$-^{99m}$Tc发生器,其^{99m}Tc淋洗效率达到了80%～85%。随后更多的研究人员开始对凝胶型^{99}Mo$-^{99m}$Tc发生器开展了更为深入的研究。

凝胶型^{99}Mo$-^{99m}$Tc发生器的^{99}Mo原料采用反应堆辐照天然钼生产,无须分离纯化,生产工艺简单、成本低、产生放射性废物少。但由于其反应截面仅为0.13 b,远低于裂变反应截面(37 b),因此^{99}Mo比活度仅约为裂变反应的万分之一。而且凝胶型^{99}Mo$-^{99m}$Tc发生器具有柱体积大、胶体上柱难度大、生产时间长、难以定量分装、淋洗效率低、淋洗峰宽等缺点,严重影响了凝胶型^{99}Mo$-^{99m}$Tc发生器的临床使用。

3) HFETR生产^{99}Mo$-^{99m}$Tc发生器现状

20世纪90年代,利用HFETR开展辐照MoO$_3$生产凝胶型^{99}Mo$-^{99m}$Tc发生器的研究工作,并成功地进行了工程化转化,产品销往国内数十家医院。每批次可生产凝胶型^{99}Mo$-^{99m}$Tc发生器约150个,每个规格约37 GBq,年生产约25批次。

8.3.7　镥-177

1）^{177}Lu 的价值和作用

^{177}Lu 半衰期为 6.6 d，通过 β^- 衰变为稳定的子体 ^{177}Hf，放射出最大能量为 497 keV（78.6%）、384 keV（9.1%）、176 keV（12.2%）的 β^- 粒子，平均能量为 130 keV，射程约为 2.5 mm，可以在杀死肿瘤细胞的同时减少对周围正常组织的损伤。其衰变过程还放出能量为 113 keV（6.4%）和 208 keV（11%）的 γ 光子，适合用于病灶部位的显像定位，可以在治疗病灶的同时精准监测放射性药物在体内的治疗效果，达到"诊疗一体化"的目的，为远离反应堆设施的患者接受治疗提供了便利。不仅如此，镥作为一种 +3 价稀土元素，易与多种配体配位，便于进行放射性药物标记。因此，虽然 ^{177}Lu 的研究与应用起步较晚，但其依靠优异的物理化学性质，显示了用于体内治疗极大的潜力，作为第一个获批的 ^{177}Lu 标记放射性药物，^{177}Lu 标记的生长抑素类似物 ^{177}Lu - DOTATATE（Lutathera®），已获得欧盟药品管理局（EMA）和美国 FDA 批准用于临床治疗胃肠胰腺神经内分泌肿瘤（GEP - NETs），治疗效果显著。

2）^{177}Lu 的生产途径

虽然 ^{177}Lu 可通过回旋加速器产生，但利用反应堆制备是最有效、成本较低的一种方式。加速器产生 ^{177}Lu 的产量较低，利用该方式量产不切实际。通过反应堆可以利用中子辐照 ^{176}Lu 或 ^{176}Yb 产生 ^{177}Lu。方法如下。

（1）直接法制备有载体 ^{177}Lu。^{177}Lu 可以直接通过 ^{176}Lu 俘获中子生成，核反应式为 ^{176}Lu(n, γ)^{177}Lu。但与几乎所有其他医用同位素不同的是 ^{176}Lu 具有较高的热中子俘获截面（约 2 050 b），同时具有约 1 087 b 的超热中子截面，这使得利用"直接法"也可得到较高比活度的 ^{177}Lu（即有载体 ^{177}Lu）。

直接法生产 ^{177}Lu 主要有两方面的优势：一方面，较高的反应截面使得通过中高通量反应堆即可生成较高比活度的 ^{177}Lu；另一方面，生产过程较为简单。虽然天然镥中 ^{176}Lu 含量仅 2.6%，但已有富集度大于 80% 的 ^{176}Lu 产品可供使用。此外，富集靶的消耗较少，如每居里的 ^{177}Lu 仅需消耗 25～100 μg ^{176}Lu，具体取决于中子注量率和辐照时间。然而，限制有载体 ^{177}Lu 应用最大的问题在于其辐照过程伴随产生了长寿命的 ^{177m}Lu（半衰期为 160 d），对医院的放射性废物管理带来了较大的问题。

（2）间接法制备无载体 ^{177}Lu。^{176}Yb 通过俘获中子可以生成 ^{177}Yb，^{177}Yb 随后衰变为 ^{177}Lu，再通过放射化学分离得到无载体 ^{177}Lu。该方式主要优势为产物为无载体形式,且产物中几乎不含^{177m}Lu。其主要缺点在于核反应截面较低,仅约为 2.8 b。因此,靶质量相同时,无载体^{177}Lu 产额远低于有载体的。该方式有必要在高通量研究堆中进行辐照,以提供足够的产额并可以更充分使用富集靶。

Yb/Lu 为相邻的重稀土元素,具有相似的化学性质,导致从^{176}Yb$_2$O$_3$ 靶中分离出^{177}Lu 是极具挑战的。已有较多的分离方法成功地用于从镱靶中分离出^{177}Lu,如溶剂萃取、柱色谱及多种方法组合的方法。

3) HFETR 生产^{177}Lu 现状

2020 年,利用 HFETR 孔道开展了天然 Lu$_2$O$_3$、富集^{176}Lu$_2$O$_3$、富集^{176}LuCl$_3$ 靶件辐照生产有载体^{177}Lu 的研究工作,通过辐照获得了比活度大于 20 Ci/mg 的有载体^{177}LuCl$_3$ 溶液,各项指标均满足行业指标要求。此外,还利用 HFETR 开展了辐照富集^{176}Yb$_2$O$_3$ 生产无载体^{177}Lu 的研究工作,辐照产额(以^{176}Yb 计)约为 25 mCi/mg,并采用多级固相萃取分离技术从大量富集^{176}Yb 中分离提取获得无载体^{177}Lu,产品核纯度、比活度等各项指标均满足相关指标,正在开展工程化研究。

8.3.8 镭-223

1) ^{223}Ra 的价值和作用

^{223}Ra 是一种反应堆生产的 α 放射性核素,半衰期为 11.4 天,这可使其在发生衰变之前能更深地结合到骨表面的基质中,可以用来照射骨表面,并且没有任何显著的放射性核素易位(包括扩散至骨髓),是作为骨探查的理想放射性药物。^{223}Ra 发射 α 粒子的射程短(小于 10 个细胞直径),能够最大限度地减少对周围正常组织的伤害。镭与钙性质相近,能够通过与骨骼中的羟基磷灰石(HAP)形成复合物,可以选择性地靶向骨骼,尤其是骨转移区域。^{223}Ra 发射的高线性能量转移(LET)射线(80 keV/μm),能够在邻近肿瘤细胞中引发高频率的双链 DNA 断裂,从而产生强效的细胞毒效应,进而对骨转移产生抗肿瘤作用。^{223}Ra 是第一个被批准用于临床治疗的 α 靶向治疗核素,^{223}RaCl$_2$ 注射液于 2013 年 5 月和 11 月,分别由美国 FDA 和欧盟 EMA 批准上市,用于治疗伴有骨转移症状并无内脏转移的去势抵抗性前列腺癌(CRPC),商品名为 Xofigo。2020 年 8 月 27 日,拜耳公司研发的多菲戈(^{223}RaCl$_2$ 注射液)正式获得中国国家药品监督管理局的批准,用于治疗 CRPC 患者。

2) ^{223}Ra 的生产途径

^{223}Ra 的反应堆制备是通过热中子辐照^{226}Ra,^{226}Ra(n,γ)^{227}Ra 产生反应生

成^{227}Ra，^{227}Ra 经过 β 衰变为^{227}Ac，^{227}Ac 发生 β 衰变为^{227}Th，^{227}Th 再发生 α 衰变为^{223}Ra，经过分离提纯获得^{223}Ra。

　　3）HFETR 生产^{223}Ra 现状

　　依托 HFETR 辐照^{226}Ra 制备^{223}Ra。根据理论计算，以 155.46 mg（^{226}Ra 计 100 mg）的^{226}Ra(NO$_3$)$_2$ 为靶，在热中子注量率 2×10^{14} n·cm^{-2}·s^{-1} 条件下辐照，辐照炉段与^{227}Ac 产额和^{226}Ra 消耗量的关系如表 8 - 1 所示。目前，已掌握了^{223}Ra 制备的关键工艺技术，获得毫居级^{227}Ac -^{223}Ra 发生器，产品各项指标均满足需求。

表 8 - 1　辐照不同炉段^{227}Ac 产额和^{226}Ra 消耗量

辐 照 炉 数	^{226}Ra 消耗量/mg	^{227}Ac 产额/mg
1	0.697	0.573
2	1.388	0.954
3	2.075	1.205
4	2.757	1.370
5	3.434	1.476
6	4.107	1.543
7	4.775	1.585
8	5.438	1.609
9	6.097	1.621
10	6.751	1.625
11	7.400	1.624
12	8.045	1.620

8.3.9　镭 - 224

　　1）^{224}Ra 的价值和作用

　　^{224}Ra 是一种反应堆生产的 α 放射性核素，其物理半衰期仅为 3.7 天，并且

只发射高能 α 粒子,由于该 α 粒子仅在数毫米范围内释放高能量剂量,很难在健康组织中扩散,使得其对周围的健康组织产生辐射影响较小。因此,^{224}Ra 可以对肿瘤进行针对性治疗,是治疗肿瘤的理想放射性药物。

近年来,以色列公司 Alpha Tau Medical 宣称已经开发出一种治疗方法,即"扩散 α 射线放射疗法"(diffusing Alpha-emitters radiation therapy,DaRT),通过将表面附有镭-224 放射性核素的粒子源注入肿瘤内,随着镭衰变将"子原子"扩散释放于肿瘤中,在肿瘤内部发射高剂量的辐射以破坏癌细胞,其产品之一是利用镭[^{224}Ra]针治疗浅表性癌症,如鼻咽癌。该疗法在初步临床试验中取得了相当好的成果。当前的放射性粒子植入治疗主要使用放射性同位素^{125}I、^{198}Au 和^{103}Pd 作为植入物,该类物质在衰变过程中放射出 γ 射线,从而杀灭肿瘤细胞。与之相比,α 粒子的质量较大,能够轻松切断癌细胞中的双链 DNA;其穿透力弱,旨在摧毁肿瘤的同时不伤害周围的健康组织。目前,正在利用该技术对其他各种癌症进行测试,临床前研究表明,其对于研究中的胰腺癌、肺癌和乳腺癌等均存在影响。

2)^{224}Ra 的生产途径

目前,关于^{224}Ra 的制备主要通过反应堆辐照产生,具体如下。

$$^{226}\text{Ra} \xrightarrow{(n,\ \gamma)} {}^{227}\text{Ra} \xrightarrow{\beta,\ 0.70\text{h}} {}^{227}\text{Ac} \xrightarrow{(n,\ \gamma)} {}^{228}\text{Ac} \xrightarrow{(n,\ \gamma)} {}^{228}\text{Th} \xrightarrow{\alpha,\ 1.91\text{y}} {}^{224}\text{Ra}$$

另外,由^{232}Th 也可通过^{232}Th → ^{228}Th → ^{224}Ra 获得^{224}Ra,但文献显示其产量严重不足,存放 30 年以上的 1 t ^{232}Th 仅可分离获得约 100 mCi 的^{228}Th。

3)HFETR 生产^{224}Ra 现状

2022 年以来,依托 HFETR 已开展辐照^{226}Ra 制备^{224}Ra 的研究工作,成功获得了纯的^{224}Ra 溶液,取得了一定的成果。

8.3.10 铼-188

1)^{188}Re 的价值和作用

^{188}Re 的半衰期为 17 小时,放射出最大能量为 2.118 MeV(70.7%)、1.962 MeV(26.3%)的 β 粒子,最大组织射程为 11 mm,95% β 射线在 4 mm 内被吸收,对周围组织损伤小,适合用于内照射治疗;同时,还发射 0.115 MeV(15.61%)的 γ 射线,可进行核素的生物学分布情况、辐射剂量及药代动力学研究。^{188}Re 具有优良的核物理性能和化学性能,是一种理想的诊疗一体的放射性核素。

^{188}Re 与 ^{99m}Tc 同属Ⅶ族元素,化学性质相近,标记多种放射性药物的可能性更大,应用范围更广,将 ^{188}Re 用于标记某些特异性分子进行肿瘤内照射治疗,能提高治疗肿瘤的靶向性;由于高铼酸盐的生物半衰期仅为 10 小时,未标记的 ^{188}Re 能够很快地通过肾脏排泄而不会在人体其他部位浓聚。目前, ^{188}Re 标记的放射性药物用于骨肿瘤的治疗、头颈部软组织肿瘤的治疗、风湿性关节炎的放射滑膜切除和肿瘤的放射性免疫治疗,并均取得了明显的疗效;应用介入方法靶向选择性地引入 ^{188}Re 进行的核素介入内照射恶性肿瘤的研究也取得较大的进展。因此,市场对 ^{188}Re 的需求量也日益增加。

2) ^{188}Re 的生产途径

^{188}Re 的制备方法主要有以下两种:一种是利用中子辐照高纯 ^{187}Re 靶经 ^{187}Re(n,γ)^{188}Re 反应生产有载体的 ^{188}Re;另一种通过 ^{186}W(n,γ)^{187}W(n,γ)^{188}W 反应得到 ^{188}W,以较长半衰期 ^{188}W 作为母体($T_{1/2}=69.8$ d),从衰变平衡体系中分离出无载体的 ^{188}Re。

(1) 有载体 ^{188}Re。天然铼元素的辐照将产生 ^{186}Re 和 ^{188}Re 的混合物,每种放射性同位素占比取决于辐照时间和轰击后的衰变。反应堆中利用中子辐照生产 ^{188}Re 的方法需要高丰度的 ^{187}Re 靶料,得到的有载体 ^{188}Re 具有足够高的比活度,但高丰度的 ^{187}Re 靶料较为稀缺,且该制备方式不能满足远离反应堆地区对 ^{188}Re 的需求。

(2) 无载体 ^{188}Re。当前商用的无载体 ^{188}Re 都是通过 ^{188}W $-^{188}$Re 发生器制备的, ^{188}W $-^{188}$Re 发生器方便运输,使用便利,是临床应用的最佳选择。

目前,世界上生产 ^{188}W $-^{188}$Re 发生器的厂商有 ORNL(美国)、Dimitrovgrad(俄罗斯)、IDB(荷兰)、Polatom(波兰)、ITM AG(德国)、IRE(比利时),均为氧化铝色谱柱型发生器。国内目前临床试验使用的 ^{188}W $-^{188}$Re 发生器均为国外进口的色谱型 ^{188}W $-^{188}$Re 发生器。由于反应堆辐照生成的 ^{188}W 中含有大量的 ^{186}W 载体,需要大量的酸性 Al_2O_3 柱体进行吸附,导致淋洗液的放射性浓度过低以及 ^{188}W 漏穿率较高,需要进行纯化、浓缩等进一步处理,从而形成一个试验流程复杂、成本较高的 ^{188}Re 制备系统。

20 世纪 90 年代以来,国内外报道了许多基于钨酸锆酰和钨酸钛酰为基体的凝胶型 ^{188}W $-^{188}$Re 发生器的研究,将辐照后的天然氧化钨靶或富集氧化钨[^{186}W]靶溶解于氢氧化钠溶液,然后与锆溶液或钛溶液混合,制备得到钨酸锆酰或钨酸钛酰凝胶。由于凝胶中的钨含量远大于酸性 Al_2O_3 中钨的吸附量,这样就有希望在中子注量率低的反应堆上实现^{188}W-^{188}Re 发生器的生产。但由于凝胶制备具有工艺较为复杂,放射性操作较多,淋洗曲线较宽,洗脱效率低(<50%)以及^{188}W 漏穿率高等缺点,凝胶型^{188}W-^{188}Re 发生器仍处于实验室研究阶段,未进行商用。

3) HFETR 生产^{188}Re 现状

20 世纪 90 年代,曾利用 HFETR 水孔道开展了天然 WO$_3$ 靶料辐照,制备凝胶型^{188}W-^{188}Re 发生器的研究工作,但由于辐照后靶料溶解难等技术问题,未能成功研制。2020 年,依托 HFETR 再次开展了天然 WO$_3$、富集^{186}WO$_3$ 靶料燃料组件中孔辐照,凝胶型^{188}W-^{188}Re 发生器的研制。已完成关键生产工艺的研发,并成功制备了百毫居级的凝胶型^{188}W-^{188}Re 发生器样机,正在开展工程化转化。

8.3.11 铽-161

1) ^{161}Tb 的价值和作用

^{161}Tb 的化学特性和^{177}Lu 类似,可以很好地用于化合物标记,如 DOTA chelator、PSMA-617 等。^{161}Tb 的半衰期为 6.9 天,为放射化学分离及药物标记提供了足够的时间,并为向远离反应堆的地区运输产品提供了便利。^{161}Tb 衰变时发射平均能量为 154 keV 低能 β 射线,其射线能量与^{177}Lu 相近。衰变时会放出能量分别为 48.92 keV(17%)、57.2 keV(1.8%)和 74.57 keV(10%)的 γ 射线,适用于 SPECT 显像。^{161}Tb 最大的衰变特点是衰变时会产生大量的俄歇电子和内转换电子,其在组织中射程为 0.5~30 μm。相比于^{177}Lu,^{161}Tb 具有更高的传能线密度(LET),可提供更高的局部剂量,具有较高的局部损伤能力,因此对微小型肿瘤治疗效果要优于^{177}Lu。此外,相比于单独使用^{177}Lu,^{152,155}Tb/^{161}Tb 核素共同使用可以更好地实时监测治疗剂量和治疗效果。综上,^{161}Tb 在临床应用中有着巨大的潜力,是潜在的用于神经内分泌肿瘤和前列腺癌等多种恶性肿瘤的靶向治疗核素。

2) ^{161}Tb 的生产途径

使用反应堆生产无载体^{161}Tb 是目前唯一具有生产潜力的方法,核反应为^{160}Gd(n, γ)^{161}Gd,钆-161 经过 β$^-$衰变得到^{161}Tb,其核反应截面约为 1.4 b。由于反应截面较小,且副反应较多,必须在高通量研究堆中辐照富集的钆-160 才有商业价值。由于 Gd/Tb 为相邻的稀土元素,具有相似的化学性质,导致从^{160}Gd$_2$O$_3$ 靶中分离出^{161}Tb 较为困难。根据文献报道,固相萃取色谱及离子交换色谱法是两种易于实现工程化的分离提取方法,主要是通过 Gd/Tb 在色谱柱中不同的保留能力进行分离。

3) HFETR 生产 ^{161}Tb 现状

基于 HFETR 较高的热中子注量率,已完成理论计算、Gd/Tb 分离等关键技术研发,并研制了分离提取 ^{161}Tb 的自动化分离工艺装置,已完成百毫居级试验验证。

8.3.12　钪-47

1) ^{47}Sc 的价值和作用

钪-47 是一种低能 β^- 发射体,半衰期为 3.34 天,其衰变时放出最大能量为 600 keV(32%)以及 439 keV(0.68%)的 β^- 射线和 159 keV 的 γ 射线(68%),平均衰变能为 162 keV,^{47}Sc 发射的 γ 射线与 ^{99m}Tc 接近,适用于体内单光子发射计算机断层显像(SPECT),其同位素 ^{43}Sc 与 ^{44}Sc 是常见的正电子核素(PET),有望实现 ^{47}Sc/^{43,44}Sc 核素对联用,从而更好地满足诊疗一体化的要求。游离 ^{47}Sc 注入动物体内后,摄取量从高到低依次为骨、肿瘤、肝、脾、肾。因此,^{47}Sc 可用于肿瘤或骨髓的 SPECT 显像剂。国外开展了一系列小鼠试验,在对比 ^{47}Sc、^{177}Lu、^{90}Y 标记的 DOTA 功能化叶酸对卵巢癌细胞影响效果的研究中发现,^{47}Sc 标记药物在生物体内滞留时间、分布状况以及肿瘤抑制效果与 ^{177}Lu、^{90}Y 标记药物相似,与未接受药物治疗的患病小鼠对比,小鼠肿瘤体积增长速度受到明显抑制,小鼠存活时间也有所延长。良好的核性质和配位化学性质表明 ^{47}Sc 具有广泛的应用潜力。

2) ^{47}Sc 的生产途径

钪-47 的制备目前处于实验阶段,利用反应堆辐照可通过多种核反应生成,如表 8-2 所示。

表 8-2　利用中子辐照产生 ^{47}Sc 的主要核反应

辐照粒子	靶元素	核反应
n	^{46}Ca	^{46}Ca(n, γ)^{47}Ca→^{47}Sc
	^{48}Ca	^{48}Ca(n, 2n)^{47}Ca→^{47}Sc
	^{47}Ti	^{47}Ti(n, p)^{47}Sc

其中,利用热中子辐照富集^{46}Ca制备^{47}Sc是一种简单高效的方法,但^{46}Ca热中子截面只有0.72 b,^{46}Ca天然丰度仅为0.004%,因此热中子注量率和靶料富集度是影响^{47}Sc生产规模的重要因素。此外,从辐照后靶料中分离提取^{47}Sc是生产过程的关键,辐照后的Ca/Sc质量比可达$10^5 \sim 10^{10}$数量级。目前,可用于^{47}Sc分离提取的方法主要有溶剂萃取法、柱色谱法、电化学法和沉淀法。其中,电化学法和溶剂萃取法工艺装置相对复杂且有一定汞污染风险;沉淀法存在过滤困难的问题;柱色谱法是分离效率较高、易于操作的一种方法,据文献报道有较好的分离提取效果。

3) HFETR生产^{47}Sc现状

根据理论计算,以含1 mg富集度为5%的^{46}CaCO$_3$为靶,在热中子注量率为1.5×10^{14} cm^{-2}·s^{-1}条件下辐照,辐照时间与^{47}Sc、^{47}Ca产额关系曲线可见图8-14,辐照7天后经过4天冷却后进行第一次分离,此时可获得较高活度的^{47}Sc,其活度约为17.14 MBq(0.46 mCi)。利用HFETR水孔道已开展天然CaCO$_3$及富集^{46}CaCO$_3$辐照试验,并通过固相萃取柱色谱分离法成功获得了^{47}ScCl$_3$溶液,各项指标满足使用要求。

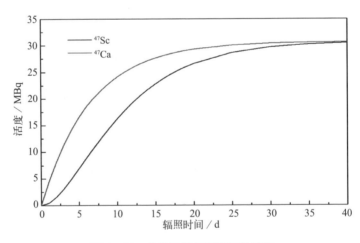

图8-14 产物活度与辐照天数关系

第 9 章
单晶硅嬗变掺杂

单晶硅中子嬗变掺杂是研究堆主要应用之一,利用中子对单晶硅进行辐照,改变单晶硅的导电性能,可扩大材料的应用范围。中子辐照掺杂后的单晶硅是制造半导体大功率器件、功率集成器件以及半导体集成电路良好的功能材料。随着电子产业的不断发展,对中子辐照掺杂单晶硅的需求日益增大。目前,国际上均采用研究堆辐照单晶硅进行中子嬗变掺杂,HFETR 从 20 世纪 80 年代即开展了单晶硅中子掺杂试验及生产,是国内单晶硅中子嬗变掺杂的主要研究试验堆之一。

9.1 掺杂原理

天然硅包含 3 种硅的同位素: ^{28}Si(丰度 92.23%)、^{29}Si(丰度 4.67%)、^{30}Si(丰度 3.10%)。其中,^{28}Si 和 ^{29}Si 吸收热中子变成不稳定同位素,吸收快中子直接或间接变成铝或镁,但吸收快中子的反应概率非常少,且快中子吸收反应对硅掺杂不利。硅核素中,^{30}Si 通过热中子俘获反应生成不稳定的 ^{31}Si,^{31}Si 经过 β 衰变变成稳定核素 ^{31}P,实现单晶硅中子掺杂。反应式为

$$^{30}Si + n \rightarrow {}^{31}Si \rightarrow (\beta^-){}^{31}P$$

图 9-1 所示为 ^{30}Si 的中子俘获截面,从中可知 ^{30}Si 发生俘获反应的主要是热中子和超热中子。

由硅体正电子穴导电称为 P 型硅,由负供体原子导电称为 N 型硅。对于 N 型硅,^{31}P 原子置换了 ^{30}Si 原子发生供体原子导电;对于 P 型硅,^{10}B 原子、^{27}Al 原子或 ^{69}Ga 原子置换了 ^{30}Si 原子发生空穴导电。

对于 N 型磷掺杂硅,电阻率为

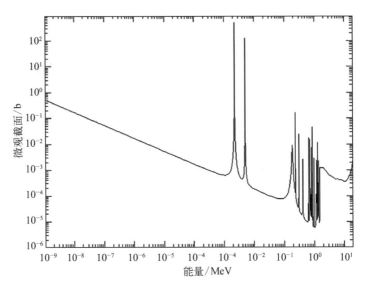

图 9 - 1 ^{30}Si 中子俘获截面

$$\rho = \frac{1}{[\text{P}]\mu\varepsilon} \qquad (9-1)$$

式中：ρ 为电阻率，$\Omega \cdot \text{cm}$；$[\text{P}]$ 为磷原子浓度，cm^{-3}；ε 为电子电荷，$1.602 \times 10^{-19}\text{C}$；$\mu$ 为硅晶格中电子漂移迁移率，电子迁移受辐照温度影响，其范围为 $1\,220 \sim 1\,500 \text{ cm}^2/(\text{V} \cdot \text{s})$，在 300 K 时，为 $1\,350 \text{ cm}^2/(\text{V} \cdot \text{s})$。

掺杂物浓度与电阻率关系为

对于磷掺杂：

$$\rho = \frac{K_{\text{p}}}{[\text{P}]} \qquad (9-2)$$

对于硼掺杂：

$$\rho = \frac{K_{\text{B}}}{[\text{B}]} \qquad (9-3)$$

式中：K_{p}、K_{B} 为比例常数；$[\text{B}]$ 为硼原子浓度，cm^{-3}。

为了确定达到辐照后电阻率为 ρ_t 需要的掺杂数，需要知道硅体中已存在的掺杂物浓度，即初始电阻率 ρ_i，由此得到为获得辐照后所需电阻率的额外掺杂浓度（辐照产生原子浓度 $[\text{P}]_{\text{doping}}$）的计算公式如下：

对于 N 型硅：

$$[\mathrm{P}]_{\mathrm{doping}} = K_{\mathrm{P}} \left[\frac{1}{\rho_t} - \frac{1}{\rho_i} \right] \tag{9-4}$$

对于 P 型硅：

$$[\mathrm{P}]_{\mathrm{doping}} = \frac{K_{\mathrm{P}}}{\rho_t} - \frac{K_{\mathrm{B}}}{\rho_i} \tag{9-5}$$

在单晶硅辐照时，$^{30}\mathrm{Si}$ 的俘获反应率为

$$R = \int_0^\infty \phi(E) \sigma^{30\mathrm{Si}}(E) N^{30\mathrm{Si}} \mathrm{d}E = N^{30\mathrm{Si}} \overline{\sigma^{30\mathrm{Si}}} \phi_T = K_{\mathrm{P}} \left[\frac{1}{\rho_t} - \frac{1}{\rho_i} \right] \Big/ t_i \tag{9-6}$$

当单晶硅辐照 t_i 时间时，辐照产生 P 原子浓度为

$$[\mathrm{P}]_{\mathrm{doping}} = \int_0^{t_i} \int_0^\infty \phi(E,t) \sigma^{30\mathrm{Si}}(E) N^{30\mathrm{Si}} \mathrm{d}E \mathrm{d}t = N^{30\mathrm{Si}} \overline{\sigma^{30\mathrm{Si}}} \phi_T t_i \tag{9-7}$$

$$\phi_T t_i = K \left[\frac{1}{\rho_t} - \frac{A}{\rho_i} \right] \tag{9-8}$$

其中：对于 N 型硅，$A = 1$；对于 P 型硅，$A = K_B / K_P$；

式(9-8)中，K 定义为

$$K = \frac{K_{\mathrm{P}}}{N^{30\mathrm{Si}} \overline{\sigma^{30\mathrm{Si}}}} \tag{9-9}$$

由于 $\overline{\sigma}$ 受中子能谱影响，这些中子并非全部是热中子，因此不同辐照位置 K 值不同。目前，各研究堆均根据自身研究堆单晶硅辐照位置的中子注量率分布特点，并结合辐照前后电阻率反推得出不同尺寸辐照硅的 K 值，单晶硅在辐照过程中，为确定准确的辐照时间，K 值的选取至关重要，它是影响单晶硅辐照命中率的关键因素。

9.2 高通量工程试验堆单晶硅嬗变掺杂

高通量工程试验堆(HFETR)是国内开展单晶硅嬗变掺杂的主要研究堆之一，经过多年的嬗变掺杂实践，建立了单晶硅嬗变掺杂完整的掺杂工艺，积累了丰富的中子注量率展平经验。

9.2.1 工艺流程

图 9-2 所示为 HFETR 单晶硅嬗变掺杂工艺流程，主要包括新硅入库、

原始数据处理、孔道注量率预估、制定工艺卡、拣硅装罐、入堆辐照、出堆暂存、清洗去污、退火、出库等。

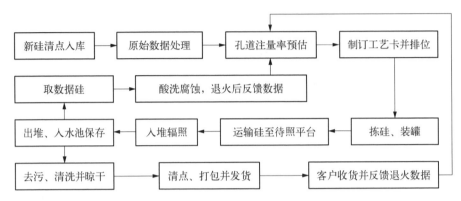

图 9-2　HFETR 单晶硅嬗变掺杂工艺流程

1) 新硅入库

新硅入库前,对来硅的破损状态进行检查并做好记录;同时,进行质量特性抽检,其抽检率不少于 2%。鉴于厂家来硅的质量有一定的滚磨余量,与实际重量有一定区别,因此只对硅进行尺寸及电阻率测量。

2) 原始数据处理及工艺卡制定

根据来硅情况,对单晶硅尺寸、高度、原始电阻率、目标电阻率进行汇总,确定所需辐照中子注量,完成配罐。工艺卡制订时,工艺卡至少应包括辐照罐号、单晶硅直径、高度、质量、原始电阻率、目标电阻率、辐照位置、辐照时间等。

在确定辐照时间时,中子注量按式(9-10)与(9-11)计算。

原始材料为 N 型:

$$\Phi = C(1/\rho_t - 1/\rho_0) \tag{9-10}$$

原始材料为 P 型:

$$\Phi = C(1/\rho_t + 3/\rho_0) \tag{9-11}$$

式中:Φ 为热中子($E < 0.625$ eV)注量,cm^{-2};C 为掺杂系数,其值为 268 $\Omega \cdot cm^{-1}$;ρ_t 为单晶硅的目标电阻率,$\Omega \cdot cm$;ρ_0 为单晶硅的原始电阻率,$\Omega \cdot cm$。

辐照时间按式(9-12)计算:

$$t = \Phi / \phi_{th} \tag{9-12}$$

式中：t 为辐照时间,s；$\varPhi$ 为整罐硅的平均热中子注量,cm^{-2}；ϕ_{th} 为辐照时的热中子注量率,cm^{-2} · s^{-1}。

3）单晶硅组罐及转运

根据工艺卡,对单晶硅进行组罐,同时保持单晶硅的洁净；在组罐操作时,应有人监督并核对工艺卡内容。组罐完成后,通过升降平台,转移至硅罐储存间,等待入堆辐照。

4）入堆辐照

单晶硅辐照运行人员定期对单晶硅长柄工具、多节杆及外靶桶的维护,单晶硅入堆操作前进行工器具设备检查,确认无异常后方可进行入堆操作。待单晶硅到位后,辐照运行人员在工艺卡指定位置准确记录入堆时刻、操作人员等信息。

5）出堆及暂存

根据工艺卡及入堆时间,确定单晶硅出堆时刻。待到达出堆时刻时,由吊车将单晶硅缓慢提出辐照孔道,并转入乏燃料水池单晶硅专用区域进行暂存。当硅罐的表面放射性剂量率满足限值要求后,可从乏燃料水池取出硅罐。

6）清洗去污

硅罐从单晶硅乏燃料水池取出后,如单晶硅为数据硅,则进入退火间进行酸洗；如单晶硅为非数据硅,则进入清洗间,在超声波清洗机内对单晶硅进行清洗去污操作,清洗去污并晾干后,即可打包发货。

7）退火

退火操作仅针对数据硅和厂家有特殊要求的单晶硅进行退火。待单晶硅酸洗后进行退火,退火过程中应严格控制退火温度和时间,待退火完成后,对单晶硅端面进行电阻率测量,用于验证辐照孔道预估中子注量率的准确性。若电阻率满足辐照要求,则可交付厂家,若不满足要求可进行补照等。

9.2.2　中子注量率展平

在单晶硅辐照生产过程中,主要关注的辐照参数包括单晶硅辐照产量、辐照命中率、辐照硅体径向和轴向不均匀性、辐照后的少子寿命。其中,单晶硅辐照命中率受辐照孔道内热中子注量率和辐照时间控制的影响,提高单晶硅辐照命中率,可通过对辐照孔道中子注量率进行在线或预先测量,以获得较为准确的中子注量率水平,同时对辐照时间进行精确控制,确保在额定注量率下辐照合适的时间。辐照后硅体径向和轴向不均匀性,受辐照孔道内中子注量率分布影响,可通过旋转、换位或加中子屏等手段进行优化。辐照后的寿命主要受辐照位置热快比影响,如果辐照位置热快比较小将很难获得较高的少子寿命。在影响单晶硅辐照质量的主要因素中,辐照命中率和辐照后均匀性是两个非常重要的指标。目前,国际上单晶硅辐照生产的主要研究堆的辐照命中率基本达到了90%以上,部分研究堆可实现100%命中,在辐照后均匀性方面,6英寸以下单晶硅径向和轴向不均匀性可控制在5%以下。

9.2.2.1 径向不均匀性

单晶硅内的电阻率径向不均匀性利用径向不均匀因子(radial resistivity gradient,RRG;物理量符号记为 F_{RRG})表示为

$$F_{RRG} = 100 \times \frac{\rho_{max} - \rho_{min}}{\rho_{min}} \tag{9-13}$$

式中:ρ_{min}、ρ_{max} 为径向薄片电阻率最大及最小值。

通常,反应堆辐照孔道内存在径向注量率分布梯度。中子注量率的径向不均匀性可以通过在辐照过程中旋转单晶硅来补偿。单晶硅中子反应截面较小,但中子注量率在单晶硅内部的衰减仍无法避免,因此单晶硅内部的中子注量率将会比边缘处低。单晶硅的尺寸越大,这种差别将会越明显。同时,初始单晶硅内部的电阻率分布也存在一定的不均匀性,在一定程度上也会增加单晶硅辐照后的径向不均匀性。

9.2.2.2 轴向不均匀性

单晶硅内的电阻率轴向不均匀性利用轴向不均匀因子(axial resistivity variation,ARV;物理量符号记为 F_{ARV})表示为

$$F_{ARV} = 100 \times \frac{\rho_{max}^{plane} - \rho_{min}^{plane}}{\rho_{min}^{plane}} \tag{9-14}$$

式中:ρ_{max}^{plane}、ρ_{min}^{plane} 为轴向薄片电阻率最大及最小值。薄片的电阻率由平均电阻率或中心的电阻率表示,这取决于使用的用户。反应堆内轴向中子注量率分布本身存在不均匀性,导致单晶硅轴向必然存在一定的不均匀性。当电阻率利用中心位置的值来表示时,由于轴向不均匀系数仅由轴向薄片最大值及最小值决定,因此初始电阻率的分布会影响轴向不均匀性。

9.2.2.3 单晶硅均匀辐照方法

单晶硅均匀辐照方法可分为径向均匀辐照、轴向均匀辐照两种。

　　由于堆内在径向方向上,在辐照孔道靠近堆中心的一侧中子注量率高于远离堆芯的一侧。为了满足径向均匀性,单晶硅在辐照过程中必须旋转。为了保证足够的旋转次数,应保证足够的旋转速度。即使采用了旋转的辐照工艺,单晶硅径向不均匀系数也不可能降低到 0,这是由于单晶硅本身存在对中子自屏效应。通过计算,图 9 - 3 给出了在硅体内部中子注量率的径向分布。在这种情况下,由于自屏效应导致的径向不均匀性,5 in(英寸)硅不超过1.5%,6 in 硅不超过 2.0%,8 in 硅不超过 2.3%(1 in=2.54 cm)。

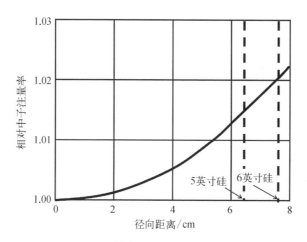

图 9 - 3　硅体内中子注量率的径向分布

　　硅体中心旋转的偏心和不对称性,以及辐照装置,都会增加径向不均匀性。对于轻水冷却的辐照装置,径向不均匀系数会更加敏感,这是因为中子在轻水中会迅速衰减。

　　从辐照技术角度分析,单晶硅辐照的最大挑战是轴向不均匀性,尤其是在辐照装置设计阶段,要确定每个位置的最优辐照方式。总体来说,可以采用 3 种不同的辐照工艺来实现轴向均匀化。辐照工艺的选择主要是取决于辐照孔道的特征,而且所选择的工艺必须适应多种设备和装置。

　　1) 往复运动

　　如果硅体从辐照孔道的一端移动到另一端,硅体经历了中子注量率在轴向的整体变化。如果移动速度控制得较好,实现轴向均匀辐照是可能的。

　　这种方法对于辐照孔道两端空间足够大时是有效的。同时,这种方法不会受到控制棒的位置变化带来的影响,因为硅体在轴向上通过了相同中子注量率分布的区域。但是,硅体本身的移动会改变中子注量率的分布。由于硅

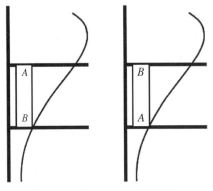

图 9-4 单晶硅均匀辐照方法
（反转示意图）

体接受的是移动区域的平均中子注量率，因此中子利用率是比较低的。在 BR2 堆上采用了这种方法。

2）反转

在轴向辐照孔道中，中子注量率的分布在某个区域成线性，硅体可以先在这个线性区域辐照一半的时间，然后将硅体的上下端（A/B 端）反转，辐照另一半时间，如图 9-4 所示。

这种方法适用于在辐照孔道中中子注量率有良好的线性分布。这种方法的轴向不均匀性没有中子屏方法对堆芯环境敏感。但如果中子注量率分布的线性部分不足，则对均匀性的提高是有限的。这种方法不能充分利用中子注量率最高的区域，而且需要投入更多的人力。因为每支单晶硅需辐照两次，两次辐照的时间间隔降低了对中子的利用。使用该方法的有日本的 JRR-3M、JRR-4 和比利时的 BR2 堆上的 POSEIDON 装置。

3）中子屏

如果为展平中子注量率安装一个合适的中子屏，可能使辐照较均匀，如图 9-5 所示。中子屏由不同中子吸收强度的材料组成，在中子注量率高的区域采用中子吸收较强的材料，在中子注量率低的区域采用中子吸收较弱的材料，也可以通过改变吸收体材料的厚度来实现。中子吸收体的选择取决于中子屏的可用厚度，如果只有几毫米厚，可使用不锈钢或镍。在中子注量率高区域的中子注量率降低时，中子屏两端的中子注量率也会有一定的降低。为了提高中子的利用率，应该尽量增加中子屏两端的中子注量率。

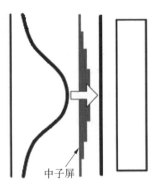

中子屏

图 9-5 单晶硅均匀辐照方法（中子屏示意图）

第 10 章

燃料材料辐照后检验

　　为验证燃料组件的有关设计、制造工艺和元件在堆内的运行参数的合理性,燃料或材料在堆内完成辐照后,需要对其进行辐照后检验。燃料材料辐照后检验是对在屏蔽、密封的热室或实验室内辐照完毕的燃料和材料进行观察、测量和分析等检验,以评估其辐照后性能及变化规律、验证或改进设计和制造工艺的工作统称。为开展 HFETR 完成堆内辐照的燃料和材料辐照后检验,在进行反应堆建设时就同步建设了配套的辐照后检验设施。

　　从辐照后检验设施、辐照后检验技术、燃料组件辐照后检验、反应堆结构材料辐照效应、核电厂反应堆压力容器辐照监督、辐照效应数值模拟 6 个方面系统地介绍 HFETR 配套的燃料材料辐照后检验的设施、技术和案例。

10.1　辐照后检验设施

　　燃料材料辐照后,需要在配套的检验设施开展辐照后燃料材料微观组织、性能变化的测试。辐照后检验设施主要包括热室、力学性能实验室和热室工艺及远程遥控。

10.1.1　热室

　　热室用于燃料、材料辐照后的检验,是辐照后检测必备的设施。热室位于HFETR 厂房Ⅰ段,始建于 1976 年,热室现今已经成为国内最大规模的热室群,研究领域包括从事辐照后核燃料组件非破坏性检验、核燃料及材料显微分析、材料力学与物理性能研究、辐照效应模拟分析、热室工艺及非标设备设计等。

　　热室由 15 间热室和 20 间半热室组成,另外还有十余个不锈钢屏蔽手套箱,冷试样性能测试实验室若干间,总面积为 5 000 m²,其分布如图 10-1 所示。热室的平面布局根据热室的用途、数量及工艺流程分为 3 个部分，分别为北面的辐照后检验热室、南面的辐照后检验热室及材料辐照后检验热室 3 个热室区域，依次如图 10-2～图 10-4 所示。由于解体热室及同位素热室与反应堆大厅乏燃料水池有水槽进行工艺运输，为尽量缩短运输水槽的长度，该热室置于靠近堆大厅的一侧；为降低热室大厅厂房的高度，将影响厂房高度的解体热室移至大厅外的独立区间。热室布置基本上按前后区隔离的原则，热室后区均有隔离间，以防沾污扩大，两排热室共用一条后区走廊，以减少占地面积。热室前后区之间设置卫生闸门间，以防前区污染。

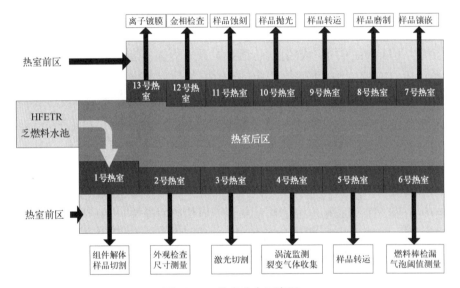

图 10-1　热室分布示意图

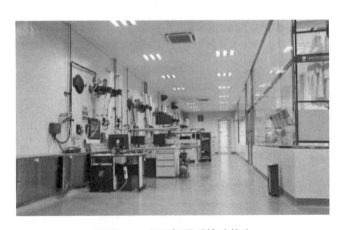

图 10-2　北面辐照后检验热室

图 10-3　南面辐照后检验热室

图 10-4　材料辐照后检验热室

1 号热室为解体热室,可用于燃料组件及辐照装置的解体切割、中间检查、放射性样品的切割加工,组件的尺寸外观检验等工作。防护能力约 10 万～100 万 Ci 的 Co^{60} 源,与 HFETR 乏燃料水池有 9 m 深的水道相通,可将长度为 8 m 多的辐照装置吊入热室,在该热室 3 m 高处,为安装电动机械手或其他装置,留有备用台阶。在主操作区域安装 1 台遥控铣床,可加工切削 $\phi180$ mm 以内的装置,在这个热室的正下方设有 X 光探伤装置,有 $\phi125$ mm 直通管道与之相通。

2~4 号热室称为检验热室,可对解体后的元件和样品进行外观观察、尺寸测量、无损探伤、破损监测、宏观摄影、真空刺孔、γ 扫描、爆破实验以及其他性能实验测量工作。该热室除配备相应的实验仪器外,在热室前墙设置了充足的备用孔,可根据需要安装专门设备,也可安装全息照相、自射线照相和激光刺孔等其他先进设备。这 3 间热室面积防护能力约为 10 万居 Co^{60} 源。这种防护能力完全能满足辐照后的元件检验。

5 号热室为切割热室,考虑靠 1 号热室空间较大,如果切割核燃料引起污染,是不便去污的,而且切割工作量较大,因此专门设立一个较小的 5 号切割热室,用来切割加工小样品。本热室防护能力与 2 号热室一样,热室铣床可以安装锯片铣刀、金刚石刀片和钻头等刀具。

6 号热室为物理性能检验热室,其防护能力同 2 号热室,内部可根据试验需求放入相应设备,现在内部放置了 1 台芯体密度测量和 1 台高温起泡试验炉,以期开展重量密度测量试验和高温起泡试验。

7~13 号为金相热室,除 13 号热室外,其余 6 间热室均为小热室,采用溴化锌液体窥视窗和关节式机械手,热室防护能力相当于 $100\sim150$ 居的 Co^{60} 源。这套热室由镶嵌、磨光/抛光、蚀刻、显微观察与摄影组成一条金相检验流水线,配备有热镶嵌机、自动磨光机/抛光机、电解蚀刻仪、超声清洗机、低倍显微镜和大型遥控金相显微镜等设备。每间热室都有专门的输液管,可随意输入各种试剂,前墙留有备用孔供各种设备使用,可根据需要调整热室内部的设备。

10.1.2　力学性能试验室

核材料经过中子辐照后具有高放射性,力学试验在具有屏蔽功能的小室内进行,其内壁用不锈钢敷面,外墙为铸铁和重混凝土结构,以屏蔽 γ 射线。内部安装有运输小车,用于放射性样品在不同试验室间转运。前墙上装有铅玻璃窥视窗便于工作人员观察,并安装有机械手进行远距离操作。后墙装有铁门,必要时可进入安装维护拆卸设备。

HFETR 现配套有 13 间力学试验室,如图 10-5 所示。在宏观力学试验方面,具备拉伸试验、冲击试验、蠕变试验、落锤试验、压缩试验、弯曲试验、低周疲劳试验、断裂韧性试验、显微硬度试验、内压爆破试验等完善的力学试验能力。

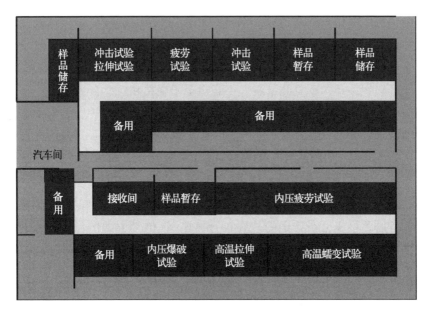

图 10‐5　力学试验室示意图

10.1.3　热室工艺及远程遥控

辐照后的辐照装置、元件材料等部件都具有很强的放射性,它们的工艺运输和切割加工是元件材料检验过程中不可缺少的重要工作,也是热室设计和建造的一个重要组成部分。实现强放射性工件运输,可采用水下、专门管线、屏蔽墙和密封容器做屏蔽,利用吊车、运输小车、电动机械手、传送带、升降机及气动管线实现运输。

在热室的切割加工操作可以进行如下内容:解体辐照装置和考验组件,解剖元件单棒,加工实验、检验样品,后处理切割、再组装元件或考验件,检修堆内部件,以及其他放射性操作。为此热室设计建造了多种类型的遥控切削机械设备:热室铣床、热室机床、精密切割机、燃料去除装置、激光切割机等。另外,热室还配备各种大型电动机械手、吊车、专用工具,以实现某些特定的远距离操作。

10.1.3.1　热室的工艺运输

热室的工艺运输有考验回路管道运输和放射性固体废物运输两种。

1) 考验回路管道运输

考验组件及装置,由乏燃料水池经水槽运输小车运至 1 号热室。在 1 号热室中,通过 $\phi 125$ mm 孔道放入 X 光探伤间,进行 X 光检查。解体及组件外观尺寸检验后经热室后墙中的运输小车通道运至 2～6 号各热室。组件上部连接管段,仍通过水槽送回乏燃料水池。单棒元件及切割的样品可通过 2 号、4 号、5 号热室顶部的垂直孔道装入铅罐运至干燥井和对面金相热室。

7～13 号金相热室之间,由后壁运输通道相连,检验完的样品可由 7 号热室顶部的垂直通道,用铅罐运至干燥井或其他废物处理场所。材料样品也通过上述途径并经大厅通往楼下半热室的 3 个斜孔道运入相应的半热室进行试验。

1～6 号和 7～13 号热室均采用后壁通道半自动控制小车,以达到热室间的运输目的。小车可在指定的位置自行停车,该传动方式的优点:与钢丝绳拖动拨叉开关控制的通道小车相比,结构简单,调整方便,运输较准确;同时,减少了热室占地及其他工作的干扰。缺点:控制行程接近开关,由于 1～6 号热室剂量有较大失灵的可能,接近开关在辐照超过 1×10^8 R(1 R＝2.58× 10^{-4} C/kg)即会失灵,当出现该情况时,可用点动停车控制仍能进行工作。如果电机不抗辐照,小车仍会失灵,此时可用另一个备用小车将失灵的小车推至检修间;由于小车设在后壁,机械手不便操作。

2)放射性固体废物运输

先将底开口的铅罐坐落在热室顶部的垂直孔上,再将装好放射性废物的污物桶吊进铅罐中,然后通过 5 t 吊车将铅罐吊至汽车间运出厂房或吊至干燥井临时储存。

设备零件检修件的运输均利用大厅吊车通过热室后区吊装孔,吊至污修间,将小量的小件去污,由移动去污工作箱在隔离间进行。

10.1.3.2 热室的典型工艺设备

1)机械手

机械手是热室进行解体切割、力学试验、无损检测、物性分析的必备工具,是支持整个材料和燃料性能分析工作的必要保障。

机械手系统主要结构包括手腕、从动臂、平行管、平衡锤、控制电机(X、Y 方向)、主动臂、钢丝绳。机械手是热室操作的关键设备之一,它的主要功能是能够代替人远距离操作有害物质进行科学实验,其结构复杂、精密度要求较高。它能够实现 X、Y、Z 方向运动负荷能力,前伸操作范围可达到 1.8 m 左右。

剑式机械手安装在屏蔽装置的安装孔上,在屏蔽装置外部操作可以完成样品的转运、夹持等操作。剑式机械手由定位螺钉、操作手柄、铅球组件、夹钳头、操作杆组成；可以满足铸铁屏蔽半热室内转运物品需求。其整体结构简单、小型，操作轻巧、灵活；结构及零部件均采用不锈钢材料，使用寿命长，能够完成工件的安装和更换。

2）运输小车

为了避免一定的辐射风险，便于放射性样品在各热室间的转运，在热室内配备运输小车，它的所有动作均可在热室外无线遥控操作。运输小车具备35 mm 简单障碍物的攀爬、翻越能力，具备样品抓取、实时监控功能。

运输小车系统主要由半热室运输小车、运输小车控制系统、小车通道及运输轨道组成。运输小车系统主要进行半热室间放射性样品的转运及运输。

10.1.3.3　热室的切割加工设备

1）解体切割铣床

解体切割铣床安装于 1 号热室内，是开展燃料组件辐照后解体切割的核心综合装置，装置采用模块化和集成设计，可实现辐照装置的解体、燃料组件及元件的切割及核燃料及材料的精密切割功能。

2）切割取样铣床

切割取样铣床安装于 5 号热室内，是开展燃料组件辐照后燃料及试样取样的重要装置，装置采用模块化和集成设计，可实现核燃料及材料的精密切割功能。

3）精密切割设备

精密切割设备用于燃料及材料辐照前后的精密切割制样，用于制备精密观察试样，如金相试样、显微硬度试样及力学试样后的断口试样等。个别设备切割定位精度高达 10 μm，设备类型多，具有切割精度高、切割影响区小、能适应多种制样需求等优点。

10.2　辐照后检验技术

辐照后检验技术包括燃料组件热室内无损检测分析、力学性能研究、物理性能研究和化学性能研究。基于这些辐照后检验技术，具备燃料组件热室内无损检测、宏观力学性能研究、中子物理分析、放化分析、显微组织分析及燃料组件池边检查的全流程分析研究能力。

10.2.1 非破坏性检测分析

非破坏性检测分析包括燃料组件的外观检查、尺寸测量、涡流检查、射线检测、泄漏检查、裂变气体测量、γ扫描相对燃耗测量等。

10.2.1.1 外观检查

外观检查可以初步直观评估材料的辐照稳定性,可提供有关被检材料的一般信息,包括试样辐照后编号标识是否清晰可辨、整体结构完整性、有无目视可见变形、表面颜色、表面状态,是否存在腐蚀、裂纹、划伤、划痕及其他目视可见缺陷等。热室视频检查系统用于热室内外观检查,在不失真的情况下进行表面形貌分析,该系统由视频显微镜、传动机构、控制系统等组成。它可实现50倍的纯光学放大,采集图像像素可达300万。

10.2.1.2 尺寸测量

辐照后尺寸测量是辐照后检验项目中的重要环节,也是评价辐照后燃料组件肿胀的重要依据。尺寸信息主要包括外形尺寸、直径、直线度、同轴度、对边距、平行度、扭曲度、水隙大小等。

热室综合尺寸测量系统可获得组件外形尺寸、直线度、同轴度、对边距、平行度、扭曲度等尺寸信息。热室综合尺寸测量系统按功能可分为三坐标主机、测量系统和控制系统3个部分。其中,主机及测量系统安装在热室内,控制系统安装在热室前区。三坐标主机主要由花岗石工作平台、支承底座、龙门架、机床电缆组成。其测量系统主要由三轴光栅尺、测头组成,控制系统主要由控制柜、三级过滤器、空压机、不间断电源等主要部件组成。它的空间测量精确度可达$(2+3L/1\,000)\ \mu m$(L是样品长度),装置测量分辨率为$0.1\ \mu m$,光栅尺分辨率为$0.05\ mm$。

水隙在辐照过程中的形变和水隙附着物的产生直接影响反应堆的安全运行,水隙测量是评价燃料组件安全性能的一个非常重要的环节。水隙测量系统用于热室内水隙测量,由间隙标块、探头(测量探头和平衡探头)、间隙测量仪、计算机数据处理系统组成。间隙标块主要用于绘制标定曲线,校准仪器;探头采集信号;间隙测量仪对信号进行处理;计算机数据处理系统实现数据的分析处理,并控制间隙测量仪的信号采集。水隙测量系统精度可达$\pm0.03\ mm$。

直径测量采用激光测径仪,其主要由测量头、远端显示器、连接电缆及数据处理系统组成。激光测径仪基于激光扫描技术,测量时由半导体激光器发出激光束,通过棱镜转换为平行光通过测试区。当测试区有被测物时,其会遮挡住部分平行光,并通过聚焦棱镜在光电接收管上转换成低电平,没有被遮挡的平行光则转换为高电平。通过计算低电平的扫描时间,则可计算出被测物在激光束扫描方向的外径值。由于是非接触式,在测量过程中细长燃料棒的略微弯曲对激光测径仪测量结果不产生影响,保证了测量的准确度,并可实现连续采集测量。激光测径仪测量精度不低于 0.01 mm。

10.2.1.3　涡流检测

利用涡流检测系统进行辐照后燃料棒涡流探伤和涡流氧化膜测厚。涡流探伤是以交流电磁线圈在燃料棒表面和近表面感应产生涡流的无损探伤技术,其原理是当线圈通以一定频率的交变电流时,周围就产生交变磁场,如果燃料棒表面或近表面有缺陷存在时,势必使涡流流动改变,进而引起线圈特性变化,给出一定幅度和相位的涡流信号,通过与已知缺陷信号比较,就可以判断缺陷的存在和类型。涡流测厚的原理是高频交流信号在测头线圈中产生电磁场,测头靠近导体时,就在其中形成涡流,测头离导电基体愈近,则涡流愈大,反射阻抗也愈大,这个反馈作用量表征了测头与导电基体之间距离的大小,也就是导电基体上非导电覆层厚度的大小,涡流测厚仪达到了 0.1 μm 分辨率、1% 允许误差、10 mm 量程的高水平。

10.2.1.4　射线检测

射线检测是利用射线穿过材料时的强度衰减来检测材料内部结构的不连续性。热室内常用的射线检测设备包括工业 X 射线探伤机和工业 CT 系统。

工业 X 射线探伤机是一种无损检测 X 光机,通常用来检测辐照前后各种材料和核燃料的结构完整性和内部缺陷,具体包括燃料组件流道、燃料组件结构完整性、燃料芯块破损情况及芯块堆积高度。工业 X 射线探伤机系统由铅转盘及升降系统、报警装置、X 光机及控制系统和监视系统组成。

工业 CT 系统又称工业计算机断层扫描成像系统,可提供被测物体的二维切面或三维立体表现图,由于避免了影像重叠、混淆真实缺陷的现象,与常规实时成像系统相比,可清晰、准确、直观地展示被测对象内部结构、材料组成,提高识别内部缺陷的能力及准确识别内部缺陷位置。工业 CT 系统能实现燃料棒三维分析,直观地展示燃料棒的内部结构,并且可准确识别燃料棒内部的缺陷分布。它具备最大检测直径 300 mm,最大检测高度 1 000 mm 的检查范围。

10.2.1.5 泄漏检测

泄漏检测是目前常用的热室内燃料棒排查检漏方法,可确定燃料棒是否存在破损,并对发现破损的燃料棒进行破口定位。检测方法主要有氦质谱检漏和气泡法。气泡法检漏的主要特点是操作简单,反应迅速和定位准确,主要用于中漏和大漏的检查,而对于小漏和极小漏的检查,则需依靠氦质谱检漏等技术来进行。

1)氦质谱检漏系统

氦质谱检漏系统由氦质谱仪、检漏容器、压氦容器、充压装置、标准漏孔、压力表、阀门和管路系统组成。氦质谱检漏仪、标准漏孔和压力表安装在热室前区,检漏容器和密封容器安装在热室内。检漏可分别整体检漏和分段检漏。氦质谱检漏仪的最小检漏率可达 1×10^{-13} Pa·m³/s。

2)气泡法检漏系统

气泡法检漏系统由气泡法检漏装置、燃料棒烘烤装置、分装架构成,用于热室内破损燃料棒的排查,可同时进行多根或单根燃料棒的检查。其中,气泡法检漏装置由检漏箱、观察窗、燃料棒支架、密封机构、机械真空泵、空压机、抽气管和压力表等组成。它的检漏箱长度不小于 1 550 mm。

10.2.1.6 裂变气体总量测量

燃料组件在辐照过程中,裂变气体会沿着燃料芯体缺陷及破裂产生的裂纹释放出来,进入元件的自由空腔内,引起元件内自由体积减小,内压增大,热导率降低,导致芯体的温度升高,内压进一步加大,形成恶性循环,元件管包壳所受应力就更大,严重时包壳会发生破裂,发生泄漏事件,直接影响元件的正常使用和反应堆的运行安全,因此裂变气体总量测量是辐照性能检验的重要参数。裂变气体释放与收集系统由刺孔装置、标定系统、真空系统、气体成分收集与分析系统、电气控制系统等组成,刺孔装置、标定系统放置于热室内,真空系统、气体成分收集与分析系统、电气控制系统放置于热室外。刺孔装置是在真空密封状态下将燃料棒包壳刺穿,产生贯穿孔,使燃料棒自由空腔内的气体通过贯穿孔释放。它的气体体积测量准确度优于 10%、气体分析准确度优于 5%、气体收集率优于 80%。

10.2.1.7 γ扫描相对燃耗测量

γ扫描原理如下:在铀、钚原子裂变时,同时产生多种有γ放射性的裂变产物,各种裂变产物的γ能量不同,用γ谱仪测出某一能量的裂变产物的数量,该数量与 ^{235}U 和 ^{239}Pu 的裂变数有关,通过计算获得燃耗值。γ扫描在燃料组件的辐照后检验中主要用来得到特定裂变元素的数量,从而得到裂变产物分布图,进而计算出相对燃耗分布。热室 γ 扫描测量装置用于连续测量 X 射线、γ 射线辐射场剂量率,可在测量范围内任意设置报警阈值;当探测器安装位置的剂量率超过设定阈值时,仪器自动发出声光报警信号。仪器各部件采用工业级防水连接器,主机与探测器之间通过 RS485 数字信号传输信息,传输距离可达 800 m。

10.2.2 辐照后力学性能试验

辐照后力学性能试验包括拉伸试验、冲击试验、蠕变试验、硬度试验、内压爆破试验、断裂韧性试验、疲劳试验等。

10.2.2.1 材料拉伸试验

核材料的弹性、强度、塑性、辐照硬化、辐照强化等许多重要的力学性能指标都可以通过拉伸试验获得。拉伸试验是将标准拉伸试样在静态轴向拉伸力不断作用下以规定的拉伸速率拉至断裂,并在拉伸过程中连续记录力与伸长量,从而求出其强度判据和塑性判据的力学性能试验。

1) 微机控制电子万能试验机

微机控制电子万能试验机用于在高温、高真空状态下材料的力学性能测试。试验机满足传感器电子数据表自识别功能,其控制器数据采集频率最高为 1 000 Hz,控制环频率最高为 1 000 Hz,采样频率可任意设置。可完成高温拉伸、压缩、弯曲试验,它的最高加热温度可达 1 100 ℃。

2) 电子万能材料试验机

电子万能材料试验机是通过微机控制系统对载荷、位移、应变进行多种模式的自动控制,在热室内完成金属材料或非金属材料的材料力学试验。非接触式全场应变测量系统是在力学试验过程中提供三维空间内全视野的形状、位移及应变数据。与接触式引伸计相比,不需要复杂的机械手操作,可以获得材料在高低温下的实时应变分布云图、应力应变曲线、弹性模量、泊松比等性能数据。

配备非接触式三维全场应变测量系统,150 mm 固定式测量头,兼顾小尺寸和标准尺寸样品的变形测试要求。

10.2.2.2 材料冲击试验

冲击性能表示材料抵抗冲击载荷的能力。冲击韧性试验操作简单方便,对材质和缺陷敏感,反应堆结构材料经受中子辐照会产生辐照脆化,一般多用冲击试验的冲断功及韧脆转变温度来表征材料的脆化倾向。由于脆性断裂是低应力、无预兆的突然破坏，一旦发生，后果严重。获得材料的韧脆转变温度，掌握材料辐照脆化的程度尤其重要。

全自动冲击试验系统在热室内采用机械手操作实现放射性材料的冲击试验，它的最大冲击能量为 450 J，可实现 $-160\sim+550$ ℃ 范围内的试验。

10.2.2.3 材料蠕变试验

蠕变是金属材料长期在恒温、恒应力作用下，发生连续不断的缓慢变形。材料在应力不变且低于屈服强度时，塑性变形会随着时间增长而缓慢增加，发生蠕变现象。金属单轴拉伸蠕变试验一般将试样加热到规定的温度，沿试样轴线方向施加拉伸应力并保持不变，在试验过程中测定蠕变量或稳态蠕变速率等蠕变性能。与塑性变形不同，塑性变形通常在应力超过弹性极限之后才出现，而蠕变发生是低于材料屈服强度的应力长时间作用的结果。

高温蠕变试验系统是在热室内采用机械手操作，实现放射性金属材料在一定的温度和恒定载荷作用下测量金属材料蠕变性能和持久性能的试验系统。配备非接触式引伸计，高温炉开启/闭合和控温热电偶接触/离开样品均采用自动化控制。它的最大载荷为 50 kN、试验温度范围为 $200\sim900$ ℃、测试最高时间为 10 000 h，测量精度为 0.5 级。

10.2.2.4 材料硬度试验

硬度试验是材料力学性能研究中最简单易行的一种方法，是材料在一定条件下抵抗硬物压入其表面的能力。硬度试验方法较多，常用的有布氏硬度（HBW）、洛氏硬度（HR）、维氏硬度（HV）。显微维氏硬度可以测定金属组织中各组成相的硬度，还可以测量小件、薄件的表面硬度，是目前热室内常用的硬度测量方法。

全自动维氏硬度计通过分析压痕明或暗区域的边界，实现全自动压痕几何尺寸的测量，计算出相应硬度，可实现维氏、显微、努氏、布氏硬度全自动测量及数据处理。它的测试精度优于 0.5%、镜头分辨率大于 500 万像素，可实现样品全景拍摄。

10.2.2.5 材料内压爆破试验

内压爆破试验是体现包壳管承压性能的有效方法。在核电站运行期间，由于裂变气体的释放及芯块与包壳管相互作用等原因，使燃料棒承受的内压持续增加，反应堆安全运行与包壳管的耐压性能密切相关。内压爆破试验是以恒定的升压速率向燃料包壳管充液体或气体介质,包壳管内壁获得相同周向应力,随着充压压力的逐渐增大,包壳管出现鼓胀直至破裂,获得样品的极限爆破强度和爆破周向延伸率。

热室内压爆破试验系统可实现辐照后包壳管爆破性能测试,该系统具备常温恒压、高温恒压、常温恒体积、高温恒体积和应变控制等多种爆破方式,满足不同测试需求。自动试样密封装夹装置可在热室内实现包壳管的卡套密封、试样端头内外毛刺去除。它的最大爆破压力为 350 MPa,最高试验温度为 500 ℃、应变测量范围为 5~20 mm,应变测量精度为 ±3 μm。

10.2.2.6　材料断裂韧性试验

断裂韧度是以工作应力和裂纹长度综合表征材料的抗断能力。材料在生产制造过程,产生类似裂纹的缺陷是不可避免的,并且在使用过程中还可能萌生新的裂纹,而断裂多起源于裂纹或缺陷的应力集中处。脆性断裂是裂纹失稳快速扩展的结果,当受力裂纹体的应力强度因子大于断裂韧度(KIC)时,裂纹就失稳扩展,导致脆断。否则,裂纹是一个不能迅速扩展的稳定或亚稳定缺陷,不会发生突然破坏的脆性断裂。

万能材料试验机可广泛应用于拉伸、疲劳破坏、应变率敏感度、低周疲劳、张力、压缩力、弯曲、破坏力学等一系列力学试验。它的最大额定负荷为 100 kN,环境箱温度范围为 -129~538 ℃。

10.2.2.7　材料疲劳试验

疲劳是材料在交变载荷长期作用下的破坏现象,材料在规定的循环次数下不发生断裂的最大应力称为疲劳极限。疲劳失效的特点是断裂应力低于屈服强度(低周疲劳除外),断裂前无明显塑性变形且突然破坏,类似危害性较大的低应力脆断。低周疲劳是在接近屈服强度的交变载荷作用下,由于反复塑性应变所造成的破坏。可通过热室内万能材料试验机完成核材料的疲劳试验。

10.2.3　辐照后物理性能检测分析

辐照后物理性能检测分析主要包括重量及密度测量、热物性分析(包括热导率测量、热膨胀系数测量、同步热分析等)、热处理性能(包括常规高温起泡试验和可变气氛感应加热实验平台)等。

10.2.3.1　重量及密度测量

在辐照时铀原子被裂变产物原子取代而产生的尺寸变化称为辐照肿胀,

引起肿胀的裂变产物有固体和气体裂变产物。裂变气体保留在燃料基体内并形成气泡,就会伴随有显著的肿胀;氙、氪是导致肿胀的主要裂变气体,总产额为25%～30%,它们是稳定同位素,实际上在燃料中完全不溶解,几乎总是聚集成气泡;裂变气体聚集所导致的肿胀大于固体产物所导致的体积肿胀,同样也大于氙、氪以原子形式弥散在燃料基体中所导致的体积肿胀。因此,为测量试样的辐照肿胀就需要对辐照后的燃料组件特别是弥散型燃料组件开展重量及密度测量,从而获取辐照后燃料芯体的肿胀数据。另外,核材料在反应堆内运行还将面临高温、高压的水环境,因此存在腐蚀、氧化等情况,开展辐照前后的重量测量能获取辐照前后核材料的氧化和腐蚀数据。根据能测量的燃料组件的尺寸及测量精度要求,重量及密度测量装置包括电子天平(带密度测量装置)和芯体密度测量装置。

电子天平(带密度测量装置)通常用于小试样的重量及密度测量,用于辐照后试样的电子天平(带密度测量装置)其测量单元和控制单元之间的连接线不小于5 m,测量范围为0～220 g,测量精度为0.1 mg。

芯体密度测量装置通常用于尺寸较大(采用重量及密度测量装置无法测量)的燃料组件的芯体密度测量。芯体密度测量装置包含控制单元和测量单元。其中:控制单元由计算机、控制软件、分析软件等组成,所有参数均可通过控制软件进行设置;测量单元包括称量模块、浸润液槽、样品自动运输模块、加热及保温模块、脉冲清洁样品、除气装置及浸润液过滤净化模块。样品放置于自动运输装置环节可通过机械手操作完成,装置的工作高度应低于机械手操作的最高位置,满足热室内的操作需求。它的测量单元可测试长度为160～1 100 mm的板状样品,可对浸润液进行加热及保温,温度范围为室温至60 ℃,控制精度误差≤0.1 ℃。

10.2.3.2 热物性分析

1) 热导率测量

热导率是反映材料导热性能的重要参数之一,它的大小与物质的组成、结构、密度、压力和温度等因素有关,反映了材料的导热性能好坏。燃料芯体的热导率是决定燃料组件使用过程中的温度场分布的关键因素。在辐照过程中,燃料芯体中会出现大量的裂变气孔,并伴随着晶粒细化、裂变气体再分布及缺陷产生等重构现象,均会对芯体热导率造成显著影响。燃料芯体热导率降低,将导致燃料组件的传热性能变差,进而引起燃料板温度升高,从而大幅度降低燃料板的力学性能及抵抗起泡的能力。

热导测量装置用于物体材料热导率的测量,可以研究燃料包壳、压力容器、堆内结构部件的导热性能,为燃料棒的安全设计和运行提供数据支持。它的最高加热温度为 2 000 ℃,热扩散系数测试范围为 0.01~1 000 mm²/s,导热系数测试范围为 0.1~2 000 W/(m·K),热扩散系数测量准确性为 2.3%,导热系数测量准确性为 5%,比热容测量准确性为 4%。

2) 热膨胀系数测量

热膨胀系数是材料的主要物理性质之一,是衡量材料的热稳定性好坏的一个重要指标。材料的热膨胀系数随温度变化的特点主要与材料的相组成和材料的显微结构特点(晶粒大小、气孔大小与分布、微裂纹的存在与形式等)有关。在辐照过程中,燃料芯体中会出现大量的裂变气孔,并伴随着晶粒细化、裂变气体再分布及缺陷产生等重构现象,均会对芯体热膨胀系数造成影响。在热室内建立辐照后燃料芯体的热膨胀系数测量技术是构建辐照后弥散型燃料组件微观结构及性能检测分析技术体系的关键技术之一,可以为获得燃耗深度、高燃耗掺杂等因素对燃料芯体热膨胀系数的影响规律和机制提供基础实验数据,进而为弥散型燃料组件的设计改进提供指导。

热膨胀仪可以研究燃料包壳、压力容器、堆内结构部件的热膨胀性能,为燃料棒的安全设计和运行提供数据支持。它的加热温度范围为室温至 1 600 ℃,最大升温速率为 50 ℃/min,可测样品最大直径可达 12 mm,可测样品长度为 0~52 mm,样品位移测量范围可达 ±25 mm,温度稳定性可优于 ±0.01 K,热膨胀系数精确度可达 0.002%,热膨胀系数重复性可达 0.001%。

3) 同步热分析

反应堆在运行过程中,温度、压力及中子辐照等因素都会对堆内构件、压力容器、燃料组件材料的组织和性能产生影响。比如产生新的物相、原有物相分解、晶体结构类型转变等,进而影响反应堆燃料组件及相关结构的安全性。差式扫描量热仪可以在较大温度范围内研究材料的相变,氧化膜的形成、结晶,吸氢甚至材料内的第二相原子的固溶与析出变化,为反应堆的安全设计和运行提供数据支持,在辐照后核燃料及材料研究领域具有重要且不可替代的作用。建立核燃料及材料同步热分析技术,可进行燃料组件辐照后材料的热力学参数(如比热容和热焓等)和结晶度测试、结构转变和化学反应分析等。

差式扫描量热仪测量的是与材料内部热转变相关的温度、热流的关系,应用范围非常广,可用于物质的相变温度、结晶、熔融温度、玻璃化转变温度、固化反应温度、产品稳定性、固化/交联、氧化诱导期及其热效应测定等。它的测试温度范围为室温至 1 650 ℃,加热速率为 0.1~50 K/min,分辨率为 2.5%。

10.2.3.3　热处理性能

在热室内对辐照后的样品进行加热,然后研究样品各种性能受热作用而发生变化,如热扩散气体肿胀、辐照应力消除、热电势等。通常需要在热室安装退火炉、高频感应电炉等,并实现远距离操作。

1) 高温起泡试验

燃料组件是决定堆芯寿命、安全性、体积和重量的关键因素之一,起泡是弥散型燃料组件主要的失效形式之一,通过对辐照后弥散型燃料组件开展起泡试验,获取燃料组件抵抗起泡能力的试验数据,对弥散型燃料组件的辐照性能及性能改进有非常重要的意义。起泡试验采用的设备为高温起泡试验炉,它的最高加热温度不低于 800 ℃,能实现的最大升温速率为 50 ℃/min,升温速率调节步长不大于 1 ℃/min,控温精度≤1 ℃。

2) 可变气氛感应加热实验

失水事故是指反应堆一回路中的管道破裂或失效而引起冷却剂流失的现象,是反应堆设计的基准事故之一,也是压水堆事故分析关注的重点。可变气氛感应加热实验平台主要用于堆外模拟反应堆 LOCA 条件,观察辐照后试样在 LOCA 条件下的高温形变行为。该实验平台属于非标设计、加工设备,它的最高加热温度可达 1 300 ℃,控温精度≤±5 ℃,测量精度为 0.1 mm。

10.2.4　辐照后微观表征

燃料组件辐照过程中会发生芯块开裂、重结晶、芯块密实化、辐照肿胀、裂变产物析出、熔点降低、铀、氧等元素径向迁移等现象,这些现象均会对辐照过程中的燃料及材料造成不同程度的显微组织变化,显微组织决定性能,也就会导致燃料组件各方面性能发生变化,严重时可能引起燃料组件破损。因此,研究燃料组件辐照过程中的显微组织,获取辐照过程中燃料组件的性能数据,对燃料组件的综合辐照性能的提升以及新型燃料及材料的研发具有重要的意义。

辐照后的燃料及材料具有强放射性。一方面由于不同精密程度的分析设备所需要的制样要求也不同,因此辐照后的燃料及材料的各种微观表征试样也是辐照后燃料及材料研究的难点;另一方面,由于辐照后的燃料及材料的强放射性、分析难度加大,并且基于研究数据保密性导致的可供参考的分析经验数据少,因此其微观表征分析技术也是研究的难点。微观表征制样和微观表征分析相辅相成、缺一不可。

微观表征制样设备包括热镶嵌机、热室磨抛装置、电解腐蚀抛光仪、试样清洗装置、真空镀膜仪、超声圆片机/超声切割机、电解双喷减薄仪、凹坑磨抛仪、离子减薄仪、聚焦离子束等,微观表征设备包括金相显微镜、扫描电镜、电子探针、透射电镜等。

10.2.4.1　常规制样设备

1)精密切割机

热室专用精密切割机可安装金刚石、CBN、Al_2O_3 和 SiC 切割轮,转速可达 5 000 r/min,配有大型可移动切割台、快速夹紧装置、垂直夹紧装置及三爪卡盘等夹具,可切割大型试样及厚试样、形状规则和异形样品,样品台自动定位精度可达 20 μm。切割轮高度可调,可补偿切割轮磨损,变速切割轮能满足不同型号和尺寸切割轮的最佳切割速度。它的最大转速不低于 5 000 r/min,转速可调,步长不大于 100 r/min,定位精度可达 20 μm,切割范围为不小于 $\phi 50$ mm。

2)热镶嵌机

热室专用镶嵌机主机与控制部分可分离,两者之间通过电缆或数据线连接,能在热室内实现放射性样品的快速镶嵌,能通过机械手在热室内实现样品的装放、树脂的添加等操作,它的加热功率不小于 1 kW,加热时间步长不大于 0.5 min,加热温度为 120~200 ℃,温度步长为 1 ℃,温度测控精度为 ±1 ℃,冷却时间为 0~20 min,冷却时间步长不大于 0.5 min。

3)热室磨抛装置

热室磨抛装置是用于热室内样品研磨抛光的设备,该设备主要由主机、控制单元和自动加液系统组成,它的单点压力为 15~50 N,压力步长不大于 5 N,底盘最高转速 ≥300 r/min,转速步进不大于 10 r/min。

4)真空蒸镀仪

真空蒸镀仪主要用于不导电样品的表面镀膜,通过向样品表面喷镀铂金、碳等而消除不导电样品或导电较差引起的荷电现象,提高电子显微分析图像质量或实现不导电试样电子显微分析。它的样品台可实现 ±45° 角倾斜,检测精度 ≤0.1 nm,可设置的离子溅射镀膜最大膜厚不小于 800 nm,可设置的真空蒸镀碳膜最大膜厚不小于 20 nm。

5) 超声圆片切割机

超声圆片切割机可用于切割直径为 3 mm 的脆性样品圆片,搭配圆片打孔器可实现金属样品的切割,切割厚度为 0.04~5 mm,部分材料可达 1~2 cm。该切割仪配有双目立体显微镜,可用于样品准确定位。此外,该型切割仪的样品台可沿 X、Y 轴双向移动,切割频率可调,它的切割厚度为 0.04~5 mm,切割频率为 0~26 kHz,移动范围不小于 ±15 mm。

6) 凹坑磨抛仪

凹坑磨抛仪能把超声切割后的样品磨出低角度大面积凹坑,数控式系统可实现实时显示样品厚度,精度高达 1 μm;能够实现自动零位调整、分别调节样品和砂轮转速及精确减薄等功能;带有 40 倍光学显微镜,不锈钢、铜、木质等磨轮一套。它的控制精度为 1 μm,减薄到设定厚度时可实现自动终止或手动停止。

7) 双喷减薄仪

电解双喷减薄仪集成了电源和编程监测功能,可通过触控显示屏进行操作并显示各项参数;抛光/磨薄装置为独立设计,可远离控制装置安放;配有 2 种型号的试样夹;拥有独特的扫描功能,能快速确定适当的抛光电压;内置多种磨抛方法并能实现用户自定义功能。另外,还配备了红外检测系统,能够在检测装置接收到的光值达到预设值时自动停止穿孔过程。它的抛光电压为 0~100 V,可通过预设程序参数实现减薄过程的自动停止。

8) 振动抛光机

振动抛光机主要用于辐照后燃料及材料样品制备,可进行辐照后材料及燃料金相试样的振动抛光,制备的样品具有残余应力小的特点,还可适用于背向散射电子衍射(EBSD)制样,它的最大振动频率为 7 200 次/s,抛光盘直径为 305 mm。

9) 离子减薄仪

离子减薄仪配备有潘宁式离子枪,装载微小磁铁;采用聚焦离子束设计,无耗材;可在不同电压下自动优化离子束束流;配备 2 个离子枪,每个离子枪均可独立调节;同时可通过光学显微镜观察样品减薄状态。全面满足样品精密加工的需求,它的离子束能量为 0.1~8 keV,样品台可实现 360° 角旋转,样品台可实现 X 和 Y 方向的移动,移动范围为 ±0.5 mm。

10.2.4.2　分析设备

金相检查是辐照后燃料组件的显微组织检测中最常用的方法,其优点是分析速度快、操作简单、样品制备简单、能获得燃料及材料的显微组织、能为后续的扫描电子显微镜-能谱(SEM‐EDS)、电子探针(EPMA)、透射电子显微镜(TEM)等分析提供实验数据。辐照后燃料及材料的金相检查通常采用热室版遥控金相显微镜。通过金相检查,可以获得燃料及材料内的宏观缺陷(夹杂、夹渣、孔洞等)、裂纹形貌及断裂类型(沿晶断裂或穿晶断裂)、晶粒度等。它的最大放大倍数≥2 000,具有明场、暗场、偏光、微分干涉 4 种观察模式,配有 32 mm 直径超大孔径研究级高分辨率分别为 0.7 倍、5 倍、10 倍、20 倍、50 倍、100 倍这 6 个半复消色差物镜,所有物镜工作距离不小于 1 mm。

10.2.5　辐照后放射化学分析

核燃料辐照后放化分析试验技术是对辐照后燃料芯体及包壳材料中的特征元素/核素进行分离、鉴定分析及评价的技术。通过对特种元素/核素进行化学分析,可以掌握核燃料辐照前后的化学组分变化,探索核素的演变机制,获得辐照产生的特征核素信息,从而为辐照机理研究和核燃料的性能评价提供依据。

放射化学实验室有系列辐照后样品放化制备屏蔽设施、放射性样品化学前处理装置、现代化学分析仪器。具备辐照后燃料与材料等强放射性样品的分离与预处理制样能力,具备元素(核素)与同位素的种类、浓度等分析能力。主要包括裂变气体分析、可燃毒物分析、绝对燃耗测量、包壳氢含量分析、沉积物分析、化学成分分析技术与研究。

10.2.5.1　放射性固体样品中的核素分析

放射性固体样品的核素分析技术主要分为溶解、分离、测量 3 个方面。

1) 溶解

溶解主要采用酸溶解法与微波消解法。溶解方法的选取与核燃料及材料的处理过程以及其化学组成有关。由于燃料组件类型繁多,溶解过程呈现多样性。酸溶解法是目前获得样品均一溶液最通用、有效的手段。为了改善溶解效率往往还结合一些化学预处理方法(氢化、氧化、碳化等)。以 HNO_3 溶解金属铀芯体为例,首先将溶液加热至 HNO_3 的沸点,之后用溶解热进行反应,金属铀在 HNO_3 中溶解生成硝酸铀酰,铀和 HNO_3 的化学计量比与溶解的条件有关。在用氧气作为试剂的情况下,酸的耗量最低,并能减少释放气体的体积,其溶解过程的主要反应如下:

$$U + 2HNO_3 + 1.5O_2 \longrightarrow UO_2(NO_3)_2 + H_2O$$

除了金属燃料外,氧化物掺杂、碳化物等多元复杂体系的燃料逐渐被应用,有时为了提高溶解速度,可加入一些催化剂,如络合剂 HF、$(NH_4)_2SiF_6$ 等。

微波消解法是一种利用微波作为能量对样品进行消解的新技术。与传统的传导加热方式(如电热板加热)相反,微波消解是对试剂(包括吸附微波的试样)直接进行由微波能到热能的转换加热。其主要产生机制有偶极子旋转及离子传导阻滞。在一般情况下,偶极子旋转在热产生机制中起主导作用。此外,由于溶剂和试样的介质耗散因子各异而造成界面温差,从而引起搅动,不断地"剥蚀"并带走已反应的产物,裸露出新的试样表面再与溶剂接触也会加速消解反应。微波场下使用密闭容器会极大地提高消解速度:一方面是因为微波直接加热而缩短时间;另一方面则是因为容器的密闭使溶剂在短时间内就会超过常压下的沸点温度而加速试样消解。

2) 分离

元素的分离过程是分析辐照后核燃料中各类特征核素的重要环节,它由主工艺过程(分离)和辅助过程(氧化、还原和浓缩)等组成。在放射化学中所有的分离过程都是基于金属化合物性质和行为的细微差别,这是因为被分离元素的物理化学性质极其相似;体系为多组分;被分离元素含量占比不一,部分为常量,部分为微量甚至痕量。目前,广泛应用的分离技术有蒸馏、沉淀、结晶、萃取、吸附、离子交换等。随着分离要求的不断提高,这些技术不断地得到改进和发展。图 10-6 所示为以溶剂萃取、离子交换和膜分离为基础,派生出用于元素分离的各类新型技术。

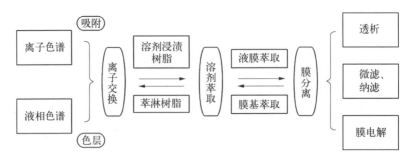

图 10-6 应用于元素分离的新型技术

在众多分离方法中,液-液萃取法由于选择性高、传质速度快、易实现连续操作,首先在工业生产中得到了广泛的应用。溶剂萃取可用于分离全部稀土元素,但考虑效率与工程成本,在工业大规模范围上先预分离轻、中、重稀土,采取多次分组萃取方式。还可用于单一稀土元素的高效提纯,如利用四价、二价及三价稀土离子之间分离系数差别大的特性,成功萃取提纯铈与镨,最终制备氧化物纯度达 99.99%。然而,这种技术会产生大量的二次废物,并且需要处理大量挥发性有机化合物,因此将萃取剂涂渍在固相载体上的萃取色谱(extraction chromatography, EC)技术被开发用于分离、纯化和浓缩含有低浓度目标元素的样品。

EC 常被认为是一种将溶剂萃取的选择性与色谱操作的易用性相结合的技术。萃取色谱是溶剂萃取法的一种特殊形式,是以无机溶液作为流动相以分离无机物质的一种色谱方法。其最大的特点是易选择合适的水相组分作为流动相,使溶剂萃取中最佳条件能有效地用于色谱分离,并且把溶剂萃取法中萃取剂的高选择性和色谱分离的高效性结合起来,成为一种有效的新技术。因此,萃取色谱既有离子交换树脂吸附及溶剂萃取的优点,又克服了离子交换及有机溶剂的毒性,该方法简单易行、适应性强、分离效果好,是有效分离特征元素的良好方法。

高效液相色谱法(high-performance liquid chromatography, HPLC)是于20 世纪 60 年代末期发展起来的一种新型的分离分析技术,即是在液相色谱法和气相色谱法的基础之上,利用高压输液泵来驱使流动相并通过装填固定相的色谱柱,按照固液两相之间的分配机制来分离混合物的方法。样品溶液中的各组分,因其物理化学性质的微小差异,当其随流动相进入色谱柱后,便在柱的两相之间产生不同的相互作用力,从而导致柱上迁移速率的微小差异。随着流动相的连续推移,这种微小的差异被不断地扩大,直至出现明显不同的迁移速率,最终使组分达到完全分离。分离后的组分在柱的出口处依次通过色谱检测器,通过检测器检测其洗脱浓度随时间变化输出电信号。这种电信号经放大后,可由记录仪直接记录为组分的色谱峰,或再经模拟数字转换器将色谱峰数据变换成计算机语言,为色谱工作站所采集和存储,然后按色谱分析的要求对各组分的色谱峰进行任选处理。与其他色谱法相比较,高效液相色谱法具有操作简单、高灵敏度、高效率、高重复性、色谱柱可反复使用等优点,结合柱后检测被广泛用于复杂基体中各元素的测定。高效液相色谱法分为凝胶色谱法、离子交换法、液-液色谱法、液-固色谱法、反相离子对色谱法等。其中离子交换色谱法和反相离子对色谱法在镧、锕元素分离方面得到了广泛的应用。考虑到萃取色谱技术对目标元素的高选择性及在环境友好方面的优势,将高效液相色谱法与萃取色谱技术相结合的联用技术,已经成为稀土元素高效分离和纯化技术研究的重点和前沿。该联用技术具有高选择性,可以更有效地将被分析物与干扰组分分离,提高被分析物的回收率,大幅度提高分离分析效率,具有广阔的应用前景。随着高效液相色谱技术的发展,新兴的超高效液相色谱(ultra-performance liquid chromatography,UPLC)基于 HPLC 的原理,涵盖了超高压输液系统、小颗粒填料、低系统体积及快速分离检测等全新技术,增加了分离的通量、灵敏度和色谱峰容量。相比于 HPLC,UPLC 色谱填料颗粒小、性能高,如常用的 C18 色谱柱,HPLC 柱中填料粒径是 5 μm,而在 UPLC 中可达 1.6 μm,更有利于物质分离,且分离速度、灵敏度及分离度都相对于 HPLC 明显提升。

3)测量

放射性固体样品中的核素分析涉及的测量技术包括放射性测量、质谱测量、光谱分析技术、微观分析技术。

(1)放射性测量。前处理完成后得到的溶液样品将用于特征裂变产物的测量,包括放射性核素测量和稳定性核素测量。质谱法是最通用的同位素测量手段,而放射性核素除可使用质谱检测外,也可利用其释放的特征射线(α、β、γ 射线)进行定性定量分析。放射性测量仪器通常基于射线与物质相互作用产生的电离、荧光、切连科夫效应等,把样品的射线能量转换成可记录和定量的电能、光能,最终测定放射性核素的能量、活度等。主要的放射性测量方法可分为 γ 能谱测量法、β 能谱测量法和 α 能谱测量法,其中 γ 能谱测量法在燃料芯体的裂变产物分析中应用最为广泛,其制样方法也最为简单。在核燃料中所有易裂变材料的同位素$^{232\sim239}$U、$^{238\sim242}$Pu 以及其重要的衰变产物^{241}Am(来自^{241}Pu 的 β 衰变)和大部分裂变产物均是不稳定核素,其主要衰变方式为 α、β、γ 和自发裂变,伴随着这些衰变过程经常会释放大量不同能量的 γ 射线和中子,而且大部分 γ 射线分属于不同的核素所特有的。原则上,任何一条来自核燃料样品溶液的 γ 特征线均可用来确定同位素的质量和成分,然而在实际应用中,将主要取决于其射线的强度和穿透性等。核燃料溶液每克每秒发射的 γ 射线光子数应大于 10^4,能量应当大于 1 MeV。液体闪烁测量技术是探测 β 射线较为简便而有效的方法,用于测量如^{3}H、^{14}C、^{35}S 等低能射线的核素。其制样特点为闪烁液装在测量瓶中制成闪烁体,而待测样品均匀分散在闪烁液中,样品中的放射性核素发出射线直接与闪烁体作用,避免了探测器窗和空气的吸收。α 能谱测量法是具有较高灵敏度和准确性的 α 核素分析方法,其制样可分为直接铺样法和电沉积制样法,前者将反萃后的溶液直接蒸发铺样;后者通过电沉积可以进一步浓聚 α 核素,将其制备成适合于 α 谱仪测量的薄源。

（2）质谱测量。质谱法是通过对样品离子质荷比的分析而实现对样品进行定性和定量的一种分析方法,相比于放射性测量方法更具有通用性。同位素质谱仪由进样系统、离子源、质量分析器、离子收集检测器、真空系统、电源及监控显示和计算机控制与数据处理系统组成。样品经进样系统导入或直接送入离子源,中性原子被电离成离子,经静电透镜汇聚成具有一定能量的离子束进入质量分析器,按质荷比 m/z 实现空间（磁分析器）、时间（飞行时间和射频场分析器）分离的离子束流进入离子收集检测器,获得以质荷比 m/z 为横坐标、离子束流为纵坐标的二维质谱峰,计算机控制与数据处理系统采集这些质谱信息,经过优选、校正和计算,给出同位素丰度、含量和相对标准偏差等数据。真空系统提供进样系统、离子源、质量分析器和离子收集检测器的真空、高真空和超高真空工作环境。电源及监控显示系统包括高稳定度的直流、交流及监测、控制和显示仪器。质谱法中热电离质谱法（thermal-ionization mass spectrometry, TIMS）是一种经典的同位素测量方法,具有测量精度高、所需样品量小等优点,目前仍是精度最高的同位素测量手段之一。电感耦合等离子体质谱（inductively coupled plasma spectrometer, ICP - MS）是将电感耦合等离子体（ICP）和质谱（MS）技术完美结合起来的一种新的分析技术,在元素浓度测量的同时可进行元素同位素比值测量。ICP - MS 法具有较低的测定下限,可以快速扫描测定燃料中的多种元素,为核燃料中成分分析提供有力支持。

（3）光谱分析技术。光谱分析检测技术包括紫外吸收光谱、荧光光谱、原子发射光谱（atomic emission spectrometry, AES）、原子吸收光谱（atomic absorption spectrometry, AAS）等,同样被应用于燃料中部分裂变产物的分析,但由于无法分辨同位素,其定性和定量分析仅在元素层面上,而无法具体测定某一种核素。

（4）微观分析技术。在微观分析方面,基于质谱、光谱、能谱、色谱、电化学、电子显微镜等检测手段,或是多种手段的联用技术,可实现辐照后燃料微区的元素含量、分布、价态、配位状况等信息的检测,放射性核素识别与活度监测,微区化学成分、结构组成等信息的分析,从而打破宏观平均效应的认知,加深对核燃料结构与性能的理解,为核燃料发展与研制、腐蚀机制的认知提供重要的实验与理论依据。例如,X 射线荧光光谱(X-ray fluorescence,XRF)是一种基于物理原理检测物质元素的表面化学分析技术,在 X 射线激发下被测元素的内层电子发生能级跃迁而发出次级 X 射线(X-荧光),通过对产生的特征 X 射线的波长及各个波长 X 射线的强度分析,获得元素的定性和定量信息,XRF 只能测元素而无法测定化合物;X 射线光电子能谱分析检测技术(X-ray photoelectron spectroscopy,XPS)是一种高灵敏超微量表面分析技术,其原理为使用 X 射线激发样品,使原子或分子的内层电子或价电子受激发射出来,被光子激发出来的电子称为光电子,可测量光电子的能量和数量获得待测物组成。XPS 主要应用是测定电子结合能来鉴定样品表面化学性质及组成分析,可获得样品表面的元素组成、化学组成、原子价态及表面能态分布等,从而提升对破损组件未知复杂样品的分析能力;辉光放电光谱属于发射光谱分析技术之一,其利用光源使被测样品元素处于受激状态,元素外层电子从高能态回到低能态时发射出特征光谱,根据元素发射出的特征光谱分析出样品含有的元素信息,该技术在深度剖析材料的表面和深度时具有显著优势。

燃料芯体中特征固体裂变产物的分析技术也逐步向自动化、联用化方向发展,HPLC - ICP - MS 联用技术、激光烧蚀-电感耦合等离子体质谱(LA - ICP - MS)联用技术等进一步推动了核素分析的便捷性与高效性,同时也提升了燃料芯体的微区原位分析能力。

10.2.5.2　裂变气体成分分析

裂变气体分析包括裂变气体进行取样、分离和测量的过程。气体样品采集主要运用真空释放法,需要高真空系统和精确的过程控制。分离和测量过程在气相色谱仪系统内完成,该系统配备了针对裂变气体分析的特性色谱柱和柱填料,以及低检出限的检测器。

气相色谱法是一种传统的气体分析方法,在行业内已有丰富的运用经验。它主要利用不同的气体组成成分在色谱柱中的固定相和流动相之间的分配系数的不同,以及色谱柱内足够多的塔板数,将待测样品中的不同组分分离,各分离后的组分在载气携带下逐一通过检测器得到分析。

该方法的主要特点如下:① 分离效率高、分析速度快;② 样品用量少、选择性好、检测灵敏;③ 应用范围广、易于实现自动化。

气相色谱法在分析裂变气体的具体应用中主要涉及以下工作内容和步骤:

(1) 仪器设备的选型、注射器及采样装置的搭配；

(2) 色谱条件的设置；

(3) 采样方法的确立；

(4) 数据处理。

在分析质量控制方面，主要涉及定性、定量方法，标准曲线的建立及方法检出限的确定，方法的精密度和回收率试验的方法建立等。多次实验表明，气相色谱法在分析裂变气体方面，不仅使待分析气体能得到有效分离，而且定量结果也令人满意。

10.2.5.3　可燃毒物分析

可燃毒物分析技术是对掺杂于核燃料中或独立的固体中子毒物的测量。可燃毒物的测量主要分为样品溶解、待测核素的分离、检测 3 个部分。现在普遍应用的可燃毒物同位素有 ^{10}B、^{157}Ga、^{167}Er。硼元素用于燃料棒 ZrB_2 涂层和 B_4C/Al_2O_3 BPRAs。镓和铒元素主要是以氧化物形式被掺杂于核燃料中。目前，也有尝试使用铪作为可燃毒物的研究。部分可燃毒物（如铪、硼等）在国内已经尝试应用或开展了应用研究，为此建立了相应的分析方法，可解决现有部分毒物的同位素测量需求。全面评价可燃毒物系统，有助于理解可燃毒物对堆芯和燃料寿命的影响机制，从而为可燃毒物的应用提供科学有效指导。

10.2.5.4　燃耗测量

燃耗是核燃料消耗的度量，是核燃料组件在反应堆内发生链式裂变反应后易裂变核素消耗程度的指标，是燃料辐照程度和能量释放大小的指示性参数。测定核燃料的燃耗，在核动力的工业应用和核燃料的转换方面都具有重要意义。

反应堆在运行过程中，核燃料不断地发生裂变产生大量的裂变产物，其中有高中子毒物。随着高中子毒物含量增加，中子有效利用率随之降低，因此反应堆核燃料燃烧的程度是堆运行中的重要参数，必须对堆燃料的燃耗进行分析测定。

由于燃料组件制造费用昂贵，通过尽可能地加深燃耗深度，可以减少燃料组件更换，降低运行成本，测定燃耗将有助于确定核燃料组件的最佳利用。

燃耗也是在反应堆运行中由于中子俘获而生成 ^{239}Pu、^{233}U 等再生燃料的定量指标，对核燃料的总循环平衡计算是重要的依据之一。对于新型燃料组件，国家规定必须进行堆内辐照考验与检验，目的是综合验证燃料组件在预期的燃耗深度内其设计的合理性、制造工艺的可达性及堆内使用的运行性能,为下一步燃料组件的施工设计提供依据。由于燃料组件的许多性能都与燃耗深度有着密切的关系,只有达到额定的燃耗后,对辐照后燃料组件进行其他性能的检验才有意义。

此外,测定燃耗与核燃料中各种核素的数量、放射性和释热量的关系,对于核燃料后处理厂的设计和正常生产运行具有重要的参考价值。

综上所述,燃耗的准确测定对于燃料组件的设计、制造、安全运行及经济合理使用,保证核燃料有效循环和裂变产物的综合利用等都具有十分重要的意义。

1) 燃耗表示方法

核燃料燃耗的是核燃料消耗的度量,燃耗越深,核燃料就利用得越充分。核燃料的燃耗有 3 种表示方法: ① 裂变分数(Fima),即已发生裂变的核燃料核数占原始核燃料核数的比例;② 贫化分数,即已发生核反应(通常是裂变反应和俘获反应)的核燃料核数占原始核燃料核数的比例;③ 单位质量原始核燃料(每吨铀)所产生的能量(兆瓦·日/吨,MW·d/t)。由于原始核燃料是各种重核素的混合物(如 $^{235}U-^{238}U-^{234}U$、$^{238}U-^{239}Pu-^{235}U$、$^{233}U-^{232}Th$ 等),通常以质量数不小于 232 的重核素的量作为原始核燃料的量。

2) 燃耗测量方法

燃耗测量方法主要分为 2 种:破坏法和非破坏法(无损法)。

(1) 非破坏法。采用非破坏法测量燃料组件的燃耗,可直接用 γ 能谱仪测量裂变产物中与燃耗相关的某种核素的 γ 射线,或测量自发或诱发裂变中子来确定燃耗,无须破坏燃料组件,可以快速地测量大量样品和燃料组件中燃耗的分布情况。借助设备实现对燃料组件燃耗的测定,具有较高的测量效率和准确性,最大限度地降低了实验人员的受照剂量。非破坏法绝大多数是基于辐照后燃料的中子和 γ 发射,主要有 6 种,分别为无源中子法、有源中子法、总γ法、γ 谱法、固体核径迹法、临界装置测量法。

① 利用 γ 射线测量。利用 γ 射线测量的方法其原理如下:辐照后燃料中裂变生成的某些核素的活度与其燃耗值有一一对应关系,通过测量辐照后燃料中的标示性核素的 γ 活度即可确定其燃耗。利用 γ 谱分析仪测量核素的 γ 活度,目前科研和工业上常用于燃耗测量的 γ 谱仪有以下两种。

一种是高纯锗(HPGe)谱仪:分辨率高,不受辐照后燃料放置时间的长短限制。

另一种是碲化锌镉(CdZnTe)谱仪：分辨率差(约为 10 keV)，适用于冷却时间较长的辐照后燃料燃耗测量，可以在常温下使用。

一般根据辐照后燃料冷却的时间长短和燃耗的深浅选择测量的标示性放射性裂变核素，其要求一般如下：a. 裂变产额比较高；b. 衰变时 γ 射线能量比较高；c. 中子俘获截面较低；d. 不考虑裂变产物在燃料组件内的迁徙。

对受照时间和冷却时间较短的燃料组件，选择半衰期较短的核素：^{97}Zr(16.9h)/^{97}Nb(1.20h)、^{132}I(2.30h)、^{140}La(40.27h)。对受照时间和冷却时间较长的燃料组件，选择长寿命裂变生成核素：^{134}Cs(2.06a)/^{137}Cs(30.2a)、^{85}Kr(10.7a)、^{137}Cs(30.2a)、^{105}Ru(1.02a)/^{137}Cs(30.2a)。

辐照后燃料的 γ 射线比较强，大多数探测器需要进行远距离测量，且探头设有准直器，现有的大多数反应堆所使用的燃料组件体积都比较大，因此在测量时需要对辐照后燃料组件进行分段扫描测量。

② 利用中子测量。利用中子测量的方法其原理如下：辐照后燃料中除了有 ^{235}U 和 ^{238}U 以外，还残存大量半衰期较长的超铀核素，如 Np(镎)、Pu(钚)、Am(镅)和 Cm(锔)等，这些核素以自发裂变或(α，n)核反应形式产生中子。通过测量中子相关参数的方法可以确定燃耗。测量方法主要有两种：一种是直接测辐照后燃料的中子产额(中子计数率)确定燃耗。中子计数率与倍增因子密切相关，倍增因子的大小依赖于测量的条件、燃耗深度和燃料组件的初始富集度等。另一种是外加中子照射，使易裂变核素发生诱发裂变，测量裂变时相关的 γ 射线符合时间或测量临界装置的反应性来确定燃耗。通常使用有源探测器、无源探测器两种类型的中子探测器，有源探测器有裂变电离室、正比计数器等，无源探测器有核乳胶、核径迹、气泡。

无源中子测量需要在辐照后燃料组件周围多点布置探测器，一次采用样，通过测量辐照后燃料组件的位置计数分布估算燃耗。其优点为体积小；缺点为受无准直器、温度不均匀性等因素的影响，误差较大。

非破坏法在测量的精确度与准确度有明显的局限性，需要适当地校正，通常用于测量燃料组件的相对燃耗分布。对于高精度定量分析核燃料，破坏分析的化学方法往往是不可或缺的。

(2) 破坏法。破坏法测量可得到绝对燃耗。将辐照后燃料组件进行切割和化学方法处理，使其完全溶解。通过共沉淀、溶剂萃取、离子交换、蒸馏等化学分离方法获得目标组分，再通过质谱、γ 谱仪对所得目标组分进行分析，便可计算出燃耗。质谱法按测量方式又分为同位素丰度比值测定法和燃耗监测核素含量测定法。前者用于测定具有一定深度的燃耗，而后者既可以用于测定深燃耗又可以用于测定浅的燃耗。

破坏性燃耗测量法根据被分析的元素通常可分为重同位素测量法和监测体法，国际上采用较多的测量方法有重（铀）同位素比值法（铀法）、钕监测体法（钕法）、^{137}Cs 监测体法（铯法）等。重同位素法基于辐照前后重核素消耗进行测定，理论上是最准确的方法，然而为获得可靠结果必须清楚样品的辐照历史。另外，为了计算出燃耗，也需准确提供反应堆参数如俘获-裂变截面比和中子能谱等信息。监测体法需要选择合适的裂变产物作为燃耗监测体，^{137}Cs 是最早用于燃料燃耗估算的产物之一，该法的缺点在于：铯及其前驱体在燃料工作温度下的挥发性导致燃料内的迁移；^{134}Cs 和 ^{136}Cs 会在测量计数时产生干扰；物理常数的不确定性；需要清楚样品辐照历史。重同位素法和 ^{137}Cs 监测体法的应用都存在一定限制。在裂变形成的许多稳定核素中，钕（Nd）满足一个良好燃耗监测体的大多数必要要求，钕监测体法几乎不受辐照历史影响，因此它具有较高的整体精度，适用范围更广，目前应用广泛。

对于不同类型的燃料组件，应选用合适的燃耗分析方法，3 种方法特点详见表 10-1。

表 10-1　燃耗分析方法中铀法、钕法及铯法的特点

方法	参考标准	优　点	缺　点	适用范围
铀法	ASTM E244-80(1995)/ ASTM C1769-15	流程短，效率高，钕是否沉淀不影响结果，快速简便	(1) 反应堆中的^{235}U、^{238}U 吸收截面，快热比等参数需修正 (2) 需掌握辐照前铀同位素的丰度	辐照前铀丰度、辐照过程中物理参数等明确且^{235}U 富集度高，燃耗深的燃料
钕法	EJ/ T20150.27	无须考虑辐照史和辐照前数据	流程长，对于复杂芯体而言，处理步骤烦琐	辐照前铀丰度、辐照过程中物理参数等不明确，燃耗较浅的燃料
铯法	EJ/ T20150.28	^{137}Cs 裂变产额高，检测灵敏度高	受制于铯的放射性能谱测量精度和修正计算	辐照史明确、温度梯度不大的燃料

① 重同位素比值法(铀法)。由于可裂变核素^{235}U 在辐照过程中会俘获中子生成^{236}U 和发生核裂变产生裂变产物核素,使得元件铀的同位素丰度比和含量会发生变化。通过测定辐照前、后铀同位素丰度比,能够计算出堆元件的燃耗。计算公式如下:

$$F_5 = A_8^0 \left[R_{5/8}^0 + R_{6/8}^0 - (R_{5/8} + R_{6/8}) \cdot \left(\frac{R_{5/8}}{R_{5/8}^0} \right)^K \right] \qquad (10-1)$$

式中:F_5 为^{235}U 裂变燃耗,即^{235}U 裂变原子数与总铀原子数之比;A_8^0 为辐照前燃料组件中^{238}U 的丰度;$R_{5/8}^0$ 为辐照前燃料组件中^{235}U 与^{238}U 的丰度比;$R_{5/8}$ 为辐照后燃料组件中^{235}U 与^{238}U 的丰度比;$R_{6/8}^0$为辐照前燃料组件中^{236}U 与^{238}U 的丰度比;$R_{6/8}$ 为辐照后燃料组件中^{236}U 与^{238}U 的丰度比;K 为^{235}U、^{238}U 的俘获裂变复合截面比。其中,$K = \dfrac{\sigma_8}{\sigma_5 - \sigma_8}$($\sigma_8$ 为^{238}U 的中子吸收截面,σ_5 为^{235}U 的中子吸收截面)。

铀法的优点是只需要处理极少量燃料组件溶解溶液,用质谱测量燃料组件溶液中铀的同位素比值即可得出燃耗。但^{238}U 吸收中子生成可裂变产物^{239}Pu 及其他可裂变产物后会导致辐照后燃料组件中的 $R_{5/8}$、$R_{6/8}$ 发生变化,^{235}U、^{238}U 的俘获裂变复合截面比不能直接测定而需要通过一定的物理计算取值得到。因此,在测量浅燃耗元件时不确定度较大,测定深燃耗元件(裂变燃耗占比为 15% 以上时)不确定度较小。

铀同位素比值法测量燃料组件燃耗的误差主要源于辐照前、后元件铀同位素比值测定总误差以及^{235}U、^{238}U 的俘获裂变复合截面比的取值误差。同位素比值测定误差主要由比值测定重复性误差决定,元件切割、溶解、化学分离制样,丰度比测量引入的误差都反映在比值测量重复性误差,而裂变历史修正全部反映在^{235}U、^{238}U 的俘获裂变复合截面比的取值误差。

② 监测体法。燃耗的深浅可采用裂变分数或能量输出燃耗等多种形式来表示。采用测到的辐照后核燃料中可裂变重核数及某一选定的裂变产物监测体的核数,便可按下式计算裂变百分燃耗:

$$F = \frac{P/Y}{H + P/Y} \times 100\% \qquad (10-2)$$

式中:F 为裂变百分燃耗;P 为裂变产物核素的物质的量,mol;Y 为裂变产物核素的裂变产额；H 为辐照后剩余可裂变核素的物质的量，mol。

用 MW·d/t 表示的能量输出燃耗可以由裂变百分燃耗很方便地求得，其计算公式如下：

$$B_u = 1.1167 \times 10^6 E \frac{F}{M} \qquad (10-3)$$

式中：$1.116\,7 \times 10^6$ 为换算系数，MW·d/t·MeV；B_u 为能量输出燃耗值，MW·d/t；E 为可裂变重核每次裂变释放的能量，MeV；F 为裂变分数；M 为可裂变重核的平均相对原子质量。

选择燃耗监测核素应考虑如下要求：

a. 该核素的热中子裂变产额与辐照中子的能量无关，并且 ^{235}U 和 ^{239}Pu 生成该核素的裂变产额相近；

b. 该核素在反应堆内无流动、迁移和逃逸，能够真实地反映燃耗值的分布情况；

c. 该核素的热中子俘获截面小，不存在其他杂质和其他产物核素因活化或衰变而产生污染源，因而不需要繁杂的修正；

d. 具有屏蔽核素（裂变产物核素中无与其对应的天然元素中的某种核素，该核素称为屏蔽核素），可以用屏蔽核素来监测和修正天然元素对监测核素的干扰；

e. 该核素裂变产额高，且质谱测定灵敏度高，因而能获得较高的测量精度。

常用于燃耗监测核素的是 Nd（钕）（^{143}Nd、^{145}Nd、^{146}Nd 和 ^{148}Nd）、Mo（^{95}Mo、^{97}Mo、^{98}Mo 和 ^{100}Mo）、Zr（^{91}Zr、^{92}Zr、^{94}Zr 和 ^{96}Zr）和 Ce（^{140}Ce、^{142}Ce 和 ^{144}Ce）等。其中，钕几乎完全满足上述条件，是理想的燃耗监测体核素。裂变产物 ^{137}Cs 由于半衰期较长（30.2a），堆内堆外衰变修正误差小，以及主要可裂变核素的 ^{137}Cs 热中子裂变产额值相近（对 ^{235}U、^{239}Pu、^{241}Pu、^{238}Pu 分别为 0.062\,2、0.066\,2、0.066\,4、0.059），对中子能谱变化不灵敏，因此被认为是比较好的放射性裂变产物燃耗监测体，而得到广泛采用。

由于钼的热中子产额高、吸收截面也小，还有屏蔽核素 ^{92}Mo 和 ^{94}Mo，用钼作为监测核素可以不考虑一些修正问题，如使用灵敏度高的质谱仪，它也是很有价值的、实用的燃耗监测核素。

在破坏法燃耗测量过程中，燃耗监测体及铀的总量通常都采用同位素稀释质谱法(isotopic dilution mass spectrometry，IDMS)测定。同位素稀释质谱法的基本原理是在待测样品中加入已知量的同一元素的浓缩同位素(即稀释剂)，用质谱仪测定混合前后样品的同位素丰度，根据加入的稀释剂的量及其同位素丰度，就能得到待测同位素的绝对原子数。不难推导，待测样品中某元素的总量，由下式计算：

$$X = Y \frac{B_{ik} - C_{ik}}{C_{ik} - A_{ik}} \cdot \frac{b_k}{a_k} \qquad (10-4)$$

式中：X 为待测样品中某元素的总量，mol；Y 为稀释剂中某元素的总量，mol；A_{ik} 为待测样品中同位素 i 与同位素 k 的丰度比；B_{ik} 为稀释剂中同位素 i 与同位素 k 的丰度比；C_{ik} 为混合样品中同位素 i 与同位素 k 的丰度比；a_k 为待测样品中同位素 k 的原子分数；b_k 为稀释剂中同位素 k 的原子分数。

由式(10-4)，可推导出待测样品中同位素 k 的含量计算公式如下：

$$X_k = Y_k \frac{B_{ik} - C_{ik}}{C_{ik} - A_{ik}} \qquad (10-5)$$

式中：X_k 为待测样品中同位素 k 的含量，mol；Y_k 为稀释剂中同位素 k 的含量，mol。

同位素稀释质谱法的特点在于一旦待测样品和稀释剂的混合物达到化学平衡，在以后的化学操作过程中，即使发生化学丢失，也不会对测量结果造成影响。因此，同位素稀释质谱法是微量元素分析中最准确、最可靠的方法之一。其分析流程如图 10-7 所示。

破坏性燃耗测量的基本流程包含样品溶解、铀及燃耗监测体的分离、铀及燃耗监测体的定量测定 3 个部分。其流程如图 10-8 所示。

经热室切割获得的样品运送至放射化学实验室的溶解手套箱内，根据样品成分特点，采用单一酸或一定比例的混酸对样品进行溶解，通常使用的酸有硝酸、盐酸、硫酸、氢氟酸、高氯酸等。针对难溶样品，有时需采取微波消解的方式进行加速溶解。

定量分取若干份样品溶解溶液，调节样品溶液 pH 值在合适的范围内，利用高效液相色谱(HPLC)仪，采用反相离子对色谱法分离得到纯化后的铀及燃耗监测体溶液。

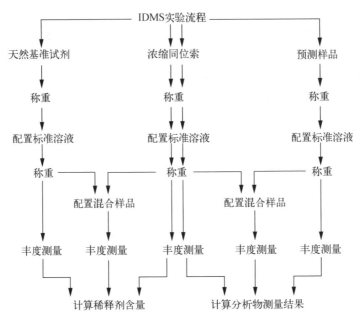

图 10 - 7　同位素稀释质谱法测量流程

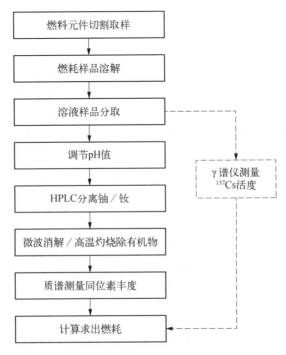

图 10 - 8　破坏性燃耗测量流程

分离得到的铀及燃耗监测体溶液先经微波消解或加热灼烧除去有机物，转化为硝酸体系溶液后被送至质谱测量。利用热电离质谱仪（TIMS）或电感耦合等离子体质谱仪（ICP‐MS），采用同位素稀释质谱法测定铀及燃耗监测体的含量。采用铯法分析时，燃耗监测体铯无须通过化学分离，直接利用高纯锗 γ 谱仪测定获得 ^{137}Cs 的含量。

完成铀及燃耗监测体的定量测定后，由燃耗监测体的裂变产额计算已裂变铀的量，再根据燃耗定义计算取样点的燃耗。

破坏法测量结果准确、可靠，但必须进行切割取样及样品化学制备，耗时较长、人员受照剂量大、劳动强度高、取样点有限，以及无法获取整个燃料组件的燃耗分布规律。随着燃料组件体系复杂性的增加和燃耗深度的提高，样品的溶解难度逐渐增加，如何保障实验人员在辐射安全的前提下，确保辐照后燃料组件样品完全溶解是一个重要的研究课题。建立一套针对辐照后燃料组件样品标准溶解流程，并与自动化、智能化设备相结合，可以有效地解决上述难题。

（3）绝对燃耗测量示例（铀法）。为了更加直观地了解燃耗分析方法，以铀法为例，具体介绍二氧化铀燃料棒的绝对燃耗测量流程及计算方法。本示例中的铀同位素丰度比及丰度测量值皆为演示值，不代表真实样品的测量值。

① 取样溶解。燃耗样品为燃料组件上切取的燃料芯体样品，质量为 20~200 mg。将燃料芯体样品装入 50 mL 三角烧瓶中，加入 5~10 mL 浓硝酸（体积分数为 65%~68%），缓慢加热直至完全溶解，得到燃耗样品溶液 A。根据样品质量和溶解液体积，估算溶解液中铀的浓度，计算 3 mg 铀所对应的溶解液体积，并从溶解液中分取 1 份含铀量约 3 mg 的溶液，得到分取溶液 B。将溶液 B 缓慢加热蒸至近干，冷却后向称量瓶内加入约 1 mL 的 pH 缓冲溶液，待样品溶解后，加入适量氨水（体积分数为 25%~28%），调节 pH 值为 3~4，通过 0.45 μm 针式滤头过滤后得到溶液 C 供色谱分离使用。

② 铀分离。使用高效液相色谱仪完成样品溶液 C 中铀的分离。用进样器抽取 100 μL 样品溶液 C 注入高效液相色谱仪进样阀的定量环中，按照色谱分离方法进行分离。经过 C18 色谱柱的洗脱液，与柱后衍生液混合后流经紫外检测器，当出现铀的色谱峰时，收集流出液，得到分离后的铀溶液 D。

③ 铀同位素比值测定。铀同位素比值采用热电离质谱仪测量。向分离后的铀溶液 D 加入 1~5 mL 浓硝酸（体积分数为 65%~68%）、1~5 mL 过氧

化氢(体积分数为 30%),置于电热板上加热蒸至近干。重复以上步骤多次,直至将样品中有机物除尽。燃耗滴加 0.1~0.5 mL 的稀硝酸(1 mol/L),使其完全溶解并混合均匀,得到质谱测量所需铀样品 E。质谱仪测量每批次样品前,均在相同条件测量铀同位素标准溶液[^{235}U 丰度为 2%~5%,$c(U)=2.0\times10^{-3}\sim8.0\times10^{-3}$ mol/L],利用标准溶液的同位素丰度比参考值对质量歧视效应进行校正。以相同的方法测量辐照前后燃料组件铀同位素比值。

④ 数据处理。燃耗样品的铀裂变百分燃耗按式(10-3)计算。根据物理计算得到 $\dfrac{\sigma_8}{\sigma_5-\sigma_8}$ 的值,本次取 0.031 6。

经质谱测量得到辐照前铀同位素丰度比及丰度,结果列于表 10-2。

表 10-2　辐照前铀同位素丰度

丰 度 比			丰度/%			
^{234}U/^{238}U	^{235}U/^{238}U	^{236}U/^{238}U	^{234}U	^{235}U	^{236}U	^{238}U
0.020 636	4.168 161	0.022 251	0.396	79.987	0.427	19.190

测量所得的辐照后燃料样品铀同位素丰度比测量数据列于表 10-3。

将铀同位素测量值代入燃耗计算公式(10-1),计算出裂变百分燃耗;计算结果代入式(5-3),得到能量输出燃耗(E 为可裂变重核每次裂变释放的能量,本次取值为 207.1 MeV)。结果列于表 10-4。

表 10-3　辐照后铀同位素比值测量数据

样品编号	平行样品号	丰 度 比		
		^{234}U/^{238}U	U^{235}/U^{238}	U^{236}/U^{238}
	1-1	0.009 86	1.322 03	0.051 70
	1-2	0.009 90	1.323 13	0.051 47
R1	1-3	0.009 86	1.322 96	0.051 66
	1-4	0.009 86	1.319 59	0.051 60
	1-5	0.009 86	1.323 92	0.051 48

（续表）

样品编号	平行样品号	丰　度　比		
		$^{234}U/^{238}U$	U^{235}/U^{238}	U^{236}/U^{238}
R1	1-6	0.009 87	1.327 56	0.051 71
	平均值	0.009 87	1.323 20	0.051 60

表 10 - 4　样品铀同位素比值测量数据

样品编号	$F/\%$	能量输出燃耗/(MW·d/t)
R1	54.97	5.41×10^5

⑤ 不确定度评定。燃耗测量不确定度主要由辐照前铀同位素比值不确定度、辐照后铀同位素比值不确定度、样品制备不确定度、取样位置带来的不确定度、其他重同位素带来的不确定度等组成。合成所有不确定度分量得到合成标准不确定度,取扩展不确定度的包含因子为 2,得到扩展不确定度,列于表 10 - 5。

表 10 - 5　单点燃耗值的不确定度

不确定度分量	辐照前铀同位素比值不确定度：0.3%
	辐照后铀同位素比值不确定度：2.0%
	样品制备不确定度：0.5%
	取样位置带来的不确定度：2.5%
	其他重同位素带来的不确定度：1.0%
合成不确定度	3.4%
扩展不确定度($k=2$)	6.8%

10.3　燃料组件辐照后检验

新型燃料组件在经过设计研究和制造工艺研究后,除了大量的堆外试验以外,必须进行堆内性能辐照考验验证。辐照后检验是燃料组件辐照考验的最终环节,是验证燃料组件的有关设计、制造工艺和组件在堆内运行参数合理性的必要手段,目的是通过各项非破坏性检测和破坏性检验分析获得燃料组件辐照后的各项性能数据,并研究其辐照效应,为燃料组件辐照性能评价提供重要的参数,这对于燃料组件和反应堆的安全运行具有重要意义,也可为燃料组件的设计、制造和性能改进提供依据。

10.3.1　辐照后检验流程

辐照后检验分为非破坏性检测分析和破坏性检验分析。非破坏性检测主要包括外观检查、尺寸测量、泄漏检测,射线检测、γ 相对燃耗测量,涡流检测,裂变气体测量等。破坏性检验分析主要包括力学性能试验(拉伸试验、冲击试验、硬度试验、蠕变试验、内压爆破试验、断裂韧性试验、疲劳试验)和物理性能检测(起泡试验、热导率测量、热膨胀系数测量、金相检查、燃耗测量、氢含量测量等)。

辐照后检验的一般流程如图 10-9 所示。

10.3.2　辐照后检验

为了验证燃料组件在预期的燃耗内其结构的稳定性、包壳和芯体的相容性以及运行安全性能,将燃料组件在 HFETR 内进行辐照考验,达到预定燃耗后在热室内对其进行辐照后检验。根据考验组件辐照后检验流程图,为了更好地展现辐照后检验流程中的设备、技术、结果等内容,以 HFETR 燃料组件辐照举例说明的方式,阐述辐照后检验的实际案例。

(1) 热室外观检查(见图 10-10)包括燃料组件外观检查和燃料管外观检查。将燃料组件水下运输至热室内,采用视频检查系统进行燃料组件的外观检查。组件在热室解体后,分别拔掉外套管和各层燃料管,检查各层燃料管及头部定位齿块与各层燃料管连接用埋头螺钉。

(2) 尺寸测量包括组件弯曲度、外套管和各层燃料管外径、水隙测量。弯曲度与外径测量采用双路线性可变差动变压器(LVDT)测头、专用游标卡尺进行,测量精度/分度分别为 ± 0.005 mm、± 0.02 mm。水隙测量采用专用涡流水隙测量仪在热室内进行,测量范围为 $1.65 \sim 2.25$ mm,测量精度为 ± 0.01 mm。标准水隙为 $1.75 \sim 2.25$ mm,每 0.1 mm 为一个台阶,测量值取每两个台阶的中间值。参照标准间隙,沿低浓燃料组件轴向间隔 50 mm 测一点,测量误差为 ± 0.05 mm。其典型的水隙测量结果如图 10-11 所示。

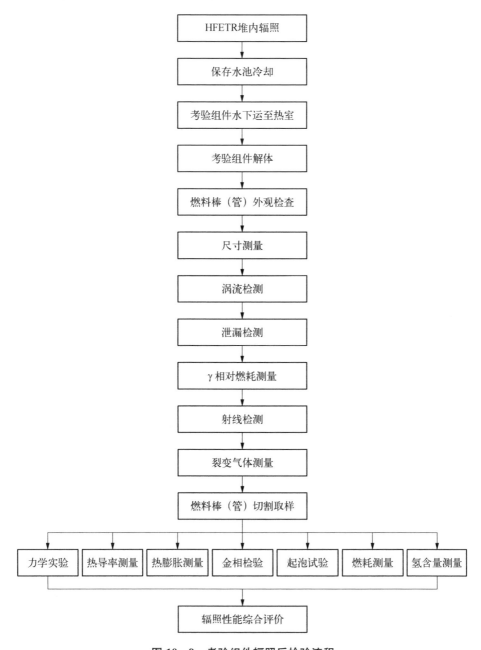

图 10-9 考验组件辐照后检验流程

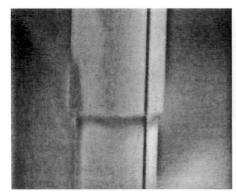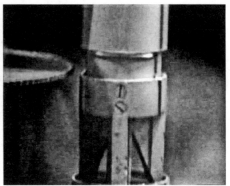

图 10 - 10　热室外观检查典型形貌

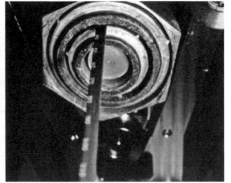

图 10 - 11　尺寸测量的水隙测量现场测试图

　　（3）涡流检测，通过涡流检测系统将检测线圈沿燃料棒轴向移动至距一侧端部 100 mm 作为起始测量点，控制气缸使线圈缓慢接触并紧贴待测点，采集该测量点信号，控制气缸使线圈退回至即将接触对比棒的位置，重复测量 3 次。控制手柄使检测线圈沿轴向移动并保持每次间隔 50 mm。将检测线圈移动至测量起始位置后，通过手柄控制燃料棒夹持端卡盘，依次使包壳管逆时针旋转 90°，分别测量包壳管母线轴向方向氧化膜厚度并记录。其典型涡流检测测量结果如图 10 - 12 所示。

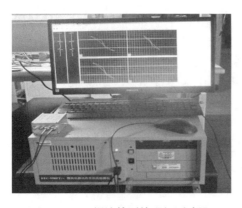

图 10 - 12　涡流检测的现场测试图

（4）泄漏检测，采用氦质谱检漏系统对燃料棒氦质谱检漏方法进行密封性检测，判断辐照后待测燃料棒是否存在泄漏。依次通过氦质谱检漏仪校准、本底和仪器本底测量、不压氦-氦质谱整体检漏、不压氦-氦质谱分段检漏、压氦、清除燃料棒表面残留氦、压氦-整体氦质谱检漏、压氦-

图 10‑13　泄漏检测的现场测试图

氦质谱分段检漏等检漏程序。每根燃料棒检查结束后进行系统验证，根据氦质谱检测结果分析评定燃料棒是否破损。其典型泄漏检测的现场测试如图 10‑13 所示。

（5）燃耗测量，采用铀同位素丰度比值法和燃耗监测核素（$^{145+146}$Nd）含量测定法。燃耗试样取自第 6 层燃料管沿轴向不同位置，为了比较燃料管周向不同位置的燃耗差别，在轴向最大燃耗点位置的周向左右 120°各取一个试样。共切取 9 个燃耗试样。将试样用微波消化法进行溶解，用高效液相色谱法进行铀和钕分离后，再用质谱法测定铀和钕的同位素丰度比。根据辐照前铀同位素丰度比和核截面数据，由燃耗计算公式算出相应的燃耗。其燃耗测定结果列于表 10‑6。

表 10‑6　燃料组件燃耗测量

燃料组件	第 6 层燃料管			平均燃耗/%
	轴向平均燃耗/%	圆截面最大燃耗/%	管平均燃耗/%	
第 1 盒	42.19	53.96	42.56	40.53
第 2 盒	54.73	68.53	55.29	52.66

（6）射线检查，对辐照后燃料组件/组件采用工业 X 射线探伤机系统进行检测。其检查的内容包括检查燃料组件结构的完整性，燃料组件各层燃料管水隙是否有异物，燃料组件的燃料管变形情况，包括每层套管的外表面沿轴向布置有 3 条互成 120°肋的位置变化情况，燃料棒芯块完整性及芯块破碎和蹿动情况。其典型 X 射线探伤结果，如图 10‑14 所示。

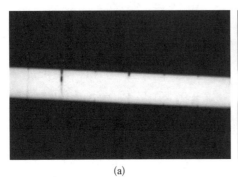 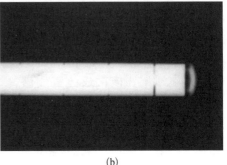

(a)　　　　　　　　　　　　　　　(b)

图 10－14　典型 X 探伤射线结果

(a) 中部芯块间隙；(b) 端部形貌

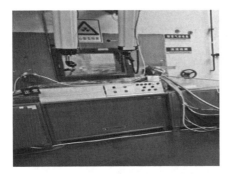

**图 10－15　其典型裂变气体测量的
现场测试图**

（7）裂变气体测量，通过裂变气体释放与收集系统，调节系统管道阀门，使管道内气体进入裂变气体取样系统；通过在线气相色谱分析系统对气体成分进行分析；调节取样系统阀门，将气体压入取样瓶或指定容器，关闭取样瓶或容器；必要时，进行多次收集来增加取样瓶内气体压力；读取平稳后取样瓶压力，关闭样品瓶或容器，将管道内多余的气体排入

热室后，取出样品瓶。其典型裂变气体测量的现场测试如图 10－15 所示。

（8）金相检验，采用热室版遥控金相显微镜，其检查内容包括燃料芯体、芯体与包壳结合界面，包壳材料及氧化膜等。辐照后金相试样取自第 6 层燃料管，各试样的检验面均为横截面。试样采用环氧树脂镶嵌，依次采用 220 号、400 号、600 号水磨砂纸磨光，用甲醇、乙醇、正丁醇、高氯酸和甘油配制的试剂电解抛光，经冲洗、吹干后在热室遥控金相显微镜上进行金相检验。燃料组件芯体金相照片，氧化膜，分别如图 10－16 和图 10－17 所示，芯体及包壳尺寸测量结果如表 10－7 所示。

（9）起泡试验是在专门研制的热室起泡试验炉、温控系统、起泡图像观察和采集系统上完成的。起泡试样分别取自第 6 层、第 5 层燃料管，试样管长 150 mm。将试样装入试验炉内，通氩气保护升温，当试验温度达到预定值并保温 1 h（温度波动≤±1 ℃）后，取出试样仔细检查内外表面是否起泡，并保存图像，燃料组件起泡实验典型结果如图 10－18 所示。

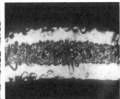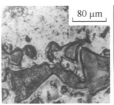

(a) 辐照后结合部显微　(b) 芯体与包壳凹凸界面　(c) 辐照后结合部显微　(d) 芯体与包壳凹凸界面

第 1 盒　　　　　　　　　　　　　　　第 2 盒

图 10‑16　低浓燃料组件芯体金相

(a)和(b)为第 1 盒；(c)和(d)为第 2 盒

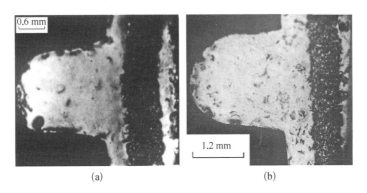

(a)　　　　　　　　　　　　　(b)

图 10‑17　燃料组件肋部氧化膜

(a) 第 1 盒；(b) 第 2 盒

表 10‑7　氧化膜厚度比较

试 样 编 号	辐照后测量值/μm	辐照前测量值/μm
第 1 盒	12～31	10～15
第 2 盒	9～27	

注：测量结果的误差为 10%。

　　(10) 拉伸试验采用微机控制电子万能试验机或电子万能材料试验机对辐照后燃料组件/组件包壳管进行不同拉伸速率下的室温拉伸试验，并与辐照前的拉伸数据进行对比分析。典型拉伸试验结果如图 10‑19 所示。

(a)   (b)

图 10-18　起泡试验典型结果

（a）典型起泡形貌；（b）起泡位置横截面

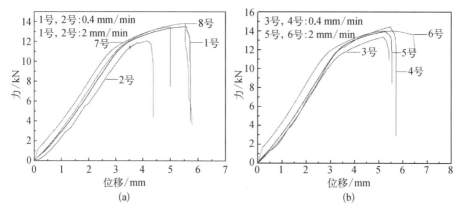

(a)   (b)

图 10-19　包壳管不同拉伸速率下的拉伸曲线

（a）燃料棒端部试样；（b）燃料棒中部试样

10.4　反应堆结构材料辐照效应

依托 HFETR 和完善的热室检验手段,已经完成了大量的核燃料组件辐照后检验、反应堆结构材料辐照试验和结构材料失效分析及评价项目。随着核动力发展,以三代核电设备国产化和四代核电研发为牵引,核燃料和材料辐照试验任务的需求明显增加,近年来开展了大量的压水堆核电站、聚变堆、熔盐堆、研究堆、后处理等设施用材料的辐照效应研究,比如,核电站压力容器母材及焊缝金属、锆合金、耐事故燃料包壳、直流蒸汽发生器用钛合金材料、

B_4C-Al 中子吸收材料、堆内构件材料 304 不锈钢等堆内材料,聚变堆结构材料低活化马氏体钢,钍基熔盐堆材料,HFETR 压力壳模拟焊缝试样,乏燃料储存与运输用材料。

10.4.1　高通量工程试验堆压力壳模拟焊缝试样辐照性能研究

高通量工程试验堆(HFETR)压力容器在设计之初就考虑了降低辐照脆化的相关措施,但在压力壳筒体加工过程中,对其整体进行热处理后,从随炉热处理焊接试板的性能测试中发现自动焊部分冲击值 A_k 较设计值低。经后期研究分析,得出的原因是对接焊缝热处理工艺不当造成的,焊丝 H08Cr18Ni11Mo2 中的钼析出,形成硬而脆的 σ 相。针对 HFETR 压力壳焊缝存在的 σ 相问题进行了多种研究,进一步分析压力容器的性能,采取了积极有效的预防措施来减少压力容器受到中子辐照损伤,以确保 HFETR 安全运行。尽管如此,处于 HFETR 堆芯段的纵焊缝承受了较高的中子注量,其在中子辐照及热环境下的性能现状是各方重点关注的问题。因此,研究了 HFETR 模拟焊缝在不同快中子注量(2×10^{17} cm^{-2}、1×10^{18} cm^{-2}、3×10^{18} cm^{-2})辐照前后的力学性能变化,综合评价焊缝材料的辐照脆化效应,为 HFETR 安全评审和延寿提供了重要依据。

模拟焊缝的材料选用与 HFETR 压力容器纵焊缝同牌号同规格的产品。模拟试板焊接以及热处理均按 HFETR 压力壳纵焊缝制造的原工艺进行,在焊缝合格部位处截取试样,试样包括冲击试样、拉伸试样和落锤试样。

对焊缝冷态试样进行了落锤试验,测定其无塑性转变温度 T_{NDT}。分别在 -60 ℃、-90 ℃和 -100 ℃下进行了落锤试验,在 -100 ℃下 2 个试样均未断裂,即判定试样材料的无塑性转变温度 T_{NDT} 低于 -100 ℃。

拉伸试验温度为室温,与未辐照试样相比,3 种不同的中子注量(2×10^{17} cm^{-2}、1×10^{18} cm^{-2}、3×10^{18} cm^{-2}),模拟焊缝试样的屈服强度分别升高了 25 MPa、50 MPa 和 99 MPa,抗拉强度分别升高了 22 MPa、35 MPa 和 39 MPa。辐照后试样的强度均有不同程度的增加,且随着中子注量的增加,辐照强化效应增强,延伸率和断面收缩率均无明显变化。

模拟焊缝试样在系列温度为 $-100\sim100$ ℃下进行冲击试验,得到未辐照和 3 种注量自动焊试样平均冲击吸收能量在温度曲线上的分布,如图 10 - 20

所示。随着温度升高,材料的冲击韧
性呈上升趋势。辐照后,在相同温度
下,试样冲击吸收能量下降。经过中
子注量 2×10^{17} cm^{-2} 和 1×10^{18} cm^{-2}
辐照后,材料的冲击韧性相当,与未辐
照试样相比,各温度点的冲击韧性平均
下降 9% 和 11%,而经过中子注量 3×10^{18} cm^{-2}(相当于寿期末的中子注量)
辐照后,与未辐照试样相比,各温度点
的冲击韧性平均下降了 29%。

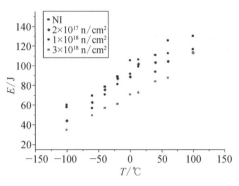

图 10‐20　模拟焊缝试样冲击能量在温度
曲线上的分布关系

10.4.2　中子吸收材料辐照性能研究

我国用于核电厂乏燃料储存水池的 B_4C/Al 中子吸收材料主要依靠从英、
美等国进口,第三代核电站乏燃料储存格架普遍采用 B_4C 质量分数为 31% 的
$B_4C/6061Al$ 复合材料。目前,世界第一座 AP1000 非能动先进压水堆核电站
(浙江三门核电站)采用美国 Metamic$^@$ 牌号的 B_4C‐Al 金属基复合材料作为
乏燃料储存格架的中子吸收材料。为了突破国外技术垄断并实现新型中子吸
收材料的国产化,HFETR 承担了多次国产中子吸收材料的辐照性能验证,具
体如表 10‐8 所示。

表 10‐8　中子吸收材料辐照考验

材料成分	辐 照 日 期	中子注量 ($E > 1$ MeV)/cm^{-2}	γ 射线剂量/ rad	辐照试验 温度/℃
B_4C/Al	2014‐03—2014‐06	3.992×10^{19}	3.30×10^{11}	<85.5
B_4C/Al	2015‐07—2015‐08	7.185×10^{19}	4.02×10^{11}	<120
B_4C/Al	2016‐06—2016‐07	1.803×10^{20}	9.03×10^{11}	<120

图 10‐21 所示为 31%B_4C‐Al 复合材料表面组织形貌,样品中的 B_4C 颗
粒大小不等、形状不规则,均匀地分布在铝基体中,B_4C 颗粒与铝基体的界面
结合良好,基体内未发现孔洞、裂纹等缺陷,基体中除 B_4C 和铝基体外,还掺杂
着第二相粒子。

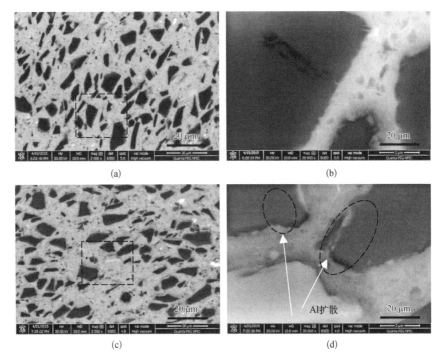

图 10‒21　31%B₄C/Al 中子吸收材料辐照前后组织形貌

(a) 辐照前；(b) 辐照前局部放大；(c) 辐照后；(d) 辐照后局部放大

图 10‒22 和图 10‒23 分别对应图 10‒21(b) 和图 10‒21(d) 的 X 射线面分布图。辐照前后 B、C、Cu、Mg 元素在基体中的分布区别不大。图 10‒

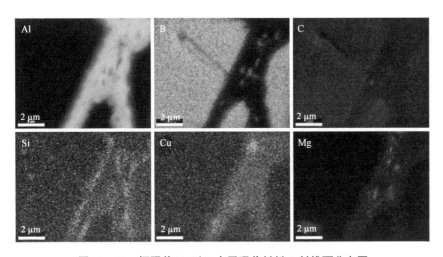

图 10‒22　辐照前 B₄C/Al 中子吸收材料 X 射线面分布图

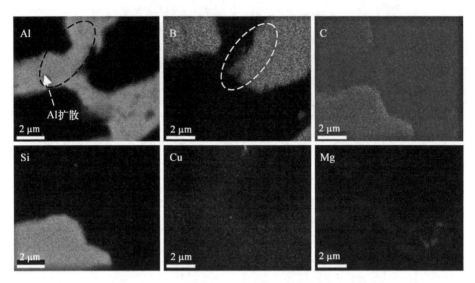

图 10‑23 辐照后 B_4C/Al 复合材料 X 射线面分布图

21(d)显示有 SiC 颗粒掺杂,因此图 10‑22 中 Si、C 的分布较为显著。辐照前铝原子在 B_4C 颗粒上扩散现象不明显,辐照后铝原子明显在 B_4C 颗粒表面富集。铝原子在 B_4C 颗粒表面扩散,导致铝基体与 B_4C 的界面结合得更好,这也是 B_4C/Al 中子吸收材料的力学性能提高的原因。

10.5　核电厂反应堆压力容器辐照监督

在反应堆运行期间,压力容器(RPV)承受高温、强烈的中子辐照作用,辐照效应将使 RPV 堆芯区材料的强度升高,塑、韧性降低,产生辐照脆化,最直接的体现是寿期末的基准无延性转变温度 T_{NDT} 上升、上平台能量(USE)下降。辐照脆化程度主要与材料的初始化学成分、中子注量、能谱和辐照温度等因素有关。反应堆压力容器(RPV)是唯一不可更换的关键设备,因此,ASTM E185 标准规定当寿期末快中子注量大于 1×10^{17} cm^{-2} 时,必须在反应堆内设置辐照监督管(简称监督管),实施相宜的辐照监督计划,对 RPV 堆芯区母材和焊缝材料的性能在运行过程中的变化情况进行监督,以确保反应堆压力容器的安全。监督管内装有辐照监督试样、温度探测器和剂量探测器,随堆运行,根据辐照监督计划,定期抽取监督管。

针对电厂反应堆压力容器辐照监督,开展辐照监督管取样、接种对试样进行拉伸、冲击等试验,以获得 RPV 材料辐照后的力学性能、脆化程度,为 RPV 的力学分析和安全分析提供数据,并为 RPV 的压力-温度运行限值曲线的修正提供依据。

10.5.1　辐照监督管取样

监督管内装有辐照监督试样、温度探测器和剂量探测器(见图 10-24),随堆运行。力学试样分别从母材、焊缝、热影响区切取(见图 10-25),且必须从制造 RPV 产品“堆芯环带区”($>10^{18}$ cm^{-2})部件的实际母材和焊缝上切取,必须是 RPV 实际产品“堆芯环带区”部件母材和焊缝寿期末预测的 ART 值最高的。

图 10-24　压力容器监督管实物图

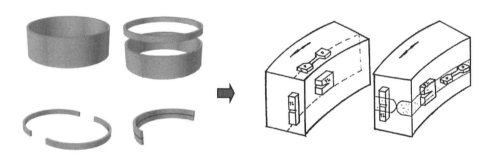

图 10-25　辐照监督试样取样示意图

10.5.2　拉伸试验

通过拉伸试验确定试样的屈服强度、抗拉强度、断后伸长率和断面收缩率等拉伸性能,评价监督管内试样的辐照强化情况。中子辐照产生的高浓度缺陷(点缺陷、位错)阻碍了位错滑移,因此在辐照后材料的强度增加,塑性下降。图 10-26 所示为某核电厂焊缝试验变化。

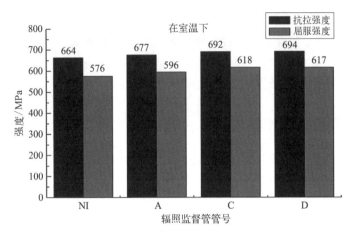

图 10-26　某核电厂焊缝试样强度变化

10.5.3　冲击试验

按照美国核管会法规 NRC-10CFR50 附录 G 的要求,压力容器材料在寿期末的冲击韧性上平台能量应大于 68 J,根据初始转变温度 T_{NDT0}、辐照后转变温度变化值 ΔT_{NDT}、安全裕度确定的修正参考转变温度(ART)应低于 93 ℃。监督管内布置的冲击试样包括母材试样、焊缝试样和热影响区试样。在一系列温度下进行冲击试验,得到各试样的冲击能量和侧向膨胀量,采用双曲正切函数经验方程拟合出每组试样的冲击吸收能量、侧膨胀量和剪切断裂面积分数的转变温度曲线,确定辐照监督试样的脆性转变温度特征值和上平台能量的变化值,评价监督管内试样的辐照脆化情况。

10.6　辐照效应数值模拟

辐照效应数值模拟是一门材料科学、计算机、软件技术以及计算材料学交叉的学科。通过计算模拟,指导、优化甚至部分替代实验,可以使辐照效应研究加快进程、减小代价、增进认识与理解。基于晶体结构、原子势函数、刚体碰撞等原理,第一性原理(first principles)和分子动力学(molecular dynamics)等可以模拟弗仑克尔缺陷对、空位/间隙原子团簇、位错环等辐照缺陷的产生和演化行为。通过速率理论(rate theory)、团簇动力学(cluster dynamics)、相场(phase field)等介观尺度数值模拟技术,可以获得更大时空尺度的大型缺陷团簇的演化行为等。采用有限元(finite element)等宏观尺度数值模拟技术,可以获得燃料组件的热/力耦合信息等。通过理论分析和实际试验数据的反馈,一些典型的辐照效应已经有应用软件或计算方法可以模拟计算,并已在工程中得到应用,例如核燃料的辐照形变、裂变气体释放与迁移,压力容器钢的辐照脆化等。

采用多尺度多物理耦合的数值模拟技术,建立相应的数理模型,可以从微观、介观和宏观多个时间和空间尺度模拟核燃料及材料的辐照损伤行为,进而对其辐照效应进行系统而全面的评价和预测。

1) 辐照损伤行为的微纳尺度数值模拟技术

研究了锆合金铁合金、钛合金等核结构材料的辐照缺陷形成演化、第二相非晶化、合金元素偏析等辐照损伤行为及其对热/力学性能影响规律的第一性原理、分子动力学等微纳尺度数值模拟技术。以 Zr‐1.0Nb 合金中铌原子对碰撞级联产生的残余点缺陷影响的微纳尺度数值模拟为例,其分子动力学典型模拟结果如图 10‐27 所示。

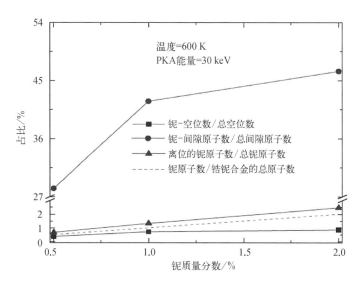

图 10‐27　锆铌合金中空位数、间隙原子数和离位铌原子数随铌含量的变化关系

研究团队突破了 UO_2、U_3Si_2 等核燃料的辐照缺陷演化、裂变产物扩散迁移、裂变气体气泡形成演化、裂变固体产物偏析等辐照效应及其对热/力学性能影响规律的微纳尺度数值模拟技术。以 UO_2 中氧间隙原子的扩散能垒的第一性原理计算为例,其典型计算结果如图 10‐28 所示。

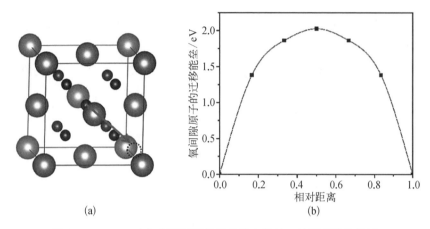

(a)   (b)

图 10 - 28　UO₂ 中氧间隙原子的扩散能垒的第一性原理计算结果

（a）氧间隙原子位置模型；（b）氧间隙原子的迁移能垒

2）辐照损伤行为的介观尺度数值模拟技术

通过相场理论、速率理论等介观尺度数值模拟方法，针对锆合金、铁合金、钛合金等核结构材料，研究者开展相应的辐照缺陷形成演化、溶质原子团簇析出、空洞的形核长大等辐照损伤行为研究，突破了相应的介观尺度数值模拟技术。以中子辐照条件下锆铌合金的位错环长大和辐照生长的速率理论模拟为例，其典型模拟结果如图 10 - 29 所示。

针对 UO_2、U_3Si_2 等核燃料，开展相应的辐照缺陷演化、溶质元素偏聚和析出、裂变产物扩散迁移等辐照效应及其对热/力学性能影响规律研究，突破了相应的介观尺度数值模拟技术。以不同应力场、裂变速率条件下裂变产物氙泡在 U_3Si_2 晶粒间演化行为的相场模拟为例，其典型模拟结果如图 10 - 30 所示。

3）辐照损伤行为的宏观尺度数值模拟技术

通过有限元分析等宏观尺度数值模拟方法，针对 UO_2/Zr 合金燃料组件，研究了其在中子辐照下的宏观热-力耦合行为。针对弥散型核燃料组件，开展了该燃料组件的燃料颗粒大小、形状和分布分数等微观结构对其层间应力/传热的影响、燃料颗粒的辐照肿胀和裂变气体释放对燃料组件芯体与包壳间界面力学/传热的影响等研究，突破了相应的宏观尺度数值模拟技术。以 UO_2 燃料和 Zr - 2 包壳材料堆内温度变化的有限元分析为例，其典型模拟结果如图 10 - 31 所示。

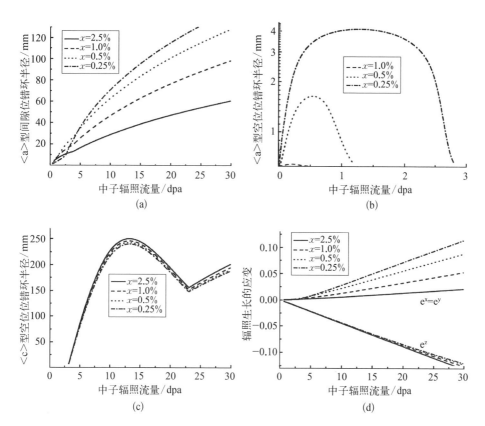

图 10 - 29　锆铌合金中位错环和辐照生长的应变随中子辐照注量的变化关系图

（a）<a>型间隙位错环；（b）<a>型空位位错环；（c）<c>型空位位错环；（d）辐照生长

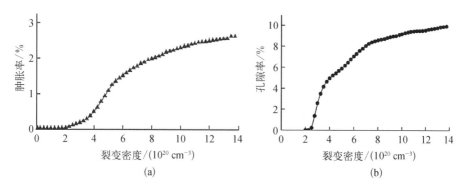

图 10 - 30　U$_3$Si$_2$ 的肿胀率和孔隙率随其裂变密度的演变图

（a）肿胀率；（b）孔隙率

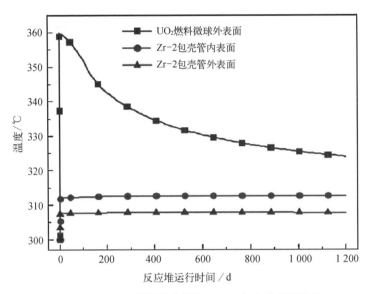

图 10‐31　UO$_2$ 燃料外表面和 Zr‐2 包壳外表面温度随反应堆运行时间的变化关系

第 11 章

辐射防护与环境保护

建设高通量工程试验堆(HFETR)的目的是利用热中子辐照考验燃料组件及堆用结构材料,兼顾同位素生产。与其他大多数反应堆一样,HFETR 利用了 ^{235}U 裂变,在获得中子的同时,也产生了大量的裂变产物,这些裂变产物大多是具有放射性的核素,这些放射性核素发生衰变释放出的 γ 射线、β 射线、α 射线均属于电离辐射,俗称"核辐射"。如果这些核辐射作用于人体,会给人体带来伤害。大剂量的核辐射短期内作用于人体,会给人体带来直接伤害,轻则烧伤皮肤、损伤视网膜、杀死肌体细胞、造成脱发、恶心呕吐,重则造成肢体坏死甚至危及生命。开展辐射防护与环境保护工作,保护工作人员和公众,使工作人员和公众免受或少受电离辐射危害,是设计、建设、运行管理 HFETR 的重要工作之一。

11.1 辐射防护

辐射防护是伴随核科学发展、核技术利用和核能开发而发展的一门专业学科,其目的是研究人类免受或少受电离辐射危害,其基本任务是保护环境、保障从事放射性工作的人员和普通居民的健康与安全、保护他们的后代,促进原子能事业发展。为此,国家制定了一系列法规标准,其中最重要的原则之一就是防护与安全的最优化。

为保证反应堆运行期间工作人员和公众所受照射符合防护与安全的最优化要求,HFETR 在剂量限值、房间及设备布置、辐射分区、出入口控制、屏蔽、通风与气流组织、辐射监测等方面进行了合理设计,以确保工作人员和公众的辐射安全。

1) 剂量限值与剂量约束

HFETR 工作人员的职业照射水平不得超过如下限值：连续 5 年的年平均有效剂量（但不可作任何追溯性平均）为 20 mSv；任何一年中的有效剂量为 50 mSv；眼晶体的年当量剂量为 150 mSv；四肢（手和足）或皮肤的年当量剂量为 500 mSv。

HFETR 运行使公众中有关关键人群组的成员所受到的平均剂量估计值不应超过下述限值：年有效剂量为 1 mSv；特殊情况下，如果 5 个连续年的年平均剂量不超过 1 mSv，则某个单一年份的有效剂量可提高到 5 mSv；眼晶体的年当量剂量为 15 mSv；皮肤的年当量剂量为 50 mSv。

根据国家标准的有关规定和运行单位管理规定，考虑反应堆实际运行情况，制定了剂量约束值。剂量约束值主要包括放射性工作人员的年个人剂量约束值为 15 mSv；核设施周围公众每年接受来自 HFETR 的放射性物质释放产生的个人有效剂量不超过 0.06 mSv。

2) 流出物排放控制

为了从源头上保证 HFETR 运行不会对公众带来健康与安全危害，必须控制放射性物质排放。

HFETR 排风塔排放的放射性气载流出物每年的排放量不超过表 11-1 规定的控制值。

表 11-1　HFETR 放射性气载流出物排放控制值

类　　别	排放总活度控制值/(Bq/a)
惰性气体	6×10^{14}
碘	2×10^{10}
粒子($T_{1/2} > 8$ d)	5×10^{10}
碳-14	7×10^{11}
氚	1.5×10^{13}

HFETR 产生的放射性废液送废液处理车间处理后槽式排放。排放口处的液态流出物其余核素（除氚、^{14}C 外）排放浓度不得超过 37 Bq/L，每年总活度（总 β）不超过 1.2×10^{8} Bq。

为了使排放限值要求能得到有效执行,确保出现意外情况时能及时查明原因,及时整改,HFETR 产生的放射性流出物年排放量按季度和月度控制,每个季度的排放总量不应超过年排放控制值的二分之一,每个月度的排放总量不应超过年排放控制值的五分之一。

3）厂房与设备布置

布置 HFETR 厂房时,其堆本体和热室布置在厂房中间和西侧,非工艺房间及检修、实验室布置在厂房东侧,这样布置有利于分区管理和合理组织通风气流。

在布置设备时,将带较强放射性的设备尽量集中,如一回路管道间等。强放射性的设备采取单独房间隔离,并使用混凝土墙和铸铁门屏蔽,其屏蔽厚度考虑了 2～3 倍安全系数。对不允许工作人员靠近的特别操作,设计了远距离操作装置。

4）辐射分区

将 HFETR 厂房分为监督区和控制区,控制区又进一步分为控制 I 区、控制 II 区和控制 III 区。

辐射分区主要依据区域的剂量率和导出空气浓度（DAC）,确定分区水平时考虑了辐射防护最优化,分区边界采用实体边界,同时兼顾考虑方便进行气流、人流和物流组织。HFETR 的辐射分区水平如表 11-2 所示。

表 11-2　辐射分区水平

分　区　名　称		剂量率/(μSv/h)	导出空气浓度（DAC）
监督区		$\leqslant 2.5$	可忽略
控制区	控制 I 区	2.5～10	$\leqslant 0.1$
	控制 II 区	10～1 000	0.1～1.0
	控制 III 区	>1 000	1.0～10

5）屏蔽设计

HFETR 对堆本体、热室、回路间、工艺间、乏燃料水池等均设计了屏蔽设施,以保证周围场所的辐射水平满足分区要求。

HFETR 堆本体的生物屏蔽是采用多层次、多方位屏蔽,以防止 γ 射线和中子漏束。在径向对 γ 射线和中子除有足够的水层外,还布置有一定厚度的钢、铍、铝等中子反射层和 1 m 左右厚的重混凝土防护层,在轴向上有足够的水层,完全可以屏蔽中子和 γ 射线。在堆上的垂直辐照孔道内充水,以防止 γ 射线漏束的影响。在径向上,没有水平孔道。对个别工艺间在一些传动轴孔道可能存在一定的缝隙而造成 γ 射线漏出,这一点在设计中已考虑到。

热室屏蔽墙为不锈钢内衬和重混凝土,观察窗为铅玻璃或溴化锌溶液窗。热室后区设有隔离间,进入热室的小门为铸铁灌铅,边缘梯形结构,以防止 γ 射线透射和折射。隔离间外为后区走廊,用普通混凝土作为屏蔽。在热室进行元件切割和靶件切割时,实测的前区 γ 辐射水平均在本底范围。

厂房内的考验回路间、工艺间、堆厅、乏燃料水池等均采用足够厚度的普通混凝土屏蔽体,乏燃料水池在轴向上充有约 8 m 厚的净化水层作为屏蔽,均可保证工作人员的辐射安全。

6) 通风与气流组织

HFETR 厂房设置了通风系统,从辐射防护角度考虑,各分区具备足够的通风换气次数以及一定的负压,确保气流走向从监督区流向控制区、从低辐射区流向高辐射区以及从低污染区到高污染区,以确保各区域空气放射性水平低于控制值,保障工作人员辐射安全。

厂房设有通风系统,排风都经通风中心高效过滤器净化处理,热室还设有二级高效过滤器,再经 125 m 排风塔排入大气。对在事故工况下有可能泄漏裂变产物的工艺间的排风还配有除碘过滤器。以上措施可有效地控制向环境的释放量,以便保护公众的辐射安全。

7) 进出工艺房间控制

对于不同辐射分区制订了具体的管理措施。

(1) 各控制子区间设置了明显的分区标志,控制 II 区和控制 III 区入口张贴明显辐射标志和警示信息,并对不同分区的墙裙涂刷不同颜色进行标识。

(2) 在监督区与控制区之间设卫生通道,工作人员进出控制区必须经卫生通道。

(3) 对运行期间具有较强放射性而不允许工作人员进入的房间,房门具有控制措施,对运行期间具有较强放射性而又允许进入检查的房间规定了进入时间的限制。

（4）各分区工作场所的放射性表面污染控制水平满足 GB 18871—2002《电离辐射防护与辐射源安全基本标准》的要求。

（5）设置区域辐射监测、区域空气监测和表面污染监测，对房间的剂量率、空气污染水平和表面污染水平进行监测，保证房间的辐射水平和表面污染水平低于分区控制要求。若发现偏离上述要求的情况，及时纠正或采取补救的防护措施，从而防止或及时发现超剂量照射事件的发生。

（6）在不同控制子区的出入口处和表面污染水平较高区域的出入口处，设置简易过渡区，放置放射性废物收集桶收集高水平子区废物，并对过渡区表面污染水平进行监测，发现污染及时去污。

（7）放射性物品必须经过检测、去污、适当包装和批准后，才能在不同分区之间流动。

11.2　环境保护

反应堆运行对环境的影响主要是放射性物质释放，包括计划排放和意外释放。为了保护环境，需要采取有力措施，严格执行流出物排放管理措施；同时，要开展高质量的监测工作，以防止意外释放和确认外环境没有受到放射性污染。

11.2.1　流出物监测

流出物是放射性流出物的简称，是指经过废物处理系统和（或）控制设备（包括就地储存和衰变）之后，从核设施内按预定的途径向外环境排放的气载和液态放射性废物。

为了落实流出排放管理措施和防止放射性物质的意外释放，HFETR 建设了放射性流出物监测系统，开展了持续的流出物监测工作。

11.2.1.1　气载流出物监测

HFETR 运行产生的气载流出物通过 125 m 高的 HFETR 排风塔排出，气载流出物监测包括惰性气体连续监测、放射性气溶胶、放射性碘的连续监测，以及惰性气体、放射性气溶胶和碘的取样监测、氚及碳-14 的取样监测。

1）取样方法

在 HFETR 排风塔内 60 m 高度处设有一个气载流出物取样口，通过气载流出物取样系统将气体取至位于 HFETR 排风塔底部的取样间内的惰性气体连续监测仪、气溶胶连续监测仪、碘连续监测仪、惰性气体取样装置、气溶胶及碘取样器、氚取样器及碳-14 取样器。

2）惰性气体连续监测

在 HFETR 排风塔底部设有惰性气体连续监测仪，反应堆运行期间不间断地对惰性气体进行连续监测，同位素生产期间根据需要进行连续监测。惰性气体连续监测采用低量程惰性气体监测仪、中高量程惰性气体监测仪，其量程范围分别为 $3.7\times10^{3}\sim3.7\times10^{9}$ Bq/m³ 和 $3.7\times10^{8}\sim3.7\times10^{15}$ Bq/m³，监测数据传输至计算机进行管理，具有实时数据采集、分析、显示、记录及报警等功能。

3）气溶胶、碘连续监测

在排风塔气载流出物排放期间，通过气溶胶连续监测仪、碘连续监测仪对气载流出物中的放射性气溶胶、碘进行连续监测，以及时发现异常情况。气溶胶采用气溶胶连续监测仪进行监测，其 β 量程监测范围为 $3.7\times10^{-1}\sim3.7\times10^{6}$ Bq/m³；碘采用碘连续监测仪监测，其量程范围为 $3.7\sim3.7\times10^{6}$ Bq/m³。监测数据均传输至计算机进行管理，具有实时数据采集、分析、显示、记录及报警等功能。

4）惰性气体取样监测

惰性气体的连续监测可以及时发现异常排放，实现对排放量的有效控制。同时，为了准确统计向环境排放的放射性惰性气体的量和核素组成，需要对惰性气体进行取样并送实验室分析。

在 HFETR 排风塔底部设有惰性气体取样装置，用于对经排风塔排出的气载流出物中的惰性气体进行取样，取样后送实验室进行 γ 核素分析，测量下限为 5.1×10^{1} Bq/m³。

5）气溶胶、碘取样监测

放射性气溶胶和碘的连续监测可以及时发现异常排放，确保排放控制目标的实现。同时，为了提高测量精度、获得气溶胶的核素组成以及排除天然放射性的影响，在 HFETR 运行或同位素生产期间，对气溶胶、碘进行连续累积取样，放射性气溶胶取样频度为 2 次/周，放射性碘取样频度为 2 次/周，在此基础上可根据运行需要增加取样次数。气溶胶样品主要进行总 β 和 γ 核素分析,碘样品主要进行^{131}I 的监测。

气溶胶样品在 α、β 测量仪上进行总 β 测量,取样后将样品放置 3 天后,进行测量。将气溶胶样品装入样品盒中,在 γ 谱仪上进行 γ 核素分析,监测频度为 1 次/月,从而确定其主要核素及放射性水平。

碘样品用 γ 谱仪测定碘盒中^{131}I 的放射性活度,再计算出气载流出物中^{131}I 的放射性活度浓度。

6) 氚、碳-14 取样监测

在 HFETR 运行或同位素生产期间,氚、碳-14 的取样频度为 2 次/月。在此基础上可根据运行需要增加取样次数。取样完成后在流出物分析实验室进行制样,再使用液体闪烁计数器监测,从而确定其气载流出物中放射性活度浓度。

气载流出物监测项目、频度及仪器如表 11-3 所示。

表 11-3　HFETR 气载流出物监测项目、频度及仪器

监测对象	监测项目	监测频度	测 量 仪 器	备　　注
HFETR 排风塔气载流出物	气溶胶总 β	2 次/周	低本底 α、β 测量仪	取样监测
	气溶胶 γ 核素	1 次/月	高纯锗 γ 谱仪	
	碘	2 次/周	高纯锗 γ 谱仪	
	惰性气体	1 次/月	高纯锗 γ 谱仪	
	氚	2 次/月	液体闪烁计数器	
	碳	2 次/月	液体闪烁计数器	
	惰性气体总 β	通风期间连续监测	惰性气体连续监测仪	连续监测
	放射性气溶胶	通风期间连续监测	气溶胶连续监测仪	
	放射性碘	通风期间连续监测	碘连续监测仪	

11.2.1.2 液态流出物监测

1) 待排废液取样监测

根据国家标准要求,液态流出物排放前需对排放槽内待排废液进行取样监测。

采样点设在废液处理车间的排放槽出口管上。对进入排放槽待排的放射性废液进行取样,在排放槽停止进水后进行采样,取样时对排放槽进行搅拌混合以保证取样的代表性。采样容器选用干净的硬质玻璃瓶或聚乙烯容器。

待排废液的监测项目有 pH 值、电导率、总 β、^{3}H、^{14}C 和 γ 核素分析,监测项目、部位及仪器列于表 11-4。

表 11-4 待排废液取样监测项目、部位及仪器

监测对象	监测项目	监测部位	测 量 仪 器
待排废液	总 β	每槽	低本底 α、β 测量仪
	γ 核素	每槽	高纯锗 γ 谱仪
	^{14}C	每槽	液体闪烁计数器
	^{3}H	每槽	液体闪烁计数器
	pH 值	每槽	实验室 pH 计
	电导率	每槽	电导率仪

2) 液态流出物排放连续监测

液态流出物向环境排放阶段,除排放前的取样监测外,在排放时还要进行连续监测;经低放水连续监测仪在线监测时,如果放射性活度浓度大于 37 Bq/L,则自动切换阀门,将废液返回进行二次处理。

3) 受纳水体监测

根据国家标准的要求,液态流出物排放过程中,需对排放口上游、总排水口及排放口下游 1 km 处的受纳水体进行取样测量。

液态流出物排放口位于江边,流出物排放期间分别在排放口上游、排放口、排放口下游 1 km 处采集受纳水体样品。该江为宽浅河,采集样品为岸边表层清水样。盛水容器采用白色聚乙烯塑料桶,分析 ^{3}H 的样品采用硬质玻璃

瓶。取样前用被采集河水洗涤容器 3 次。为防止核素吸附,采样后及时进行酸化处理;监测 ^{3}H 的样品不酸化。受纳水体样品的监测项目包括总 β 和 ^{3}H,监测频度为每半年一次。受纳水体的监测按照相关的国家标准执行。

11.2.2　环境监测

为了及时了解和掌握核设施运行对周围环境和公众造成的影响、为了确认外环境没有受到放射性污染,HFETR 建立了放射性环境监测体系,并持续开展了放射性环境监测工作。

自 HFETR 投入运行以来,每年在以 HFETR 的排风塔为圆心,半径为 30 km 范围内对环境 γ 辐射剂量水平和主要环境介质中重要放射性核素的活度浓度进行监测。监测项目包括 γ 辐射空气吸收剂量率、γ 辐射累积剂量、总 α、总 β、总 U、^{90}Sr、^{3}H、^{14}C、^{131}I、γ 核素分析,环境介质包括大气、水体、土壤、底泥、生物。大气包括气溶胶、空气、沉降物和降水,水体包括地表水、地下水、饮用水,生物包括猪肉、菠菜、茶叶、茄子、大米和萝卜等。

γ 辐射空气吸收剂量率的测量采用在线连续监测与定期现场测量相结合的方式,γ 辐射累积剂量采用定期布放热释光剂量计的方式,各种环境介质中放射性核素浓度分析均采用现场采样-实验室检测的方式。

自 HFETR 投入运行以来,按照《辐射环境监测技术规范》等文件要求,结合场址周围人口分布、区域气象、土地资源利用等社会和自然特征,制订了辐射环境监测方案,并随着监测实践经验积累与监测能力的提高,多次对监测项目、监测方法、监测频次、采样点位、样品采样量等进行了优化、调整,进一步完善和充实了监测方案。

为了保证监测质量,提高监测数据的可靠性,分析方法采用相关的国家标准,气溶胶、沉降物、水体、土壤和生物等监测项目、仪器和监测方法如表 11 - 5 所示。

表 11 - 5　辐射环境监测方法及仪器

项目和核素	监测对象	分 析 方 法	仪 器
总 β	气溶胶、沉降物、水、生物	水中总 β 放射性测定	BH1216Ⅲ 型低本底 α/β 测量仪、MPC9604 型低本底 α/β 测量仪

（续表）

项目和核素	监测对象	分 析 方 法	仪 器
^{90}Sr	沉降物、水、生物	《水和生物样品灰中锶-90 的放射化学分析方法》	BH1216Ⅲ 型低本底 α/β 测量仪,MPC9604 型低本底 α/β 测量仪
γ 能谱	气溶胶、沉降物、水、土壤、生物	《高纯锗 γ 能谱分析通用方法》	GEM 型 HPGeγ 谱仪
^3H、^{14}C	空气、水	液体闪烁法	超低本底液体闪烁计数器

通过多年的监测,HFETR 营运单位逐渐建立了较为完备的质量保证体系,并通过了中国实验室国家认可(CNAS)和国家计量认证(CMA)评审,具备按照有关国际认可准则开展监测的技术能力。依托检测校准实验室体系,对整个辐射环境监测全过程所涉及的活动,按过程控制、人员保证、仪器期间核查、设施和环境保证、方法控制等加以严格的质量控制,从而确保质量,保证工作达到测量分析方法标准化、量值传递可溯源化、测量与分析人员持证上岗、实验室管理制度化等,确保辐射环境监测数据的准确可靠。

11.2.3 应急准备

反应堆核设施在运行过程中发生核事故的概率极低,但一旦发生核事故,其对环境安全和公众的健康可能造成严重的辐射影响。苏联切尔诺贝利核事故和日本福岛核事故就给厂址周围公众和全球环境造成了严重的影响,这种影响将长期持续。为此,《中华人民共和国核安全法》提出,核设施选址、设计、建造、运行及退役应采取充分的预防、保护、缓解和监管等安全措施,防止由于技术原因、人为原因或者自然灾害造成核事故,最大限度地减轻核事故情况下的放射性后果。国家核安全局颁布了《核电厂核事故应急管理条例》(HAF002),提出我国核事故应急准备与响应遵循"常备不懈、积极兼容;统一指挥、大力协同;保护公众、保护环境"的方针,该条例及《研究堆营运单位的应急准备和应急响应》(HAD002/06)对研究堆核设施运营单位的核事故应急体系、应急设施与设备、应急响应行动、应急培训与演练、记录和报告等方面做出了详细的规定。

自 1994 年初步构建了 HFETR 核事故应急响应体系及配套的应急响应系统,随着核安全理念发展和技术进步,国家持续提高了对核设施的核事故应急准备工作的要求。2015 年,建设了新的核事故应急响应系统,并持续强化了核事故应急管理工作。经过多年的应急演习演练,特别是 2008 年"5·12"地震的检验,HFETR 核事故应急体系和配套应急系统满足核事故应急的需求。

11.2.3.1　核事故应急组织

HFETR 应急组织根据平战结合、积极兼容的原则组建。考虑到反应堆所在位置的地理因素,成立核应急领导组、现场核应急指挥组,组织机构如图 11-1 所示。

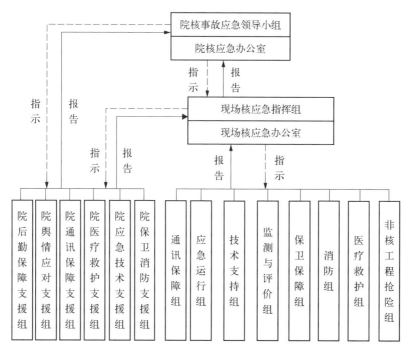

图 11-1　HFETR 核事故应急组织机构

核应急领导组统一指挥应急状态响应行动,下设院后勤保障支援组、院舆情应对支援组、院通讯保障支援组、院医疗救护支援组、院应急技术支援组、院保卫消防支援组。现场核应急指挥组全面负责现场的核应急与准备工作。现场核应急指挥组下设核应急办公室,由通讯保障组、应急运行组、技术支持组、监测与评价组、保卫保障组、消防组、医疗救护组、非核工程抢险组构成。下面介绍各机构的主要职责。

1）核事故应急领导小组

统一指挥应急状态下场内的响应行动,指导现场核应急指挥组立即采取措施,缓解事故后果,批准进入场区应急状态;及时向国家和地方、主管部门和核安全监管部门报告或授权院核应急办公室报告事故应急情况,并保持紧密联系。

2）院核应急办公室

负责启动院核应急组织和院应急中心,向院应急支援组和现场核应急指挥组传达院核事故应急领导小组的指令,向院核事故应急领导小组汇报现场应急信息;根据院核事故应急领导小组的指令,及时向主管部门和国家核安全监管部门报告事故应急情况,并保持紧密联系。

3）院应急支援组

院 6 个应急支援组分别对 HFETR 核事故应急提供消防保卫、应急医疗救治、应急技术、应急状态下的环境影响评价、应急状态下的通信保障等应急支援工作。

4）现场核应急指挥组

现场核应急指挥组在院核事故应急领导小组领导下,全面负责核设施现场的应急准备与核事故应急的领导工作,各应急执行小组组长根据现场核应急总指挥的授权和应急指令,完成组织本小组的应急准备和应急响应工作。

5）应急运行组

应急运行组由 HFETR 运行责任科室的运行、机械、电气、仪控等相关专业人员组成。在事故应急状态下,确保核设施安全停闭并维持安全状态;组织实施厂房内应急措施,控制事故和减轻事故的后果,抢修受损害的系统、设备;对事故的性质、程度和范围进行分析判断,及时向现场核应急办公室/应急中心报告事故原因、演变过程、发展趋势、核设施状态以及控制事故的措施和建议,准确记录响应活动及事故过程;及时向现场核应急办公室报告应急响应状态。

11.2.3.2　应急状态

HFETR 应急状态按照其可能导致核事故的性质、特征、后果,依次划分为应急待命、厂房应急、场区应急。

为便于运行人员迅速识别和确认应急状态等级,通过仪表读数、设备状况和观察得到其他信息或现象等,确定可能导致 HFETR 出现的每个等级应急状态的各种初始条件和初始事件,具体如表 11 - 6 所示。

表 11 - 6　HFETR 应急初始事件和初始条件

序号	事故名称	应急待命	厂房应急	场区应急
1	厂内出现坠落物或飞射物	飞行物在厂内坠毁,但未影响研究堆正常运行或在厂址上空出现飞行物异常活动	飞行物在厂内坠落,已影响到研究堆正常运行或将造成技术规格书中规定的设备降级,可能导致达到停堆的运行限制条件	飞行物在厂内坠落,已经造成技术规格书中规定的设备降级,超出要求停堆运行限制条件或超出安全限值
2	地震	预报或已感觉到有地震	地震烈度大于运行基准烈度	地震烈度大于安全停堆地震烈度
3	火灾	发生火灾不能在 10 分钟内辨明;但未影响研究堆运行,其发展有可能危及研究堆的安全	发生火灾,30 分钟未扑灭要求支援灭火,并且使设备安全水平降级,导致达到要求停堆的运行限制条件	发生火灾,60 分钟未扑灭要求支援灭火,损害了系统设备,超出要求停堆的条件;或超出技术规格书的安全限值
4	洪水	洪水进入厂区辅助厂房可能危及研究堆的安全		
5	意外爆炸	厂内发生爆炸,但未影响研究堆运行,其发展有可能危及研究堆的安全	厂内发生爆炸,影响到技术规格书中规定的设备降级,可能导致达到要求停堆的运行限制条件	厂内发生爆炸,技术规格书中规定的设备受到的损害程度已超出要求停堆的运行限制条件,或超出技术规格书中规定的安全限值
6	人为破坏行为	明显的破坏企图;内部人员骚动(不是短期的);发现爆炸装置	正在进行的危害保安措施的事件,持续时间大于 60 分钟	正在进行的危害保安措施事件,致使保安设施失效

（续表）

序号	事故名称	应急待命	厂房应急	场区应急
7	超功率事故	功率失控，预计要超过预定保护功率	运行功率已超过预定保护功率，且保护系统不能正常停堆	运行功率已达到或已超过运行安全限值，保护系统不能正常停堆
8	燃料组件破损	破探系统缓发中子仪、总 γ 仪指示达到警告整定值	破探系统缓发中子仪、总 γ 仪指示达到警告整定值的 2 倍	破探系统缓发中子仪、总 γ 仪指示达到警告整定值的 3 倍
9	考验组件破损	燃料组件考验回路：缓发中子、总 γ 指示达到警告整定值的 2 倍	缓发中子、总 γ 指示值达到警告整定值的 5 倍	缓发中子、总 γ 指示值达到警告整定值的 25 倍
10	断电	关键直流电源丧失	两路外电源同时断电，同时二次水断流	
11	气体从堆厂房异常释放	烟囱排出气体的气流 β 指示值达到 2.6×10^9 Bq/m^3，且持续 10 分钟	烟囱排出气体的气流 β 指示值达到 2.6×10^{10} Bq/m^3，且持续 10 分钟	烟囱排出的放射性气体的气流 β 指示值达到 2.6×10^{11} Bq/m^3，且持续 10 分钟
12	停堆功能丧失	任意一路保护参数达到保护值而未实现保护停堆	任意一路保护参数达到保护值而未实现保护停堆，且手动停堆失效	运行参数预计要达到或已达到安全限值，且手动停堆失效
13	一次水系统破口	考验回路由于破口而导致压力降低，高压安注自启动	HFETR：由于破口，系统压力降至 0.54 MPa 考验回路由于破口而导致压力降低，低压安注自启动	迹象表明反应堆压力容器焊缝已破裂
14	考验回路超压	回路压力预计将要达到或已达到安全阀起跳整定值，安全阀未能起跳		

（续表）

序号	事故名称	应急待命	厂房应急	场区应急
15	厂址边界剂量异常	厂址边界的放射性流出物 24 小时以上平均浓度大于 10 倍导出空气浓度（DAC）或厂址边界全身 24 小时累积剂量已经或预计超过 0.15 mSv	① 厂址边界的放射性流出物 24 小时以上平均浓度超过 50 倍导出空气浓度或厂址边界全身 24 小时累积剂量已经或预计将超过 0.75 mSv； ② 厂址边界上，全身 1 小时平均剂量率已经或预计超过 0.2 mSv/h，或甲状腺 1 小时平均剂量率已经或预计超过 1.0 mSv/h	① 厂址边界的放射性流出物 24 小时以上平均浓度超过 250 倍导出空气浓度或厂址边界全身 24 小时累积剂量已经或预计超过 3.75 mSv； ② 厂址边界上，全身 1 小时平均剂量率已经超过或预计将超过 1.0 mSv/h，或甲状腺 1 小时平均剂量率已经或预计超过 5.0 mSv/h

11.2.3.3　应急响应

应急响应根据进程分为应急启动、应急行动、应急终止。根据事故应急初始事件和初始条件，当出现的事故达到或即将达到某一应急等级时，HFETR进入应急状态，启动应急组织，实施应急行动。按照应急预案、事故处理规程开展应急行动，应急组织指挥各应急小组、反应堆各岗位人员进行控制和处理事故。

当确认 HFETR 事故已得到有效控制，反应堆已处于安全状态，事故产生的放射性物质向环境的释放已经得到有效控制，排放浓度已降到控制限值以内，造成的污染已采取隔离措施，并使事故的长期后果可能引起的照射降至最低限度，应急状态终止。

11.2.3.4　应急系统设施

HFETR 应急系统和设施严格按照研究堆、核电厂应急相关法律法规和标准进行设计与建设，主要包括应急控制中心、应急指挥系统、应急决策系统、应急辐射监测系统，以及相应的医疗救护、应急洗消、消防、后勤保障及抢险抢修设施。

1）应急控制中心

按照统一应急的原则，HFETR 应急控制中心集应急指挥、辐射监测与评价、技术支持及后勤保障于一体，对 HFETR 事故应急进行统一指挥和协调。HFETR 应急控制中心位于 HFETR 东北方向约 2 km 处，建设面积为 4 119 m²。

应急控制中心划分为应急指挥工作区和辅助工作区。应急指挥工作区主要包括应急指挥室、评价及决策室、应急调度室、专家组办公室、专家会议室。应急指挥室为应急控制中心的核心,应急指挥人员根据评价及决策室提供的数据,在专家支持下,开展应急指挥工作。辅助工作区包括应急值班室、过渡间、污染服更衣室、淋浴间、测量室、净衣服更衣室、柴油机房、电气配电间、空调机房、水箱间、办公室、维修服务室、气象观测间、休息间、生活间、食物储藏间、资料室、弱电机房、计算机室及数据中心等。

为满足 HFETR 事故情况下应急人员的可居留性,应急控制中心配置了应急通风系统、应急供电系统、应急供水系统。

2) 应急指挥系统

应急指挥系统具备多样性和冗余性,包括应急通信系统、应急广播系统、应急报警系统、应急视频会议系统等。

应急通信系统包括行政电话系统、应急电话系统、无线通信系统。行政电话系统可实现内部与外部的通信联系。在应急指挥室、专家会议室、评价及决策室、实验室、办公室等房间设置电话分机。指挥室、专家室、调度室等处的行政电话都具有录音功能,配置 16 路的数字录音系统 1 套。应急电话系统用于指挥中心与各核设施、其他后援单位的联系,并与上级应急中心通信,具备市话和长途电话功能。

无线通信系统包括卫星电话系统、核应急无线对讲系统。在正常工况下,无线通信系统作为工作人员的通信手段之一,在应急工况或有线通信设备故障的情况下,无线通信系统成为应急通信的必须手段。卫星电话系统作为有线通信的备用,在事故工况下,实施应急计划时,作为安全可靠的通信手段之一。HFETR 所在厂区地区和院应急指挥中心分别配置 2 部手持卫星电话、1 部车载卫星电话。

应急广播系统向全厂或部分区域进行广播,对全厂或部分区域进行紧急呼叫。除了在各呼叫站处发出呼叫外,还可以从提前预录音装置发送多种信息。应急广播系统由网络控制器、功率放大器、呼叫站、扬声器及相应线路等组成。在正常情况下,可以实现广播信息、寻呼等功能;在事故情况下,通过呼叫站进行相应的广播呼叫、指导人员疏散。

应急警报系统仅在厂区设施外设置,作为广播系统的备用系统,由声警报中央控制站、电声控制器、室外声警报器终端组成,在事故工况下发出声警报。

应急视频会议系统由视频显示系统、桌面会议发言系统、视频会议系统、控制中心集成控制系统组成。

3）应急决策系统

应急评价决策系统获取相关核设施工艺系统、核辐射监测系统等系统的参数或数据,进行堆芯损伤评价、核事故后评价,获得应急状态所需的参数与设定值进行比较,经逻辑判断后实现应急状态辅助判断。按照积极兼容、统一指挥和具有开放性与可扩展性的原则进行设计,包括应急指挥系统、应急决策支持系统、反应堆工况评价系统、核事故后果评价系统、应急数据管理系统5 个部分。除此之外,应急评价决策系统应具有时钟同步功能。

应急指挥系统接收核设施工况数据、核设施现场视频监控数据、厂区辐射监测数据、环境监测数据、气象数据等,调用反应堆工况评价系统和应急数据管理系统,进行相关数据处理,并将相关实时数据传递给核事故后果评价系统,获得事故后果评价结果,然后调用应急决策支持系统,给出应急建议,为应急指挥人员决策和指挥处理各事故提供依据。

应急决策支持系统为应急指挥中心提供快速辅助决策,有效控制和减轻核事故应急状态的后果,避免或减少工作人员和公众所接受的剂量。

4）应急辐射环境监测系统

为开展应急条件下环境 γ 辐射水平实时监测,应急环境介质样品的采集、测量前处理和分析测量等,结合反应堆运行配置辐射监测系统和设备与专用应急监测车辆组成应急辐射环境监测系统,主要包括固定式辐射环境监测网络系统、辐射环境监测实验室、环境 γ 巡测车和应急取样车。

11.2.3.5　应急演练

HFETR 通过培训、应急演练/演习等方式保持应急能力。

所有应急组织成员、厂区内工作人员均需开展核事故应急培训。每 2 年对所有应急组织成员进行一次再培训。各应急小组每年进行一次再培训。

通过应急演习验证应急预案的可行性和有效性,对应急组织进行模拟训练,培训并检验应急响应组织和个人的应急响应能力,训练各组织之间组织协调能力。应急演习分为综合应急演习、单项应急演习。每 2 年由现场应急总指挥统一组织综合应急演习,演习的最高应急等级为场区应急。每 2 年由应急办公室组织进行一次应急启动与通知、辐射监测、消防、医疗救护、人体与设备去污等单项演习,并结合各应急小组的培训内容,进行适当的演习。

第 12 章

放射性计量

放射性计量是指针对放射性监测设备进行检定、校准、测试等量值传递的活动,以确保监测数据准确可靠、量值统一。HFETR 在运行过程中,需要对关键场所、点位的剂量水平进行监测,因此配备了大量的辐射防护监测仪表,为保证剂量监测仪表监测的数据准确可靠,必须对仪表进行周期检定/校准。HFETR 有配套的计量实验室,建立了多套电离辐射剂量和中子标准装置,在进行量值传递和保证量值统一方面发挥了重要的作用。计量实验室还建立了同位素活度量热测量装置和方法,可以采用非破坏性方法对 HFETR 生产的同位素产品活度进行测量,测量结果准确、可靠;计量实验室长期开展气态流出物监测设备的现场校准技术研究,形成了针对 HFETR 气态流出物监测设备的现场计量保障能力。另外,针对 HFETR 乏燃料组件、放射性废物等转运和储存容器,长期开展屏蔽性能检测技术研究,具备了完善的屏蔽性能检测能力。

12.1 放射性计量学基础

放射性计量学主要研究电离辐射计量专业所涉及的放射性活度、辐射剂量和中子计量等的基础理论、测量技术、测量器具及其检定或校准方法等。有关计量学和放射性计量学相关术语的阐述已日趋完善,在此将按照计量术语和放射性量及仪表检定方法进行介绍。

12.1.1 计量术语

标准:为了定义、实现、保存或复现量的单位一个或多个量值,用于参考的实物量具、测量仪器、参考物质或测量系统。

检定：由法定计量技术机构确定并证实测量器具是否完全满足规定要求而做的全部工作。

校准：在规定条件下，为确定测量仪器、测量系统所指示的量值或实物量具、标准物质所代表的量值与对应的测量标准所复现的量值之间关系的一组操作。

测量：通过实验获得，并可合理地赋予某量一个或多个量值的过程。

计量：实现单位统一量值可靠活动的过程。

测量设备：进行测量所需的测量器具、测量标准、标准物质、辅助设备及其技术资料的总称。

量程：标称范围两个极限之差的模。

测量范围：使测量器具的误差处在规定极限范围内的一组被测量值。

精密度：在规定条件下，同一或类似被测对象重复测量所得示值或测得值之间的一致程度。

重复性测量条件：相同测量程序、相同操作者、相同测量系统、相同操作条件和相同地点，并在短时间内对同一或相类似被测对象重复测量的一组测量条件。

重复性：在一组重复性测量条件下的测量精密度。

测量不确定度：根据所用到的信息，表征赋予被测量值分散性的非负参数。

辐射场量：电离辐射源如 X 射线管、电子加速器、放射源等会向周围发射电离辐射粒子，形成一个粒子场，称为辐射场。在辐射源周围感兴趣的某一点上的辐射场一般用这点的粒子注量来描述。除此之外，辐射粒子的能量、空间分布和方向性也是场的重要特性。

12.1.2 放射性量及仪表检定方法

比释动能：在某种物质的一个适当小的体积元内，由间接致电离粒子释放的全部带电粒子的初始动能之和的平均值除以该体积元内物质的质量所得的商，单位为 Gy。

照射量：指 X 或 γ 射线的光子在单位质量的空气中产生的同一种符号的离子总电荷量，单位为 C/kg。

吸收剂量：受照物质在特定体积内，单位质量物质吸收的辐射能量，单位为 Gy。

剂量当量：为组织中一点的吸收剂量与品质因子的乘积,单位是 J/kg,专用名为希[沃特](Sv)。

当量剂量：组织或器官的平均吸收剂量与辐射权重因子的乘积,当量剂量的单位是 J/kg,专用名是希[沃特](Sv)。

有效剂量：有效剂量是人体各组织或器官当量剂量加权之和,单位是 J/kg,专用名是希[沃特](Sv)。

周围剂量当量：在辐射场一点上的周围剂量当量 $H*(d)$ 是由相应扩展齐向场在 ICRU 球内与齐向场相反方向的半径上深度 d 处产生的剂量当量。

个人剂量当量：人体某一指定点下面适当深度 d 处的软组织的剂量当量 $H_p(d)$,这里的软组织定义为由碳、氮、氧和氢组成的密度为 $1\ g\cdot cm^{-3}$ 的均匀材料。

放射性活度：原子放射性物质单位时间内衰变的数目。

替代法：将受检仪表的探测器与标准仪器先后放置在同一位置,对同一被测对象进行测量,将得到的值进。得到校准因子 N_B:

$$N_B = \frac{N_A M_A}{M_B} \qquad (12-1)$$

式中：N_A 为标准仪器校准因子；M_A 为标准仪器测量值；M_B 为受检仪器读数测量值。

标准法：受检仪表直接测量已知的测量对象 $K_{a,s}$,这时校准因子按下式计算：

$$N_B = \frac{K_{a,s}}{M_B} \qquad (12-2)$$

12.2　γ 辐射计量测试

在 HFETR 运行、控制与核防护等工作中,广泛使用了各类 γ 剂量率监测的仪器设备,对场所及工作人员的辐射剂量进行监测,其监测数据是否准确可靠对 HFETR 的运行安全尤为重要。为此,计量实验室建立了多套辐射剂量标准装置,用于场所及个人 γ 剂量率仪等的量值传递,其中应用最为广泛的是 γ 射线空气比释动能(率)防护水平标准装置和 γ 射线空气比释动能(率)治疗水平标准装置,以下分别进行介绍。

12.2.1 γ射线空气比释动能(率)防护水平标准装置

γ射线空气比释动能(率)防护水平标准装置主要用于 HFETR 辐射防护监测仪表[如便携式 X、γ辐射周围剂量当量(率)仪和监测仪、防护水平标准照射量(率)计等]的检定和校准,也可用于这些辐射防护监测仪表的辐射性能检测。

1)标准装置组成

γ射线空气比释动能(率)防护水平标准装置是借助于放射源对受检仪表进行照射,从而实现检定和校准。该装置包括主标准器和配套设备。

主标准器由电离室和二次仪表组成。电离室是以 3 mm 厚的导电塑料为壁材料,涂石墨棒为收集极的自由空气电离室。室壁加高压,使其与收集极之间形成电场,以收集灵敏体积气体中产生的离子和电子电荷。二次仪表用于测量来自电离室的饱和电流或电荷,并将其转换为可显示的形式,电荷显示为空气比释动能,电流显示为空气比释动能率。主标准器按照溯源周期进行周期溯源,确保测量结果的准确性和溯源性。

配套设备包括γ参考辐射场、钢卷尺、工业温度计、数字压力计、电子秒表、温湿度表等。其中,γ参考辐射场包含不同种类的 7 枚放射源,可以根据检定/校准的要求选择不同核素和活度的放射源,以满足量传范围的要求。

2)测量原理

γ射线与电离室壁材料相互作用产生的次级电子进入电离室有效灵敏体积内,并与其内的气体碰撞,使气体电离产生电子和正离子,这些电子和正离子在电场作用下分别向收集极和电离室壁漂移,在收集极上形成电流,输入二次仪表进行测量和显示。该电流大小与空气比释动能率成正比,因此可通过测量电流的大小,得到相应的空气比释动能率。

3)检定/校准方法

采用已知γ辐射场照射法进行检定/校准。用标准仪器对γ参考辐射典型校准点进行测量,得到该点空气比释动能率的约定参考值,其余使用的校准点通过距离反平方法计算得到。受检仪表的校准因子 k_c 按下式计算:

$$k_c = \frac{\dot{K}}{M} \qquad (12-3)$$

式中：k_c 为受校仪表的校准因子；$\dot{K}$ 为校准点约定参考量值，$\mu Gy \cdot h^{-1}$；M 为受校仪表读数，$\mu Gy \cdot h^{-1}$。

4）主要技术指标

γ 射线空气比释动能（率）防护水平标准装置的主要技术指标如下。

（1）空气比释动能率范围：$1.0 \sim 1.0 \times 10^6 \mu Gy \cdot h^{-1}$。

（2）测量结果扩展不确定度：$4.4\%（k=2）$。

（3）辐射场环境散射：4.8%。

（4）射束不均匀性：1.5%。

12.2.2　γ 射线空气比释动能（率）治疗水平标准装置

γ 射线空气比释动能（率）治疗水平标准装置主要用于 HFETR 使用的各种高剂量率测量仪器的检定与校准。

1）标准装置组成

γ 射线空气比释动能（率）治疗水平标准装置是借助放射性核素辐射源对受校准仪表进行照射，以实现检定和校准的装置。该装置包括主标准器和配套设备。

主标准器由电离室组件、测量设备组成。电离室是以 0.15 mm 厚的石墨为壁材料，铝为收集极的自由空气电离室。室壁加高压，使其与收集极之间形成电场，足以收集其灵敏体积气体中产生的离子和电子电荷。电离室备有平衡帽，以保证达到带电粒子平衡。测量设备用于测量来自电离室的电流或电荷，并将其转换为可显示的形式，电荷显示为空气比释动能，电流显示为空气比释动能率。

配套设备包括 γ 参考辐射场、钢卷尺、工业温度计、数字压力计、电子秒表、温湿度表等。γ 参考辐射场的辐射源装置将辐射束准直，使环境散射和射束不均匀性等满足国家标准的要求。其中，γ 参考辐射场由 2 枚不同活度的 ^{60}Co 放射源组成，用于覆盖量传的剂量率范围。

2）工作原理

γ 射线空气比释动能（率）治疗水平标准装置的工作原理与防护水平标准装置的相同，区别在于作为主标准器的电离室的体积不同。γ 射线与电离室壁材料相互作用产生的次级电子进入电离室有效灵敏体积内，并与其内的气体碰撞，使气体电离产生电子和正离子，这些电子和正离子在电场作用下分别向收集极和电离室壁漂移，在收集极上形成电流，输入测量设备进行测量和显示。该电流大小与空气比释动能率成正比,因此可通过测量电流的大小,得到相应的空气比释动能率。

3) 检定/校准方法

采用已知 γ 辐射场照射法进行检定/校准,具体过程与 γ 射线空气比释动能(率)防护水平标准装置的相同。

4) 主要技术指标

γ 射线空气比释动能(率)治疗水平标准装置的主要技术指标如下。

(1) 空气比释动能率范围:$1.0 \times 10^4 \sim 1.0 \times 10^7 \ \mu Gy \cdot h^{-1}$。

(2) 测量结果扩展不确定度:$2.4\%(k=2)$。

(3) 辐射场环境散射:1.4%。

(4) 射束不均匀性:2.8%。

12.3 中子计量

在 HFETR 运行、控制与核防护等工作中,广泛使用了中子注量率和中子剂量率监测的仪器设备,其监测数据是否准确可靠对 HFETR 的运行安全尤为重要。为此,计量实验室建立了中子注量率标准装置,用于中子注量率仪和中子周围剂量当量(率)仪等的量值传递。

12.3.1 中子注量率标准装置

1) 标准装置组成

中子注量率标准装置是利用 Am-Be 中子源所产生的中子对被校仪器进行照射,实现对中子注量率仪和中子周围剂量当量(率)仪等仪器进行校准的装置。该标准装置由主标准器及其配套设备组成。

主标准器包括长计数器和二次仪表。长计数器由 BF_3 正比计数管、聚乙烯慢化体、热中子吸收镉片及铝壳组成。正比计数管外壳为去氧铜,外径为 38 mm,厚为 0.5 mm,长为 264 mm,内充 ^{10}B 浓缩度为 95% 的 BF_3,压力为 0.027 MPa;慢化体外径为 380 mm,长为 410 mm。

配套设备包括 Am-Be 中子源射线装置、温湿度表、数字气压计、钢卷尺、影锥和体模等。

2) 工作原理

Am-Be 源发射的中子经慢化体慢化成热中子后,使慢化体中的 BF_3 正比

计数管产生 $^{10}B(n,\alpha)^7Li$ 核反应,α 粒子使气体电离形成电脉冲,输入二次仪表进行测量和显示。计数率的大小与中子注量率成正比,根据计数率的测量结果和已知的中子注量率响应等参数,可计算得到其中子注量率。校准点中子注量率按下式计算:

$$\varphi = \frac{N - N_b}{R_\Phi} \tag{12-4}$$

式中:φ 为中子注量率,$cm^{-2} \cdot s^{-1}$;N 为长计数器计数率,s^{-1};N_b 为长计数器本底计数率,s^{-1};R_Φ 为中子注量率响应,cm^2。

3) 检定/校准方法

采用最常用的校准点"约定参考量值法"。这种方法是用标准仪器对 Am-Be 源中子参考辐射典型校准点进行测量,得到该点中子注量率的约定参考量值,其余使用的校准点均通过距离反平方方法得到。根据检定规程给出的中子注量与中子周围剂量当量转换因子 $h_\phi^*(10)$,计算得到校准点的中子周围剂量当量率 $H^*(10)$,这时受校仪器的校准因子 k 按下式计算:

$$k = \frac{H^*(10)}{N_1 - N_{1b}} = \frac{\varphi h_\varphi^*(10)}{N_1 - N_{1b}} \tag{12-5}$$

式中:$H^*(10)$ 为校准点的中子周围剂量当量率,$\mu Sv \cdot h^{-1}$;$h_\varphi^*(10)$ 为中子注量与中子周围剂量当量转换因子,$pSv \cdot cm^2$;N_1 为受校仪器读数,$\mu Sv \cdot h^{-1}$;N_{1b} 为受校仪器测量本底,$\mu Sv \cdot h^{-1}$。

4) 主要技术指标

中子注量率标准装置的主要技术指标如下。

(1) 中子注量率范围:$10 \sim 2 \times 10^2 \; cm^{-2} \cdot s^{-1}$。

(2) 中子注量平均能量:4.16 MeV。

(3) 中子辐射场散射:2.5 m 范围内不大于 32%。

(4) 标准装置测量扩展不确定度:5.2%($k=2$)。

12.3.2 中子灵敏度校准装置

核测系统是 HFETR 安全运行的重要设备之一。正比计数器测量系统用于反应堆启动和停堆后中子注量率测量;裂变电离室测量系统用于反应堆临界后小功率段中子注量率测量;补偿电离室测量系统用于反应堆高功率段中子注量率测量。这些测量均与探测器中子灵敏度密切相关。因此,探测器中子灵敏度是反应堆核测系统用辐射探测器的关键参数之一,直接对反应堆启动、停堆后中子注量率、反应堆临界后低功率段中子注量率和反应堆高功率段中子注量率测量的准确性产生影响,并关系到反应堆的运行安全。为确保反应堆核测系统测量结果的准确性,必须对探测器的中子灵敏度进行校准。为此,在计量实验室建立了中子灵敏度校准装置。

1) 校准装置组成

中子灵敏度校准装置由储源容器、屏蔽体、慢化体、校准孔道、线中子源、线中子源升降定位装置、探测器位移定位装置、计算机及自动控制系统等组成,用于产生热中子场,其结构如图 12-1 所示。

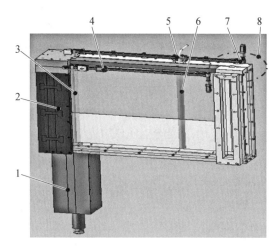

1—储源容器;2—屏蔽体;3—慢化体;4—源升降运动线性模组;5—探测器固定支架;6—探测器;7—探测器左右运动线性模组;8—套筒更换机构。

图 12-1　中子灵敏度校准装置结构示意图

2) 中子灵敏度校准方法

中子灵敏度校准装置对计数管或裂变电离室的热中子灵敏度进行绝对标定。在探测器表面的灵敏区内适当的位置贴一些活化片,测量计数管或裂变电离室及 γ 补偿中子电离室在某一中子注量率下的计数率(或电流),然后用活化法标定该中子注量率的实际值,将此中子注量率除以计数率或电流,得出计数管或裂变室及 γ 补偿中子电离室的中子灵敏度,同时给出计数率或电流及中子注量率的测量精度,该计数管或裂变室及 γ 补偿中子电离室可以作为标准管。

在中子灵敏度校准装置进行辐照,测试标准计数管或裂变室计数率或电流,在同一条件下,测试待测计数管或裂变室计数率或电流,则待测计数管或裂变室的热中子灵敏度都为

$$S_{nw} = S_n \frac{N_w}{N} \qquad (12-6)$$

式中:S_{nw} 为待测计数管或裂变室的热中子灵敏度,cm^2;S_n 为标准计数管或裂变室的热中子灵敏度,cm^2;N_w 为待测计数管或裂变室的计数率,s^{-1};N 为标准计数管或裂变室的计数率,s^{-1}。

$$S_n = \frac{(I_n + I_\gamma) + (I_n - I_\gamma)}{2\varphi} \qquad (12-7)$$

式中:S_n 为中子灵敏度,$A \cdot cm^2 \cdot s$;I_n 为中子室的输出电流,A;I_γ 为 γ 室的输出电流,A;φ 为中子注量率,$cm^{-2} \cdot s^{-1}$。

3) 主要功能及技术参数

主要技术参数包括核素、规格、中子源活度(3.7×10^{11} Bq),核素为 ^{241}Am-Be、线中子源规格(ϕ22 mm×1 113 mm)。

12.4 放射性气态流出物现场计量

放射性气体是指带有放射性核素的气体。在原子能工业的生产或核设施运行中,随着不同的工艺过程均有不同性质的含有核素的排气产生。放射性废气最根本的来源为堆芯的核反应结果,燃料在破损、装卸料、系统运行废气泄漏以及系统扫气等条件下会造成工艺废气排放。

放射性惰性气体监测仪是用于连续监测向环境排放的气态排出流中放射性惰性气体的设备。放射性惰性气体排出流监测仪根据被测辐射类型,设备可分为 γ 探测器、β 探测器和特定核素探测器。

放射性气体活度绝对测量方法主要采用内充气正比计数器作为探测器,人们在测量方法和计数管的结构方面做了很多研究工作。R. C. Hawking 等于 1948 年提出用长度不同而其他结构完全一样的两根计数管进行长度补偿测量的原理,一直被广泛地沿用到现在,这是目前国际上最好的而且准确度最

高的一种方法,该方法称为长度补偿法。利用长度补偿法测量放射性气体的活度可以消除计数管的端效应。

1) 测量装置

测量装置主要由一组长度不同而端结构一致的内充气正比计数管、真空系统以及相应的电子学仪器组成。整个真空系统的真空度达到 0.4 Pa 即可,这是一般机械泵都能够达到的。正比计数管组是由 3 根长度不同而其他结构完全一样的计数管组成的,阳极丝为直径 50 pm 的镀金钨丝。计数管采用平板式的端结构,各个计数管端结构的几何条件完全相同,这易于测定它们的灵敏体积。

当测量样品时,可将待测放射性气体样品接入测量装置,将整个真空系统抽至 0.4 Pa,再将样品和工作气体(99.99%甲烷)依次充入混合瓶进行均匀混合,大约半小时后,将混合气体充入计数管内进行测量。

2) 测量原理和方法

用内充气正比计数器测量 β 放射性气体活度时,只要知道计数管的灵敏体积以及它含有放射性气体的绝对衰变率——活度,根据有关管道、容器等的容积,就可以算出待测样品的活度。但是,通常直接由定标器记录的计数率,并不是绝对衰变率,要得到绝对衰变率,必须对死时间、本底、甄别阈、端效应、壁效应及吸收效应等进行修正,此外,在测量过程中,还要充分注意端绝缘体表面上积电效应的影响。放射性气体样品的活度浓度可按下式进行计算:

$$A = \frac{1}{V_b} \frac{N_{LS}}{V_{LS}} \eta_1 \eta_2 B \qquad (12-8)$$

式中:N_{LS} 为长、短计数管计数率之差,s^{-1};V_{LS} 为长、短计数管体积之差,L;η_1 为壁效应修正系数;η_2 为吸收效应修正系数;B 为系统总体积,L;V_b 为样品体积,L。

3) 放射性气体监测仪现场校准

放射性气体监测仪现场校准装置系统由隔膜泵、涡旋泵、储气瓶、质量流量计、温度计、压力计、移动平台、管道系统等部件组成,结构如图 12-2 所示。该装置具有以下特点。

(1) 放射性惰性气体采用钢瓶储存,体积为 6 L,最大承受压力为 20 MPa。钢瓶固定在现场校准装置的移动平台上,可自由移动,方便现场操作。钢瓶配置压力表、减压阀,用于对瓶内气体控制及压力进行监测。

（2）气瓶出口处安装有质量流量计，监测进入系统的放射性气体量，从而决定系统内放射性气体的活度浓度。

（3）系统配置涡旋泵，用于对系统抽真空。

（4）系统配置隔膜泵，在注入放射性气体后，使气体在系统内循环，混合均匀。

（5）管道系统内安装温度计、压力计，监测系统内气体温度及压力，用于校准过程中放射性气体活度浓度的修正计算。

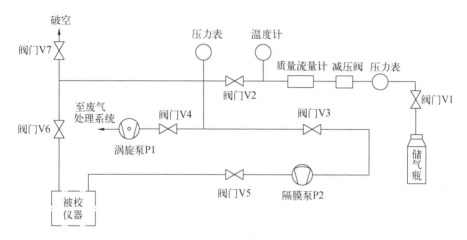

图 12-2　现场校准装置结构示意图

12.5　同位素活度量热法测量装置

同位素活度量热法测量装置是利用量热法原理测量同位素活度的装置，按照测量对象的不同，可分为低能 β 微量热计和大体积 β 量热计，以下分别进行介绍。

12.5.1　低能 β 微量热计

低能 β 微量热计主要用于医用同位素的非破坏法测量，可以直接测量医用同位素产品的放射性活度，不会产生放射性废物以影响环境，不会造成医用同位素产品损失，测量方法简单便捷。

1）工作原理

量热计的工作原理是基于被测样品的热效应。对于放射性核素样品，辐

射能被物体(量热杯)吸收后,温度升高,通过测量量热杯的温度变化,即可得到其输出热功率,按下式计算放射性活度:

$$A = \frac{P}{1.602 \times 10^{-13} \overline{E} \rho} \qquad (12-9)$$

式中:P 为吸收体吸收的热功率,W;$\overline{E}$ 为放射性核素每次衰变辐射的平均能量,MeV;ρ 为吸收体对射线的吸收系数(对于 α 和低能 β 粒子,$\rho_\alpha = \rho_\beta = 1$,对于 γ 射线,$\rho_\gamma \leqslant 1$);A 为被测样品放射源活度,Bq。

微量热计采用热流型原理测量样品的输出功率。被测样品置于量热杯中,而量热杯置于恒温体中,两者之间有数百支热电偶串接而成的热电堆。设量热杯的总热容为 $C(\text{J}/℃)$,量热杯与恒温体之间的总传热系数为 $K(\text{W}/℃)$,t 为测量时间(s),当 t 足够长时,量热计达到热平衡。此时,量热杯吸收的热功率 P 由下式给出:

$$P = \frac{k}{F} e \qquad (12-10)$$

式中:e 为热电堆上产生的热电势;F 为热电堆总的热电系数;k 为量热杯与恒温体之间总的热传输系数。量热计的 $\dfrac{k}{F}$ 可通过电功率进行校准,因而,通过热电堆的热电势测量,可得到被测样品的热功率及放射性活度。

2) 微量热计组成

微量热计由量热单元、温控与测量单元组成,两者在量热计测控软件的控制下协调工作,实现放射性核素活度的自动测量。

量热单元是用于感知被测样品发热功率的探测单元,主要由样品容器、量热杯、铜圆锥套、热电堆、铝恒温体、温控层和包壳等组成,其结构如图 12-3 所示。

量热单元采用两套热性能基本相同的量热杯、热电堆、铜圆锥套、导向管和样品容器支杆。铜圆锥套与铝恒温体紧密配合,而量热杯置于铜圆锥套的中心。在铜圆锥套和量热杯之间安装热电堆,热电偶的热端与量热杯外表面接触,而冷端与铜圆锥套的内表面接触。样品容器通过支杆插入导向管,直至量热杯中。两个量热杯热电堆的引线差分对接,以减少恒温体温度波动对测量的影响。同时,由于铝恒温体加工成中段为圆柱形,上下两段为锥形,使其来自轴向的热干扰对两个差分对接的量热杯温度的影响一致。

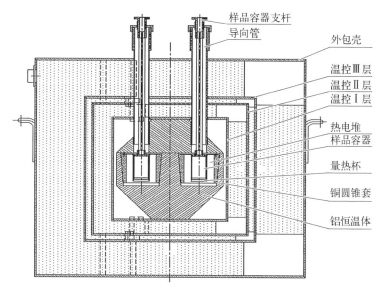

图 12-3 量热单元结构

恒温体的温度用伺服控制的动态恒温,由同轴布置的温控Ⅰ层、温控Ⅱ层和温控Ⅲ层实现自动调温。电阻测温线圈和功率的电加热线圈一起间隔绕在各温控层上,与各自的温度测量与控制系统构成闭环回路,使各温控层保持恒温。温控层之间用绝热材料分隔。各温控层所恒定的温度由里往外依次降低,形成恒定热流。

图 12-4 所示为温控与测量单元框图。该单元以计算机为核心,实现自动恒温控制和电功率测量,同时实现对量热计校验以及超温报警和保护等功能。数字万用表和扫描卡现对 RTD4(温控Ⅰ层中段测温传感器)、RTD5(恒温体内测温传感器)两个四线电阻的阻值进行测量,通过接口输入计算机,经数据处理后显示温度。量热单元热平衡后,测量 Ri1(量热杯内加热器电阻)和 Ri2(参考杯内加热器电阻)的阻值及两端的电压,计算得到相应的加热功率。通过高精度数字万用表和通道扫描卡结合,实现分别对 RTD1、RTD2、RTD3(分别为温控Ⅰ、Ⅱ、Ⅲ层的测温传感器)3 个四线电阻的阻值测量,并经接口输入计算机作为 3 个温控回路的温度信号。同时,万用表还实时测量热电堆输出热电势 U_e,并绘制出随时间的变化曲线。由热电势得到被测样品的热功率,从而实现放射性活度的测量。程控电压源为功率调节器,是本单元直接数字控制器(DDC)的执行机构。

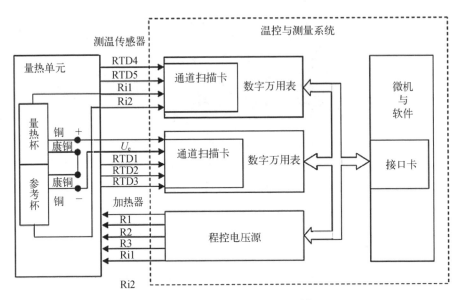

图 12-4 量热计温控与测量系统框图

图 12-5 所示为测控软件的功能模块框图,包括参数调整、设备检查、量热计预热、测量、校准和结果输出 6 个功能子模块。它在 Windows 环境下运行,实现自动测量、自动恒温控制、自动数据采集与分析以及结果输出等功能。该软件的用户界面友好,所有功能键定义于屏幕上,使用方便、操作简单,能实时显示测量状态及工作情况和测量结果,还可以存储于磁盘或打印输出。

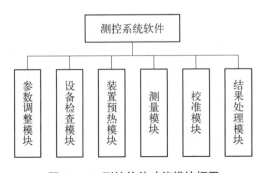

图 12-5 测控软件功能模块框图

3)装置性能

温度稳定度:±0.000 1 ℃。基线漂移:4 h 内的漂移小于 60 nV。

12.5.2　大体积 β 量热计测量装置

1）测量原理

大体积 β 量热计测量装置主要由量热单元和温度伺服控制系统组成,硬件系统框图如图 12‑6 所示。温控与测量系统通过精确测量被测样品放入前后量热单元的温度和功率变化,测量样品发热功率。

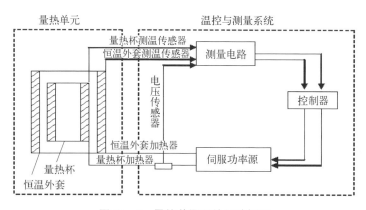

图 12‑6　量热装置硬件系统框图

2）组成及结构

该装置由量热单元、温控与测量系统、软件等组成。量热单元是用于感知被测样品发热功率的探测单元,放置待测样品的测量腔室为圆柱形空间,如图 12‑7 所示。圆筒形的温控Ⅰ、Ⅱ、Ⅲ层同轴布置,各温控层上分别间隔绕上用于测温和加热的电阻线圈,并与各自的测温与控制系统构成闭环调节回路,使各温控层的平均温度恒定。温控层之间用适当导热系数的填充媒质间隔,3 个温控层的恒定温度由内往外依次降低,以确保热平衡时量热单元由内往外维持一定的恒定热流。量热单元底部和顶部分别有下绝热块、上绝热块和密封盖进行热隔离,以减小量热单元的轴向热泄漏。

温控与测量系统通过对待测样品在量热单

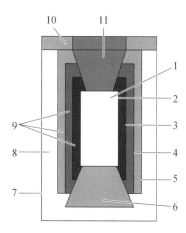

1—测量腔室;2—温控Ⅰ层;
3—温控Ⅱ层;4—温控Ⅲ层;5—恒温区外层;6—下绝热块;7—包壳;8—气体冷却室;9—填充媒质;10—上绝热块;11—密封盖。

图 12‑7　量热单元原理示意图

元内发热时输出的各项参数，包括电阻、电压进行测量，实现对待测样品发热功率的精确测量。由于发热功率的测量下限(1 mW)很低，温控精度需达到$\pm 4 \times 10^{-5}$℃，因此选用高精度的数字万用表作为测量工具，高精度数字电压源作为功率输出。同时，电热模拟体的加热电阻R_e与安装在量热单元温控Ⅰ层外壁面上的内校验加热电阻R_i，分别用于校准装置的校准与校验，通过微机上的软件进行设置，可以施加在R_e、R_i上校准或校验功率。R_1及R_i或R_e等加热电阻上的电功率的测量采用电阻、电压法。在系统达到热平衡以后，关闭程控电压源，利用数字万用表分别进行一次R_1、R_i或R_e的四线法电阻测量，然后重新启动程控电压源，恢复正常工作。每个采样周期均测量R_1、R_i或R_e两端的电压，从而实时得到各自的电功率。测量原理如图12-8所示。

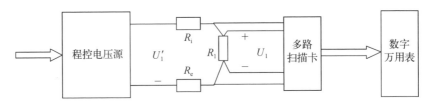

图 12-8 量热单元上加热电阻 R_1 上的电功率测量原理图

测控软件主要实现量热单元温控各层的恒温控制和功率测量的功能。由于温控系统的复杂性，本系统采用PID的控制方式实现对温控层的恒温控制。RTD1、RTD2、RTD3分别为温控Ⅰ、Ⅱ、Ⅲ层的电阻温度传感器，也以四线法引出，通过数字万用表和多路扫描卡的结合，共同实现这3个四线电阻的阻值测量，并经接口卡输入微机。微机进行软件PID计算得到控制信号，然后根据控制信号的大小改变程控电压源施加到各自电阻加热器(R_1、R_2、R_3分别为温控Ⅰ、Ⅱ、Ⅲ层的加热器电阻)上的功率，以使各温控层的温度保持恒定。不完全微分PID算法(增量式)，如下式所示：

$$\Delta u(kT) = a \cdot \Delta u(kT-T) + (1-a)\Delta u'(kT) \tag{12-11}$$

$$\Delta u'(kT) = K_p \left\{ \Delta e(kT) + \frac{T}{T_i} e(kT) + \frac{T_d}{T} \left[\Delta e(kT) - \Delta e(kT-T) \right] \right\} \tag{12-12}$$

$$a = \frac{T_f}{T + T_f} \tag{12-13}$$

式中：$\Delta u(kT)$ 为不完全微分修正后,第 k 周期输出增量；$\Delta u'(kT)$ 为第 k 周期 PID 计算得到的增量；T_f 为滤波时间常数,s；T 为采样周期,s；$e(kT)$ 为第 k 周期输入偏差；$\Delta e(kT)$ 为第 k 周期输入偏差 $e(kT)$ 的增量；$\Delta e(kT-T)$ 为第 $k-1$ 周期输入偏差 $e(kT-T)$ 的增量；K_p 为比例系数；T_i 为积分时间常数,s；T_d 为微分时间常数,s。

3）技术指标

大体积 β 量热计达到的技术指标列于表 12 - 1。

表 12 - 1　大体积 β 量热计的技术指标

名　　称	达到的技术指标
量热单元测量体积	3 200 mL
热平衡时间	<1.5 h
24 小时温度稳定性	2.3×10^{-5} ℃
24 小时功率稳定性	0.2%
热功率测量范围	30～2 000 mW
热功率测量不确定度	0.4%($k=2$)

12.6　屏蔽性能检测

HFETR 在运行过程中产生大量的乏燃料组件、辐射源及放射性废物需要转运或储存,屏蔽容器是转运或储存不可缺少的关键设备。转运或储存过程中都是高活度物质,潜在危险很大。一方面要采取相应的辐射防护措施,另一方面还必须通过对屏蔽容器的 γ 屏蔽性能检测来确保屏蔽容器的辐射水平满足国家标准的相关要求。因此,屏蔽容器的屏蔽性能检测尤为重要。计量实验室通过长期开展屏蔽容器的屏蔽性能检测技术研究,研制了一套屏蔽容器 γ 屏蔽性能扫描检测装置,具备了完善的屏蔽性能检测能力。

12.6.1　屏蔽检测装置

屏蔽容器 γ 屏蔽性能扫描检测装置主要由射线减弱器、上下和圆周方向的位移装置、辐射仪表及控制系统等构成。检测装置可通过驱动机构实现射线源(射线强度可通过射线减弱器调节)和仪表探测器同步上下位移及定位后,探测器绕容器圆周(360°)方向同步移动扫描检测,检测数据通过辐射仪表和数据采集系统进行自动采集,最终通过控制软件处理后经生成曲线图来分析整个容器的 γ 屏蔽性能。

屏蔽检测装置的主要参数如下。

(1) 扫描检测容器直径范围:400~2 300 mm。

(2) 射线源上下最大位移范围:200~599.2 mm。

(3) 定位精度:不大于 0.8 mm。

(4) 辐射散射贡献:8.6%。

(5) 射线减弱器最大衰减比:1 031。

12.6.2　检测方法

1) 检测点划分及标准试块法检测

将 ^{60}Co γ 放射源置于容器中轴的源定位导管内,检测仪器探测器中心(套入探测器准直器)置于容器外表面与放射源相对应的位置,容器外表面按照检测方案的要求划分单元格,放射源与探测器同步移动,逐点测量容器外表面单元格交叉点处的剂量率。容器外表面某一点所测的剂量率经过修正后与标准试块的测量结果("参考标准")进行比较,以确定容器在该点的 γ 屏蔽性能是否满足要求,标准试块检测如图 12-9 所示。

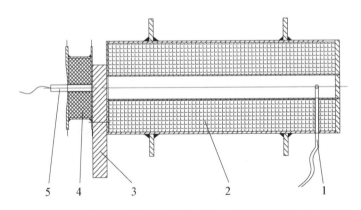

1—放射源;2—放射源准直装置;3—标准试块;4—探测器准直器;5—探测器。

图 12-9　标准试块检测示意图

2）修正系数的确定

将放射源准直装置置于容器内腔,调整位置,使准直装置前端面垂直紧贴容器内壁;将放射源置于准直装置的放射源导入孔中轴线上,同时将带有探测器准直器的仪器探测器中心置于容器外表面交叉点处且距离外表面 93 mm,检测该距离经屏蔽减弱后的剂量率;将容器内腔有放射源准直装置的检测结果与容器内腔无放射源准直装置的检测结果的比值作为修正系数。

3）屏蔽性能的判断

将容器外表面各检测点经修正系数修正后的剂量率和标准试块"参考标准"进行比较,给出检测结果,如小于"参考标准"值,则判定容器的屏蔽性能满足要求。

4）方法评价

通过对容器试验件和容器灌铅后的 γ 屏蔽性能检测,根据检测数据分析验证灌铅工艺和铅层质量缺陷,并且经过铅层重熔后再次 γ 屏蔽检测验证。采用标准试块法检测容器的 γ 屏蔽性能,有效地减少了理论计算、辐射散射影响及人为操作带来的测量误差,大大提高了检测结果的准确度,是对容器实物屏蔽能力的量化检验,也是对容器设计屏蔽理论计算的验证,更是对容器设计结构、内外筒体及铅层厚度、加工制造、灌铅工艺、γ 射线散射漏射等因素的综合性验证。

第 13 章

低浓化

HFETR 原设计采用了以²³⁵U 富集度为 90％的 U－Al 合金为芯体、305Al 为包壳的多层薄壁套管型的高浓铀（HEU）燃料组件，为了响应 IAEA 的研究和试验性反应堆低浓化项目，以及减少和消除全球范围内民用高浓铀的使用，进行了 HFETR 燃料组件低浓化。20 世纪 90 年代，相关研究人员开始进行 HFETR 燃料组件的低浓化研究，采用了国际上成熟的 U_3Si_2－Al 弥散材料作为芯体，对 U_3Si_2－Al 弥散芯体、305Al 包壳低浓铀（LEU）燃料组件进行了一系列堆外验证试验，并在 2000 年和 2002 年分别对 2 盒燃料组件进行堆内辐照考验。各项试验表明，采用 U_3Si_2－Al 弥散型芯体、305Al 包壳的低浓铀燃料组件满足设计要求。2006 年，305Al 包壳低浓铀燃料组件开始入堆，并于 2007 年实现全堆芯装载低浓化燃料组件。

低浓化过程由低浓化堆芯设计、燃料组件设计验证、零功率试验组成。

13.1　低浓化堆芯设计

HFETR 从高浓堆芯向低浓堆芯过渡有 2 种方式：一种是在最后一炉高浓堆芯运行寿期末，卸出全部高浓铀燃料组件；另一种是通过逐步添加低浓铀燃料组件，将达到卸料燃耗指标的高浓铀燃料组件置换出来。前者的缺点是导致高浓铀燃料组件的浪费，后者的缺点是增加堆芯设计的难度。为了避免高浓铀燃料组件浪费，HFETR 低浓化堆芯设计选择了后者，即通过高低浓铀燃料组件混合堆芯逐步过渡到全低浓堆芯。

低浓化堆芯设计的基本原则是保证反应堆运行任务完成；安全原则是在进行方案设计的时候需要保证在堆芯寿期初，当 2 根安全棒全部被提起时，堆芯次临界度要满足限值的要求；经济原则为力求降低运行成本。设计出的堆芯需要满足卡棒准则;慢化剂温度系数应为负值;有足够的停堆深度,以确保核安全;功率峰因子应尽量小,以满足热工水力设计和安全分析的要求;寿期末,燃料组件燃耗满足燃耗限值要求,并且有足够的剩余反应性,以满足燃耗寿期的要求。

13.1.1 混合堆芯设计

为了避免高浓组件浪费,对高浓铀和低浓铀燃料同时使用混合过渡堆芯设计是必不可少的。在进行首次低浓化转换时,只加入部分新的低浓铀燃料组件,使堆芯由高浓铀燃料组件和低浓铀燃料组件混合组成。然后,逐步过渡到全低浓铀燃料堆芯。对于高、低浓铀燃料组件混装后径向功率峰因子是否会变大,是否影响反应堆的运行,对反应堆安全是否有影响等问题都进行广泛而深入的研究。鉴于 HFETR 运行灵活的特点,限定功率运行是 HFETR 常用的运行方式,混装过渡堆芯也采取将反应堆功率限定在一定范围内,如 $50\sim$ 80 MW。

HFETR 堆芯经过 3 个炉段高低浓铀燃料组件混合堆芯后,堆芯高浓铀燃料组件过渡完毕,开始全低浓铀燃料组件堆芯运行。高、低浓铀燃料组件的过渡堆芯第 1 炉、第 2 炉、第 3 炉主要计算结果列于表 13 - 1,堆芯装载如图 13 - 1~图 13 - 3 所示。各炉段装载除燃料组件外,还装有铍组件、铝组件、不锈钢组件等。HFETR 运行实践表明,各炉段控制棒在不同状态下的棒价值、热盒位置以及堆芯径向功率不均匀系数均满足安全要求。

表 13 - 1 混合堆芯装载设计参数

过渡堆芯序号	高浓铀燃料组件数量	低浓铀燃料组件数量		目标积分功率/(MW・d)	F_{xy}	F_z
		新	旧			
1	57	20	0	1 960	1.91	1.45
2	33	24	20	1 960	1.83	1.42
3	9	24	44	1 960	1.56	1.44

注:F_{xy} 为堆芯径向不均匀系数;F_z 为堆芯轴向不均匀系数。

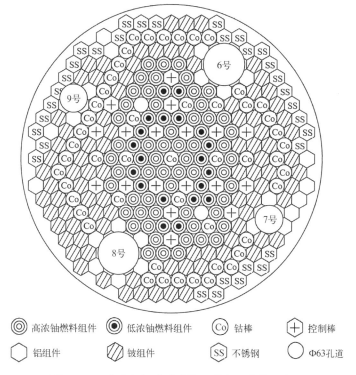

◎ 高浓铀燃料组件	⦿ 低浓铀燃料组件	Co 钴棒	⊕ 控制棒
⬡ 铝组件	⬡ 铍组件	SS 不锈钢	○ Φ63孔道

图 13 - 1　高浓向低浓过渡第 1 炉堆芯装载示意图

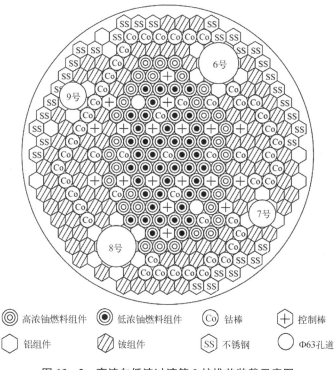

◎ 高浓铀燃料组件	⦿ 低浓铀燃料组件	Co 钴棒	⊕ 控制棒
⬡ 铝组件	⬡ 铍组件	SS 不锈钢	○ Φ63孔道

图 13 - 2　高浓向低浓过渡第 2 炉堆芯装载示意图

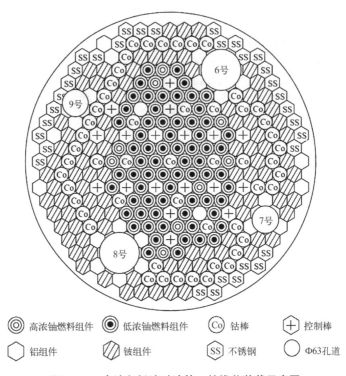

◎ 高浓铀燃料组件　　● 低浓铀燃料组件　　Co 钴棒　　＋ 控制棒

⬡ 铝组件　　⬟ 铍组件　　SS 不锈钢　　◯ Φ63孔道

图 13‑3　高浓向低浓过渡第 3 炉堆芯装载示意图

13.1.2　全低浓化堆芯核设计

HFETR 低浓化堆芯核设计：第 1 炉堆芯装载 80 盒新低浓铀燃料组件，以后各炉都卸出 20 盒燃耗最深的燃料组件，然后加入 20 盒新低浓铀燃料组件，按低泄漏方式进行倒换料，得到满足核设计要求的堆芯布置，到第 5 炉堆内燃料组件的燃耗深度基本达到平衡，把第 6 炉堆芯作为平衡堆芯。平衡堆芯装载如图 13‑4 所示。

堆芯物理设计参数为后备反应性、停堆裕量、中子注量率、燃耗深度。

1）后备反应性

冷态零功率寿期初的后备反应性为 $12.68\beta_{\text{eff}}$；热态满功率寿期初的后备反应性为 $12.33\beta_{\text{eff}}$；该后备反应性能满足低浓铀堆芯反应堆在 125 MW 功率下运行 20 天的要求。

2）停堆裕量

冷态零功率寿期初的停堆裕量为 $7.19\beta_{\text{eff}}$，热态满功率寿期初的停堆裕量

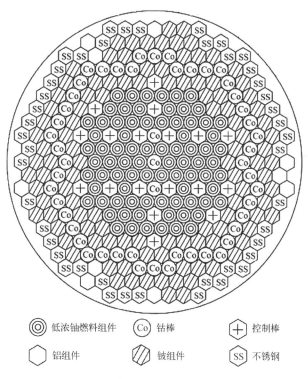

<table>
<tr><td>◎ 低浓铀燃料组件</td><td>Ⓒ 钴棒</td><td>✛ 控制棒</td></tr>
<tr><td>⬡ 铝组件</td><td>▨ 铍组件</td><td>▨ 不锈钢</td></tr>
</table>

图 13-4　全低浓平衡堆芯装载示意图

为 8.60β_{eff}。

3) 中子注量率

HFETR 低浓化平衡堆芯寿期初堆芯快群($E>0.625\,\text{eV}$)和热群($E\leqslant$ $0.625\,\text{eV}$)平均中子注量率分别为 $2.90\times10^{15}\,\text{cm}^{-2}\cdot\text{s}^{-1}$ 和 $8.79\times$ $10^{14}\,\text{cm}^{-2}\cdot\text{s}^{-1}$,堆芯燃料组件内快群($E>0.625\,\text{eV}$)和热群($E\leqslant0.625\,\text{eV}$)最大中子注量率分别为 $1.03\times10^{15}\,\text{cm}^{-2}\cdot\text{s}^{-1}$ 和 $3.61\times10^{14}\,\text{cm}^{-2}\cdot\text{s}^{-1}$。

4) 燃耗深度

寿期末^{235}U 最大百分燃耗满足寿期末燃料组件燃耗限值要求。

13.2　低浓铀燃料组件设计验证

为实现 HFETR 低浓化,选择了新的燃料组件芯体,设计了低浓铀燃料组件,在 HFETR 内对低浓铀燃料组件进行了辐照试验,并对辐照后的低浓铀燃料组件开展了外观检查、X 射线检查、尺寸及水隙测量、燃耗测量等检测,验证了低浓铀燃料组件的设计完全满足反应堆安全运行的要求。

13.2.1 低浓铀燃料组件的设计

HFETR 低浓铀燃料组件依据 HAF201《研究堆设计安全规定》、HAD003/10《核燃料组件采购、设计和制造中的质量保证》、HAD202/03—1996《研究堆的应用与修改》等法律法规开展设计,同时要求设计的燃料组件满足可实现 HFETR 低浓化,同时尽可能保持原堆芯性能;根据堆芯低浓化转换设计论证要求,元件内^{235}U 装量为 320 g;低浓铀燃料组件在 HFETR 中运行时,能达到预定燃耗,同时能保证结构完整性,且堆芯具有可接受的热工水力性能;在设计假想事故下,具有可冷却的几何形状;低浓铀燃料组件与堆内构件的结构、反应堆冷却剂系统和设备相容。

为此,具体开展燃料组件芯体选择、结构设计、技术参数确定、包壳材料的改进等工作。

1)燃料组件芯体选择

当^{235}U 富集度从 90% 降低到 20% 时,在芯体厚度不变的情况下,若达到相同的^{235}U 装量,则芯体铀密度要大幅增加,超过了可制造加工的铀密度范围。采用 UAl_x - Al、U_3O_8 - Al、U_3Si_2 - Al 和 U_3Si - Al 弥散体燃料,能够实现加工的最大燃料相的体积分数为 45%。

在以上几种燃料中,U_3Si_2 - Al 燃料的辐照稳定性较好,各国试验研究堆逐渐采用^{235}U 富集度为 20%(名义值)的 U_3Si_2 - Al 弥散体作为燃料芯体,其铀的体积含量高,与铝基体和铝合金包壳相容,在制造和运行温度(低于 450 ℃)下,无可见反应。U_3Si_2 - Al 耐水腐蚀性能好,试验表明,即使燃料包壳出现意外破损时,也不会使冷却剂受到严重污染。U_3Si_2 - Al 在高燃耗下的辐照稳定性好,国外辐照试验的^{235}U 最大平均燃耗值达到 80%,厚度基本无变化,表明 U_3Si_2 - Al 包容裂变产物性能好,尺寸稳定,肿胀率小。因此,HFETR 低浓铀燃料组件拟采用^{235}U 富集度为 19.75% 的 U_3Si_2 - Al 作为燃料芯体。

2)燃料组件和燃料套管的结构设计

借鉴 HFETR 高浓铀燃料组件的成功结构设计,并比较了用 3 片卷边弧板焊接成燃料套管的方案,低浓铀燃料组件保留原高浓铀燃料组件的同心带肋套管结构,包括燃料套管的尺寸、包壳与芯体厚度尺寸、包壳材料、端塞材料、燃料套管数量和套管之间的水隙都不改变。同时,低浓铀燃料套管也能采用共挤压工艺,实现 U_3Si_2 - Al 芯体与 305 铝合金包壳的冶金结合。

低浓铀燃料组件与高浓铀燃料组件结构相同。

3）主要技术要求

（1）燃料套管结构尺寸：燃料芯体名义长度为 1 000 mm，最大长度为 1 040 mm。燃料管内外包壳厚度的名义值为 0.5 mm，最小包壳厚度不小于 0.4 mm，肋下内包壳厚度不小于 0.35 mm。燃料芯体的名义厚度为 0.5 mm。

（2）燃料芯体中铀分布均匀性：在燃料管展开面，燃料芯体中铀分布不均匀性在 5 mm×5 mm 准直孔处应满足技术要求。

（3）燃料管贴紧度：每根燃料管在其芯体长度内允许有 5 个不贴紧点，每个不贴紧点的面积不应大于 2 mm²，两个不贴紧点的最小间距应大于 30 mm；每根燃料管的芯体两端和端塞的接头处允许有两个不贴紧点，每个不贴紧点面积不应大于 3 mm²；燃料管两端无芯体段自端部 25 mm 区域内，不允许端塞和包壳间存在不贴紧情况。

（4）燃料管表面质量：成品燃料管表面不得有裂纹、金属和非金属夹杂物、砂眼，不得嵌入异物；燃料管外表面及内表面划伤、折叠、点坑深度不得大于制造要求；燃料管内外表面氧化膜要均匀致密，氧化膜厚度满足技术要求。燃料管表面铀沾污应小于要求限值等。

4）低浓铀燃料组件包壳材料的改进

HFETR 燃料组件及燃料管是通过共挤压一次成型工艺制备，包壳材料与芯体材料的机械性能匹配性对于成品率的影响较大。然而，低浓铀燃料组件 U_3Si_2 - Al 芯体与 305Al 包壳材料的力学性能匹配性较差，不利于燃料组件的加工。因此，相关研究人员提出了采用加工性能更好的 T6061Al 替换 305Al 作为低浓铀燃料组件包壳材料的方案，对 T6061Al 包壳低浓铀燃料组件进行辐照分析，试验表明 T6061Al 作为包壳满足相关准则要求，T6061Al 包壳低浓铀燃料组件于 2014 年开始入堆并运行至今。

13.2.2　低浓铀燃料组件的辐照试验验证

为验证设计的低浓铀燃料组件满足运行要求，按照组件的设计完成试验件、配套辐照装置的制造，装入 HFETR 随堆进行辐照，辐照完成后转移至热室进行辐照后检验等一系列试验验证工作。

1）低浓铀燃料组件的制造

在低浓铀燃料组件制造的过程中，承制厂按照设计要求，制订了质保大纲和质量控制计划，严格控制关键工艺的制造参数，进行了合格性鉴定；用户派代表进行了现场监督和监造。保证了低浓铀燃料组件的生产质量。

在低浓铀燃料组件制造厂对低浓铀燃料组件的燃料管及组装后的组件进行了全面检查,其中包括芯体铀密度测定、芯体铀分布不均匀性测定、芯体杂质元素分析、气泡与不贴紧检查、芯体厚度测量、芯体长度测量、燃料组件的水隙测量、起泡试验、外观检查和尺寸测量等。

2）低浓铀燃料组件辐照装置

辐照装置按照能准确测量组件入出口的温度和压差,以便通过压差与流量的关系及其他参数,计算出组件功率和燃耗;设置元件破损取样系统,以便及时发现元件破损;从反应堆和考验组件的安全考虑,保证考验过程中始终有一定量的一次水从组件各层间隙流过。在最小流量时,表面热点温度也不会超过 195 ℃;低浓铀燃料组件内流量调节方便可靠、稳定;辐照考验后组件可不脱水及时转移出反应堆等设计原则进行设计,设计出类似图 7-11 的辐照考验装置。

低浓铀燃料组件辐照装置由法兰、流量调节组件、流水管、支撑管和 2 个测量管等组成。装置通过法兰固定在反应堆平顶盖上实现密封。支撑管起稳定的作用,减轻流水管在反应堆运行中的振动。流水管用来引入流过考验组件的一次水,流量调节滑块对流量进行调节。滑块上下移动靠平顶盖外的升降传动机构来驱动。2 个测量管分别处于燃料组件的入口和出口端。上端测量管内的热电偶用于测量入口水温,下端测量管内的热电偶用于测量出口水温。2 个测量管同时与堆外破损取样系统及压差测量系统相连,取样系统用于取组件出口处水样供水化学分析,以检测元件是否破损;压差测量系统用于测量组件进出口压差。

装置下端与组件头部为滑动配合。辐照考验结束后,上提辐照装置,即可使装置与组件分离,以便与堆内其他燃料组件一样实现水下转移出堆。

装置工作时,反应堆内的一次水由流水管上部侧孔进入,通过调节滑块的高度,即改变流水管上部侧孔的流道截面积,调节流经考验组件的一次水流量,能使低浓铀燃料组件出口水温满足运行参数设定值。

3）低浓铀燃料组件的辐照运行

在辐照考验期间,无法直接测量低浓铀燃料组件表面温度,但能够测量低浓铀燃料组件入出口压差与温度。由于低浓铀燃料组件结构已经确定,其两端压差与流过组件内的流量成一一对应关系,因此只要建立组件入出口压差与流量的对应关系,就能计算得到低浓铀燃料组件表面温度。而低浓铀燃料组件冷却水几乎全部由流量调节组件流水孔进入,因此对流量调节组件进行堆外流量刻度,便能建立低浓铀燃料组件入出口压差与流量的对应关系。

$$q_m = 24.64\Delta p_1^{0.530\,2} \qquad\qquad (13-1)$$

式中:Δp_1 为低浓铀燃料组件两端压差,Pa;q_m 为低浓铀燃料组件质量流量,t/h。

4)辐照后检验

辐照后检验是低浓铀燃料组件辐照考验的最终环节,目的是通过各项非破坏性检测和破坏性检验与分析获得低浓铀燃料组件辐照后的各项性能数据,并研究其辐照效应;验证低浓铀燃料组件的设计、制造工艺,为设计与研制的改进及安全评审提供依据。

低浓铀燃料组件辐照后的外观检查、X 射线检查、尺寸及水隙测量、γ 扫描、破坏性分析取样、金相检验、燃耗测量等检测结果表明,低浓铀燃料组件设计完全满足反应堆安全运行的要求。

13.3　低浓化零功率试验

为了获取低浓化后零功率试验相关数据,同时检验和完善低浓化堆芯核设计计算程序,开展了低浓化堆芯零功率实验研究。

13.3.1　冷态临界物理实验

1)实验方案的选取

根据程序系统的校验要求选取"净堆"和零功率堆芯两类物理实验,用 6 种堆芯装载的实验作为校验程序用的主要实验。"净堆"物理实验包括全低浓燃料组件以全水作为反射层的"净堆"临界实验,全低浓燃料组件以铍和水同时作为反射层的"净堆"临界实验。"净堆"即要求在堆达临界时恰好堆内的控制棒全部被抽出。零功率物理堆芯实验是在堆内控制棒不被全部抽出时而达临界的物理实验,其堆内装载分为 4 种:一是堆内装有低浓燃料组件、铍组件、铝组件、控制棒与水的全低浓小堆芯;二是除上述部件与材料外又增加了靶件的全低浓堆芯;三是又增加了高浓燃料组件,构成了高浓、低浓燃料组件的混装堆芯;四是堆内装有高浓燃料组件、铍组件、铝组件、控制棒、靶件与水的全高浓堆芯。

2) 实验要获取的主要参数

从净堆临界实验获得当反应堆控制棒全部抽出达到微超临界(倍周期大于 30 s)时的 K_{eff} 及相应满足程序校验用的堆芯装载参数。从零功率堆芯实验主要取得临界棒位参数,其次是控制棒价值参数和中子注量率分布参数。

净堆临界实验的结果如表 13-2 所示。

表 13-2 HFETR 低浓化净堆 K_{eff} 实验结果

实　　验	实　验　值
LEU - 1	1.000 3
LEU - 2	1.002 8
LEU - 3	1.000 5
LEU - 4	0.999 5
LEU - 5	1.001 6

全低浓小堆芯装载临界棒位的测量值列于表 13-3 中。

表 13-3 全低浓小堆芯临界棒位测量值

工　况	控制棒高度/mm				
	$\frac{1}{2}AB$	$\frac{1}{2}ZB$	$\frac{1}{2}SB$	$\frac{3}{6}SB$	$\frac{4}{7}SB$
$\frac{1}{2}ZB$ 在底	$\frac{1}{2}AB_{1\,000}^{995}$	$\frac{1}{2}ZB_3^{-2}$	$\frac{1}{2}SB_0^{-2}$	$\frac{3}{6}SB_{34}^{66}$	$\frac{4}{7}SB_{1\,007}^{1\,004}$
$\frac{1}{2}ZB$ 在顶	$\frac{1}{2}AB_{1\,005}^{997}$	$\frac{1}{2}ZB_{1\,008}^{1\,011}$	$\frac{1}{2}SB_0^{-2}$	$\frac{3}{6}SB_{-2}^{-2}$	$\frac{4}{7}SB_{695}^{698}$

全低浓装载临界棒位的测量值列于表 13-4 中。

表 13-4 全低浓装载临界棒位测量值

工　况	控制棒高度/mm				
	$\frac{1}{2}AB$	$\frac{1}{2}ZB$	$\frac{1}{2}SB$	$\frac{3}{6}SB$	$\frac{4}{7}SB$
$\frac{1}{2}ZB$ 在底	$\frac{1}{2}AB_{997}^{996}$	$\frac{1}{2}ZB_2^2$	$\frac{1}{2}SB_{390}^{403}$	$\frac{3}{6}SB_{195}^{103}$	$\frac{4}{7}SB_2^1$
$\frac{1}{2}ZB$ 在顶	$\frac{1}{2}AB_{996}^{996}$	$\frac{1}{2}ZB_{1\,010}^{1\,011}$	$\frac{1}{2}SB_{-2}^{-1}$	$\frac{3}{6}SB_{592}^{641}$	$\frac{4}{7}SB_{994}^{998}$

3）实验的安全控制方法

采用五级安全控制方法,即保护系统的自动保护停堆、手动紧急落棒停堆、手动紧急排水停堆、手动快速注入硼酸停堆和手动切断牵拉安全棒的钢丝绳,以确保必要时实现安全停堆。同时,辅以控制棒径向布置的改变,以满足要求的规则堆芯装载和控制。

4）实验的实施完成

针对净堆临界试验,需从不同堆芯装载方案中选出反应性步长接近 $0.18\beta_{eff}$ 的净堆装载方案。采用理论计算和实验不断相互交叉、不断修正的方法,在 40 多个堆芯方案中跳跃式地寻找出最佳净堆堆芯装载参数。同时,辅以控制棒价值测量,若给定堆芯不能实现净堆时,控制棒价值测量结果可作为对程序校验的依据。

反应性测量则首先通过计算选择最佳探测器位置,然后用 2 台数字反应性仪和周期法进行测量;热中子注量率分布用活化法测量。

13.3.2　堆内各类元件计算模型的确定

对 6 个冷态临界实验进行校算,通过校算可以依次确定燃料组件、水反射层、铍-水反射层、跟随燃料组件、控制棒元件的计算模型。

根据控制棒元件的计算模型,衍生出靶件、渗硼不锈钢、不锈钢元件等强吸收元件的计算模型。此外,构造了铍组件、铝组件等元件的计算模型。

由于 HFETR 实际堆芯比临界实验堆芯大很多,而且堆芯布置也很复杂,因此需要对 6 个冷态临界实验确定的反射层参数计算模型进行调整,调整根据 HFETR 首炉寿期初的临界棒位的计算值与实测值的符合性来进行。

第 14 章

定期安全审查

核设施运行的安全审查方法包括常规安全审查和专项安全审查,常规安全审查包括对核设施硬件和程序的修改、安全重要事件、运行经验、运行管理、人员资格等的审查。专项安全审查是在核设施发生相关安全的重大事件之后进行的审查。定期安全审查(periodic safety review,PSR)作为常规安全审查和专项安全审查的一种有效补充手段,涉及核设施老化、修改、运行经验、技术更新和厂址特性等各个方面,是对核设施运行安全进行系统性和全面性的安全审查,使其保持必要的安全性并争取使其不断地得到改善提高。

从 20 世纪 90 年代开始,国际原子能机构(IAEA)发布了定期安全审查相关的安全标准和一系列技术报告、安全报告,构建了定期安全审查相关法规体系框架,在国际上得到了广泛应用。为保障核设施长期安全运行,我国于 2001 年开始启动核设施定期安全审查工作,分别以秦山一期和 HFETR 作为核动力厂和研究堆定期安全审查的试点,也将定期安全审查纳入我国核安全监管体系的基本要求,在核安全法规 HAF103《核动力厂运行安全规定》和《研究堆安全规定》(征求意见稿)分别规定运营单位或运行管理机构必须采用定期审查的方式,进行系统的安全重新评价,并对所发现的一切问题采取适当的纠正行动。同时,我国参照 IAEA 的导则和技术文件编制了 HAD203/11《核动力厂定期安全审查》等文件用于指导运营单位开展定期安全审查工作。

14.1 研究堆定期安全审查

我国建造较早的研究堆包括 101 重水研究堆、49 - 2 堆、HFETR、岷江试验堆、中国脉冲堆、屏蔽试验堆、低温供热堆等,至 21 世纪初这些研究堆运行时间已长达 20 多年,部分设备已超过设计寿期。为了进一步规范核安全管理,国家核安全局(NNSA)决定于 2001 年开始启动研究堆的定期安全审查工作,并把 HFETR 作为中国研究堆定期安全审查的试点研究堆。

由于当时国内、外尚无研究堆定期安全审查法规标准,也没有成熟的经验可以借鉴,经审查人员与国家核安全局研究讨论,决定按照研究堆相关导则要求并参考核动力厂定期安全审查标准启动对 HFETR 的首次定期安全审查,同时国家核安全局下发了导则性指南文件《对高通量工程试验堆实施定期安全审查的技术见解》(以下简称"技术见解")。在 2002—2005 年,审查人员按照"技术见解"对 11 个安全要素进行了审查,发现不满足现行核安全法规要求的不符合项共有 48 项,对审查发现的 48 个不符合项,制订了纠正措施,针对薄弱环节进行了技术改造和安全整治。

国家核安全局及 HFETR 审查人员在进行 HFETR 的第 1 次定期安全审查过程中,对定期安全审查体系和方法进行了大量的研究,取得一定的研究成果和经验,结合 HFETR 定期安全审查试点情况,国家核安全局编制了《研究堆定期安全审查》(报批稿),用于指导研究堆的定期安全审查。

核设施的许可证制度是我国核设施安全监管的重要组成部分,为规范研究堆许可证管理,国家核安全局于 2006 年颁发了核安全法规 HAF001/03《研究堆安全许可证件申请和颁发规定》,其中规定,研究堆运行许可证有效期为 10 年,而超过设计寿期的研究堆,其运行许可证有效期一般不得超过 5 年,运行许可证到期后,需要提交换证申请书,同时提交《研究堆定期安全审查报告》或者《研究堆运行安全论证报告》(适用于超过设计寿期的研究堆,该报告应覆盖定期安全审查的内容)。由此,定期安全审查作为颁发研究堆新的运行许可证的强制条件之一。在研究堆设计寿期内,每 10 年进行一次定期安全审查,对于超过设计寿期的研究堆,若申请换发新的许可证,也需要进行定期安全审查,审查周期一般为 5 年。营运单位在取得新的运行许可证之后的第 1~2 年,需要完成许可证审查中承诺的系统改进等事项;在第 3 年就要开始准备下一次定期安全审查的工作计划;在第 4~5 年,完成新的定期安全审查工作[1]。

国家核安全局于 2006 年批准了换发 HFETR 运行许可证,有效期为

5 年,营运单位于 2009 年开始 HFETR 第 2 次定期安全审查。同期,依据《中华人民共和国民用核设施安全监督管理条例》及其实施细则之三,现行有效的研究堆安全规定、导则、技术文件,国家核安全局有关研究堆定期安全审查的通知、要求,参考《研究堆定期安全审查》(报批稿)及我国有关核动力厂定期安全审查[2-3]、设备检定、老化管理的导则、标准和技术文件,岷江试验堆、中国脉冲堆、屏蔽试验堆、101 重水试验堆、49-2 堆等研究堆也完成了第 1 次定期安全审查。此轮定期安全审查中,HFETR 参考《研究堆定期安全审查》(报批稿)确定了研究堆实际状态、安全分析、设备合格性、老化管理、安全绩效、其他研究堆的经验和研究成果的利用、程序、人因、组织和行政管理、应急计划、环境影响、研究堆的设计、应用及实验 13 项审查要素,其中重点审查了构筑物、系统和部件的实际状态、安全分析、老化管理和安全性能 4 个安全要素,对其他安全因素合并在"其他安全因素"中进行符合性审查。其余各研究堆在《研究堆定期安全审查》(报批稿)中要求的 13 个要素中选择 3 个或 4 个重点要素进行审查,同时将其他要素合并成一个要素作简化审查,这些重点的要素主要为实际状态、安全分析、老化管理、设备合格性等[2]。

根据 HFETR 第 2 次定期安全审查及其他各研究堆第 1 次定期安全审查的情况,国家核安全局主要对《研究堆定期安全审查》(报批稿)中的审查要素进行适应性修改,将原 13 个安全要素经过合并或删减,最终形成 5 个安全要素,并于 2014 年发布了《研究堆定期安全审查》(征求意见稿),其内容与 2017 年发布的现行有效版本 HAD202/02《研究堆定期安全审查》基本一致。5 个安全要素分别为:

(1)构筑物、系统和部件的实际状态和老化管理;

(2)对研究堆设计和安全分析;

(3)安全性能;

(4)组织机构和行政管理;

(5)程序。

HFETR 依据《研究堆定期安全审查》(征求意见稿)和 HAD202/02《研究堆定期安全审查》分别于 2014 年和 2019 年开始了第 3 次定期安全审查和第 4 次定期安全审查,都重点审查了"构筑物、系统和部件的实际状态和老化管理",以及对其他 4 个安全要素合并为"其他安全要素"进行了符合性审查,并向国家核安全局提交了《实际状态和老化管理审查报告》和《其他安全因素审查报告》。其他研究堆也分别开始第 2 次和第 3 次定期安全审查。

在 HFETR 进行第 4 次定期安全审查的过程中,生态环境部于 2019 年 10 月 1 日正式施行第 8 号部令《核动力厂、研究堆和核燃料循环设施安全许可程序规定》(简称 8 号令),代替了原《研究堆安全许可的申请和颁发》。8 号令总结了我国研究堆安全监管工作的经验,充分考虑营运单位和技术审查单位的意见,根据研究堆的实际情况,将运行许可证换发工作调整为运行许可证延续。对于超过设计寿期的研究堆在进行运行许可证有效期延续申请时,营运单位需对研究堆是否符合核安全标准进行论证、验证,按照研究堆的实际状态和安全评估情况确定运行许可证的延续期限,并向核安全局提出运行许可证延续申请,提交申请材料,申请的运行许可证延续时间每次不超过 20 年。核安全局组织专家对运行许可证延续申请材料进行审查,根据审查的结论确定是否同意延续申请,并批准运行许可证的延续期限。

8 号令将核动力厂与研究堆运行许可证有效期延续的要求和流程进行了统一,对延续申请文件给出了总体要求。该条令不对申请文件的内容框架进行严格要求,不仅兼顾了不同设施在工程技术和管理上的差异,而且保持与现行监管规定相容。因此,国家核安全局进行研究堆运行许可证有效期延续申请的审查策略是以定期安全审查为主,重点依据老化管理的审查结论[1]。

HFETR 第 4 次定期安全审查与第 3 次定期安全审查最大的不同就是按照最新的法规要求开展 HFETR 老化管理的筛选和审查,同时在进行运行许可延续申请时还开展了时限老化分析工作。

14.2 高通量工程试验堆的定期安全审查

通过定期安全审查表明高通量工程试验堆(HFETR)满足国家对研究堆安全运行的法律、法规要求,3 项基本安全功能得到有效保障。

截至 2022 年,HFETR 已经完成了 4 次定期安全审查,国家核安全局于 2021 年 10 月批准 HFETR 运行许可证延续申请,运行许可证有效期延续 7 年,有效期至 2028 年 10 月 31 日。以下将重点介绍 HFETR 进行定期安全审查的实施过程、经验及审查的重点。

14.2.1　定期安全审查实施过程

为了保证 HFETR 定期安全审查的有效开展,营运单位成立了专门的组织机构,设有定期安全审查领导协调小组,负责定期安全审查工作的领导、组织与协调工作,并成立了若干实施小组,负责各审查项目、审查程序的编制以及审查的实施与管理工作。经过 4 次定期安全审查,形成了标准的实施步骤和工作流程。

14.2.1.1　实施步骤

定期安全审查实施有如下 10 个步骤。

(1) 策划。为保证按计划完成 HFETR 的定期安全审查,并在运行许可证到期前获得核安全局的批准,在定期安全审查前开展实施策划,主要内容包括明确组织机构及各实施小组人员和职责、进度及节点控制和定期安全审查的质量计划。

(2) 编制审查大纲。为保证 HFETR 定期安全审查工作有序地组织、实施和管理,根据 HFETR 的实际情况,依据《研究堆定期安全审查》等相关法规、导则的要求,营运单位组织有关专家编制《高通量工程试验堆定期安全审查大纲》,大纲确定了适用的标准、方法、审查范围、审查内容,以使 HFETR 定期安全审查工作顺利进行。

(3) 人员培训。在完成对《高通量工程试验堆定期安全审查大纲》的编制后,组织参与定期安全审查人员进行培训,培训内容包括各子项审查程序和报告的编制质量及要求、审查实施过程中的工作内容、要点和注意事项等,明确各参与审查人员的职责和分工。

(4) 编制审查程序。各实施小组根据《高通量工程试验堆定期安全审查大纲》的要求编制各安全因素的审查程序,经审查批准后,各实施小组按审查程序要求对 HFETR 实施审查工作。

(5) 编制审查报告。根据 HFETR 定期安全审查的安全因素实际状态和发现的实际问题,依据《高通量工程试验堆定期安全审查大纲》的要求,对照审查的项目、内容、过程、缺陷、纠正措施及评价,组织编制各自负责的安全因素审查报告,并在完成审查报告的内部审查后提交国家核安全局评审。

(6) 组织有关专家对国家核安全局审评过程提出的问题进行回答或采取安全整治,并组织相关人员对审评所涉及的报告或程序进行修订。

（7）实施安全改进或纠正措施。

（8）编制定期安全审查中发现的问题、纠正措施及评价报告。

（9）编制定期安全审查工作总结报告。

（10）营运单位与国家核安全局就定期安全审查的结论达成一致，完成定期安全审查工作。

14.2.1.2 实施流程

定期安全审查实施的前提条件需要根据《研究堆定期安全审查》的要求和规定，确定定期安全审查的范围并需要与核安全监管部门达成一致，其审查的主要步骤如图14-1所示，包括准备、实施、制订纠正行动等活动。

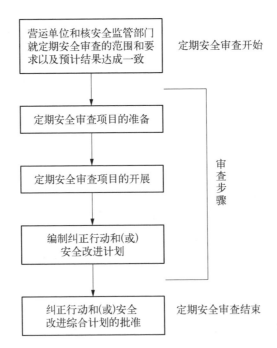

图 14-1　定期安全审查步骤

1）定期安全审查项目的准备

图14-2所示为定期安全审查项目准备的流程，关键步骤是编制定期安全审查大纲，并获得国家核安全局的认可。

2）定期安全审查项目的实施

图14-3所示为定期安全审查项目的实施流程，包括按照审查大纲和实施程序进行审查、编制审查报告、关闭问题等步骤。

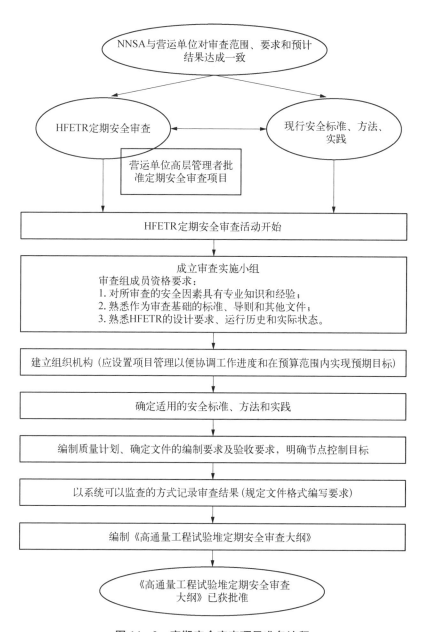

图 14-2　定期安全审查项目准备流程

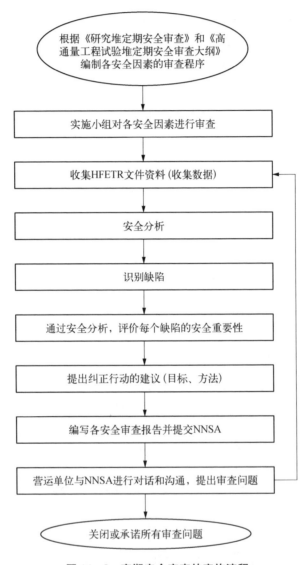

图 14‑3　定期安全审查的实施流程

3) 编制纠正行动和(或)安全改进

图 14‑4 所示为纠正行动和(或)安全改进计划的流程,主要包括制订纠正计划、纠正行动的实施并获得国家核安全局的认可。

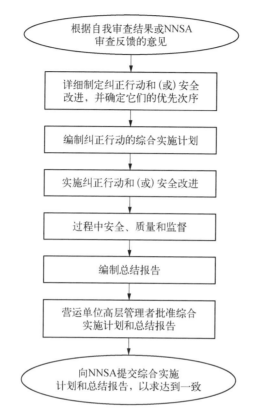

图 14 - 4　纠正行动和(或)安全改进计划的流程

14.2.2　定期安全审查要点

依据安全导则《研究堆定期安全审查》(HAD202/02)的要求,定期安全审查包括"构筑物、系统和部件的实际状态和老化管理""研究堆的设计和安全分析""安全性能""组织机构和行政管理""程序"5 个安全因素。因与上次定期安全审查时相比,除实际状态和老化管理外,其余各安全要素变化不大,因此重点审查"构筑物、系统和部件的实际状态和老化管理",而"研究堆的设计和安全分析""安全性能""组织机构和行政管理""程序"作为"其他安全要素"进行符合性审查。

14.2.2.1　构筑物、系统和部件的实际状态和老化管理

审查的目的:确定 HFETR 安全重要构筑物、系统和部件的实际状态和其状态是否满足设计要求,并需要保证安全重要的构筑物、系统和部件的安全功能在整个反应堆寿期内得到保持。

该安全要素审查包含构筑物、系统和部件的实际状态,设备合格性管理和

老化管理 3 个方面内容。

1) 审查范围

构筑物、系统和部件的实际状态、设备合格性管理和老化管理的审查范围如下。

(1) 实际状态的审查范围。构筑物、系统和部件的实际状态重点审查与堆安全运行直接相关的系统和设备,这些系统和设备有反应堆厂房、反应堆本体、燃料组件、堆内构件、反应性控制系统、一次冷却系统、二次冷却系统、通风系统、辐射监测系统、仪控与保护系统、专设安全设施、消防系统、实验装置、供电系统、极端外部事件的缓解设施。

(2) 设备合格性管理的审查范围。设备合格性管理重点审查 HFETR 安全级设备,结合 HFETR 的实际情况,这些系统和设备有燃料组件、控制棒系统、栅格板、压力容器、一次水管道、离心泵、阀门、蓄电池组、不间断电源(UPS)、应急开关柜、主控室供电母线、失电监督装置、核功率保护监测装置、过程测量系统、安全逻辑装置、控制台。

(3) 老化管理的审查范围。老化管理重点审查 HFETR 执行安全功能或间接影响安全功能的设备,HFETR 在进行老化管理对象筛选过程中,原则上以 IAEA SSG - 10《研究堆老化管理》为依据,具体实施过程则是参照美国执照更新(LR)技术体系补充。在老化管理范围划定时,依据"故障或失效是否会直接或间接导致安全功能的丧失或受到损害"的总体原则,借鉴《核电厂运行执照更新要求》10 CFR 54.4(a)的要求,建立了 HFETR 老化管理范围划定原则,如表 14 - 1 所示。

表 14 - 1　HFETR 的老化管理范围划定原则

老化管理范围划定原则	具 体 要 求
原则 1: 失效将直接导致 HFETR 停堆功能、余热导出功能和包容放射性物质功能丧失或受到损害的 SSCs	① 在停堆功能方面 ② 在余热导出功能方面 ③ 在包容放射性物质功能方面
原则 2: 失效将影响 HFETR 安全相关物项(原则 1)执行安全功能,间接导致安全功能丧失或受到损害的 SSCs	① 飞射物 ② 吊车 ③ 水淹 ④ 与安全相关 SSCs 直接相连的非安全相关 SSCs ⑤ 与安全相关 SSCs 不直接相连的非安全相关 SSCs

（续表）

老化管理范围划定原则	具　体　要　求
原则 3：其他应考虑的物项	① 消防 ② 全厂断电 ③ 超设计基准事故

注：SSCs 是系统（SYSTEMS）、构筑物（STRUCTURES）、部件（COMPONENTS）的缩写。

　　借鉴 10CFR 54.21a①的要求，选取老化管理范围划定内的"非能动""长寿命"部件作为老化管理对象，筛选原则如表 14-2 所示。

表 14-2　HFETR 的老化管理对象筛选原则

老化管理审查对象筛选原则	具　体　要　求
"非能动"部件：在执行预定功能时，结构和特征不发生改变的部件和构筑物	这些构筑物和设备包括但不限于：反应堆压力容器、反应堆冷却剂系统边界、管道、泵壳、阀体、设备支撑、承压边界、换热器、通风管道、电缆和电气接头、电气柜 可以排除的设备包括但不限于：泵（泵壳除外）、阀（阀体除外）、各种转动机械和部件、柴油发电机、空气压缩机、阻尼器、控制棒驱动机构、风量调节板、压力变送器、压力显示计、水位显示计、开关装置、降温风扇、半导体管、倾斜定位器、继电器、开关、功率变换器、电路板、充电器、动力电源
"长寿命"部件：不基于鉴定寿命或规定时间进行更换的构筑物和部件	例如，消耗品一般代表需要定期更换的部件，属于典型的"短寿命"部件，如填料、衬垫、O 形圈、过滤器，灭火器等

　　HFETR 的老化管理范围划定和老化管理对象筛选的具体实施流程如图 14-5 所示。

　　在实际筛选过程中，为了符合工程需求，针对 HFETR 的机械、电仪和构筑物的部件类型，需要采取相应的具体筛选策略。针对机械类部件，可以参考美国电力研究院《非核安全 1 级机械设备老化管理实施导则和机械设备老化效应识别方法》（ERRI 1010639，Rev. 4）第 2.2 节"要求开展老化管理审查的机械设备部件清单"，对 HFETR 典型的机械类设备进行部件的划分和预定功能的识别，如将阀门划分为阀盖、阀体、密封螺栓、阀杆和其他部件。

　　由于电仪设备的零部件数量庞大且组成复杂，HFETR 采用分组策略进行筛选。按照 NEI 95-10 附录 B 描述的电仪部件组合，识别出每个范围划定

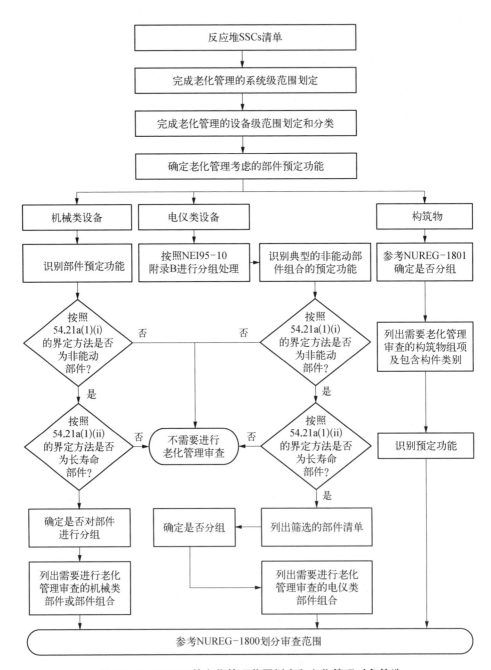

图14-5 HFETR 的老化管理范围划定和老化管理对象筛选

内的电仪设备所包含的全部部件组。通过对电仪设备包含每组部件类型进行筛选,确定"典型"的非能动部件组。然后,逐项识别出全部部件清单,确定具体执行预定功能的非能动部件。HFETR 电仪设备筛选出的"非能动"部件一般为电缆及连接件。

此外,HFETR 参考 NUREG‐1801 第Ⅲ章确定 HFETR 的构筑物范围。参考 NUREG‐1801 第Ⅲ章,与核电厂安全相关的构筑物分为 9 组(ⅢA1—ⅢA9),部件支撑分为 5 组(ⅢB1—ⅢB5)。HFETR 需要开展老化管理审查的构筑物可参考 A1、A3、A5、A7、B1—B5 组,根据 HFETR 勘探情况,列出相应的审查范围构件清单。

部件的"预定功能"指支持系统和构筑物预期功能的部件功能。典型非能动部件的预定功能可以参考 NEI 95‐10 中的表 4.1‐1 中的描述。HFETR 的部分非能动构筑物和部件的预定功能定义的示例如表 14‐3 所示。

表 14‐3　HFETR 的部分"非能动"构筑物和部件的预定功能示例

预 定 功 能	描　　述
电路连接	连接特定(如事故工况下)电路,输出电压、电流或信号(如停堆信号)
绝缘(电气)	为导体提供绝缘功能
过滤	提供过滤功能,也包含放射性离子的吸附过滤(离子净化)
换热	提供换热功能
压力边界	提供承压边界,以保障输出足够的压力和足够的流量;或提供裂变产物的屏蔽边界;或包容隔离裂变产物
支持功能(构筑物或设备)	为安全相关设备或非安全相关设备提供结构上的或功能上的支持功能
热阱	在设计基准事故工况中,提供热阱
停堆冷却水	为停堆提供冷却水源
构筑物压力屏障	为保护公众健康和安全,在设计基准事故工况中,作为压力边界,提供防泄漏功能
容器	提供液体介质(如去离子水、放射性废水)的收集或储存功能

HFETR 的老化管理范围划定和老化管理对象筛选结果如表 14 - 4 所示。

表 14 - 4　HFETR 的老化管理范围划定和老化管理对象筛选的结果

类　别	老化管理范围界定		老化管理对象筛选	
	系统级范围划定	设备级范围划定	筛选部件(组)	老化管理部件组
机械类	梳理出 34 个系统级对象,筛选出 28 个系统纳入 OLE 范围	135 项	364 项	226 项
电仪类		67 项	1 118 项	11 项
构筑物		53 项	186 项	

机械类部件筛选结果主要为管道、阀体、法兰、密封螺栓等,将其划分为 226 项(组)。电仪类部件筛选数量较多,主要为电缆及连接件,通过分组筛选最后归类为 11 项(组)。构筑物构件由于涉及的支撑、结构类型、螺栓、基础等数量多、分布广、命名难,按类别分组筛选后分为 186 项(组),其老化管理范围最广泛。

HFETR 完成老化管理对象筛选之后,为了提高老化管理审查的效率,可以采用物项组的方式,将设计/材料/环境/老化管理措施相似的部件划归一个物项组,可简单地对某一组所有的设备进行整体的老化管理审查。HFETR 参考 NUREG - 1800 第 3 章节的要求,将接受老化管理审查的物项划分为 5 大类别,分别如下:

(1) 反应堆本体、堆内构件和主冷却系统,包括反应堆堆芯和堆内构件、反应堆本体、主冷却系统、容积补偿器系统中机械类部件;

(2) 专设安全设施,包括一次水事故冷却系统(应急堆芯冷却系统)、第一套回补水系统、第二套回补水系统、二次水事故冷却系统、排风系统等中的机械类部件;

(3) 辅助系统,包括除气加压系统、补水系统、净化系统、二次水事故冷却系统、特排系统、防火系统、乏燃料水池中的机械类部件,以及电气系统涉及的机械类部件;

(4) 电仪部件,包括应急(含后备)电源系统、常规电源系统、保护系统、仪表和控制系统、气态排出流监测系统、破探系统、剂量监测系统中的电仪部件;

(5) 构筑物,包括控制室、厂房(包括主厂房、柴油机厂房)、烟囱,以及上述系统中涉及的部件支撑、设备基础、柜体和水池(箱)。

2) 审查内容

构筑物、系统和部件的实际状态、设备合格性管理和老化管理的审查内容分别如下。

(1) 下面为实际状态的审查内容。

① 安全重要的构筑物、系统和部件的信息。系统主要部件(设备)清单;系统的功能、设计参数、运行参数;安全重要的构筑物、系统和部件的完整性和功能能力信息;主要部件(设备)的性能。

② 证明功能的试验结果及记录。对设备和(或)系统的实际状态是否满足其设计功能要求,须通过试验予以验证,包括定期试验结果及记录,维修后试验结果及记录。

③ 设备和部件的检查结果及记录。为确保 HFETR 遵守运行限值和条件,保证反应堆处于安全状态,有必要定期对反应堆系统和部件进行检查,找出可能存在的损伤,判断是否有必要采取补救措施。检查的结果包括在役检查、定期试验与检查等中的检查结果和巡查、维修后的检查结果及记录。

④ 维修和改造记录。重点是安全重要设备的维修记录和更新、改造记录。

⑤ 审查结果。根据审查内容,对系统设备的实际状态审查结果进行描述,确定是否满足运行要求。

(2) 下面为设备合格性管理的审查内容。

① 设备合格性初始鉴定。包括设备功能及技术参数、设计、制造、安装、调试类文件。

② 设备合格性管理活动。审查保持设备合格性的程序、措施及实施记录。记录应包括检查记录、维修和试验记录。

(3) 老化管理的审查内容。HFETR 老化管理的审查内容包括老化效应识别、老化管理大纲审查和老化活动实施的审查,以及过时管理审查、时限老化分析的审查。

① 老化效应识别。HFETR 主要采用"材料-环境-影响因素"分析法、通过《核电厂通用老化管理经验报告》(GALL 报告)的适用性分析开展老化效应识别;特定的老化效应可参考 IAEA 相关的 TECDOC、行业经验或运行经验(如现场踏勘)进行识别。HFETR 老化效应识别的流程如图 14-6 所示。

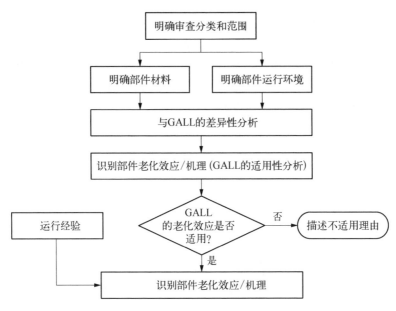

图 14 - 6 HFETR 老化效应的识别流程

② 老化管理大纲和老化管理活动的审查。HFETR 主要借鉴 GALL 报告开展老化管理大纲和活动实施的审查,流程如图 14 - 7 所示。通过与 NUREG - 1801(GALL)报告的审查对比,参考核电压水堆管理经验,鉴别得到 GALL 报告可供参考的老化管理大纲(AMPs)。为 HFETR 老化管理大纲的开发和升版提供了依据。审查内容和评估结果的内容如下。

a. 一致性:是否与 GALL 标准一致,说明不一致的要素。一致性审查的结果借鉴 NEI 95 - 10 中 A~J 的注解进行注释。

b. 加强项:与 GALL 标准不一致时,若存在加强项,描述针对 GALL 不一致方面所修订或增补的措施内容。

c. 豁免项:与 GALL 标准不一致且不存在加强项时,则认为是 HFETR 专有大纲,利用 NUREG - 1800 附录 A 中的老化管理大纲的要素对 AMPs 进行豁免论证。

d. 运行经验:说明 HFETR 现有管理活动实施的运行经验,或者表明新增管理活动实施的承诺日程。

③ 过时管理的审查。对于"过时管理"的审查,过时(非物理老化)发生于与当前的技术、知识、标准和法规相比过时或文件过时的时候。包括"技术变更""法规标准""文件管理"3 个方面。研究堆过时的类型及老化效应如表 14 - 5 所示。

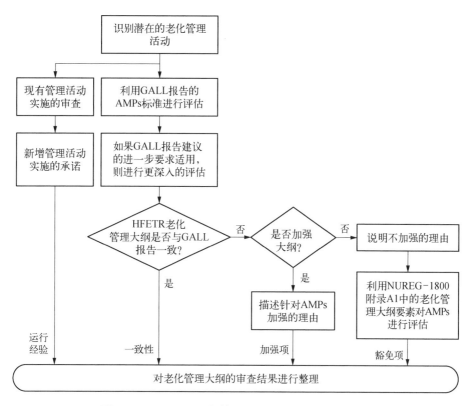

图 14 - 7　HFETR 老化管理大纲和活动实施审查流程

表 14 - 5　研究堆过时的类型及老化效应

类　　型	老　化　效　应
技术变更(安全系统)	新旧设备不兼容,供应商不可用,备品备件的短缺
标准和法规的变更,知识的进步	经验知识、标准和法规的过时,偏离现行的标准和法规
文件过时	缺乏安全运行所需的文件信息

④ 时限老化分析(TLAA)。为证明在延续运行期内满足安全运行的要求,需要筛选出 TLAA 清单,HFETR 筛选出的 9 项 TLAA 如表 14 - 6 所示,通过各项 TLAA 的计算或分析论证表明,在延续运行期内能够保证 HFETR 的安全性。

表 14-6 HFETR 需要开展的 TLAA 清单及分析结果

内　　容	TLAA 项目	分　析　结　果
反应堆压力容器中子脆化	中子注量计算结果分析	延寿期末累积中子注量满足小于 3.68×10^{17} cm^{-2} ($E \geqslant 1$ MeV)的控制要求
金属疲劳分析	压力容器的疲劳分析	统计压力容器瞬态次数,满足 ASME 规范中小于 1 000 次的要求
	一回路压力边界管道及部件疲劳分析	选取典型部件(一回路应力最大部位)进行分析,累积疲劳因子 CUF 最大为 0.126 47,满足 CUF 小于 1 的准则
其他特定的 TLAA	栅格板断裂韧性损失分析	延寿期末累积中子通量远小于 1×10^{21} cm^{-2} 阈值
	乏燃料水池吊车、堆厅吊车的疲劳分析	预计延寿期末使用次数,小于 20 000 次分析阈值
	控制棒导管辐照效应分析	对预计延寿期末累积中子注量超标的导管制定提前更换计划,更换后满足小于 1×10^{23} cm^{-2} ($E \geqslant 1$ MeV)的控制要求
	安全棒驱动机构老化分析	预计延寿期末轴承运行总转数,满足小于 10^6 转阈值
	安全棒辐照效应分析	延寿期末累积中子注量小于 8×10^{22} cm^{-2} ($E \geqslant 1.0$ MeV)阈值
	厂房的耐久性评估	第三方检测报告

14.2.2.2 其他安全因素

对于其他安全因素,重点审查前一次定期安全审查后发生变化、变更和修改完善方面的内容。

1) 研究堆的设计和安全分析

审查的目的是通过与现行法规标准和实践的比较,找出 HFETR 当前设计与其差异,并评价其影响;确定已有安全分析结论在审查时的有效性。

研究堆的设计重点审查 HFETR 设计修改方面的变化,包括对燃料组件的改进在反应堆设计上的适宜性进行必要审查。

安全分析审查采用现行的有关规范和标准,对 HFETR 的实际状况和《高通量工程试验堆安全分析报告》中有关章节的描述进行比较分析,评定与现行的有关规范和标准的符合程度或目前的有效性。

2) 安全性能

审查的目的是借助安全有关的各种事件、安全系统不可用性记录、辐射剂量、放射性三废的产生和排放量等历史运行记录来确定 HFETR 的安全性能及趋势。

安全性能重点审查 HFETR 运行历史,包括运行、维修、检查、试验、应用和修改等记录,以识别不安全因素或趋势。通过 HFETR 正常运行和预计运行事件带来的辐射风险,评价 HFETR 的安全性能。

3) 组织机构和行政管理

审查的目的是确定 HFETR 的组织机构和行政管理对 HFETR 安全运行是否适宜。

组织机构和行政管理重点审查组织机构、管理体系、人员配置的合理性、适宜性和与核安全管理要求的一致性。

4) 程序

审查的目的是确定 HFETR 在运行、维修、检查、试验、应用和修改等方面的程序是否符合适用的法规和标准。

程序重点审查 HFETR 在运行、维修、检查、试验、应用和修改等方面安全重要性较高的程序是否满足程序修改制度、定期审查和维护规定等方面的要求。

参考文献

[1]　杨喆. 研究堆运行许可证有效期延续申请审查策略[J]. 核动力工程,2022(6): 151 -
　　　　154.
[2]　高泉源. 研究堆 PSR 审评的实施及若干问题探讨[J]. 核安全,2011(3): 15 - 19.
[3]　高泉源,陈连发. 高通量工程实验堆第 2 次定期安全审查评审[J]. 原子能科学技术,
　　　　2012(增刊 2): 885 - 888.

附录

典型辐照考验回路简介

与核电厂等动力堆相比,高通量研究堆的运行压力、温度等参数较低,为获得燃料组件更接近真实工况的性能数据,需要给辐照考验装置配备单独的循环回路,这种回路称为辐照考验回路。辐照考验回路循环介质与高通量研究堆的一次冷却剂相互隔离,形成能满足动力堆燃料组件运行所需的温度、压力、水化学环境条件,实现模拟动力堆的高温高压运行环境。

考验回路主要由安装在堆内的辐照考验装置,以及堆外的工艺回路系统、电气系统、仪控系统等组成。其中,辐照考验装置容纳需要被辐照考验的燃料组件,并被放置于反应堆回路孔道内。工艺回路系统向燃料组件提供强迫循环的冷却剂,以维持燃料组件运行所需的各种参数,确保考验的安全。以 HFETR 已建设的典型高温高压考验回路为例,对其工艺、供电、仪控等系统进行简介。

Ⅰ 工艺回路系统

辐照考验回路工艺回路系统一般由主冷却剂(一次水)系统、稳压系统、净化系统(水化学系统)、破损探测系统、二次冷却水系统、安全注射系统、补水系统、检漏系统等组成,流程如图Ⅰ-1所示。

Ⅰ.1 主冷却剂系统

主冷却剂系统是一个强制循环的密闭回路,用于将考验组件所产生的热量通过主热交换器传递给二次冷却水,同时维持燃料组件运行所要求的进、出口温度和冷却剂流量。系统由考验装置、主泵、主热交换器、阀门、管道等组成,流程如图Ⅰ-2所示,一次水由主泵送入考验装置冷却被考验燃料组件,然后通过主热交换器将热量传递给二次冷却水系统,回到主泵吸入口,形成一个

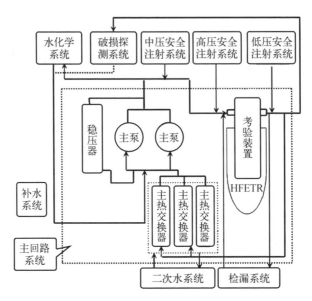

图 I-1　辐照考验回路流程简图

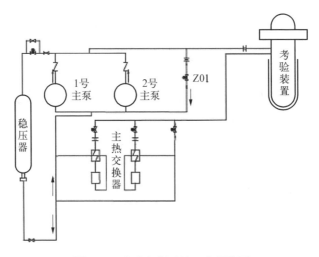

图 I-2　主冷却剂系统工艺示意图

循环。为满足系统压力稳定和补水需求,主冷却剂系统与稳压器相连。为适应不同试验流量、压力的需求,主冷却剂系统设置主热交换器及主泵旁通管线,用于完成对进入考验装置的流量进行调节。

　　HFETR 高温高压考验回路主冷却剂系统的主泵设计采用电动屏蔽泵,主热交换器采用再生式列管-套管型热交换器,实物如图 I-3 所示。

图 I-3 主冷却系统主泵主热交换器实物图

主泵为主冷却剂系统运行提供动力,可由外电源、应急电源供电。在正常运行时,1 台主泵工作,1 台主泵备用,当运行主泵出现故障时,备用主泵自动投入工作。当丧失全部外电源时,主泵自动切换到应急电源运行,排出停堆后组件的剩余释热。

主冷却剂系统主管道上安装有电加热器,可以根据回路运行需要手动或自动投入,通过调节电加热器投入的功率以及调节主热交换器的流量(进而调节换热量),可以调节回路系统温度,满足运行温度要求。同时,通过调节主泵旁通阀、主热旁通阀及主热交换器入口阀的阀门开度,可以使运行流量参数满足运行要求。

主热交换器采用再生式列管-套管型,分为再生段、冷却段,结构如图 I-4 所示。再生段由列管式换热段串联而成,冷却段由套管式换热段串联而成。高温高压的一次水流经再生段管程后进入冷却段内管,将热量传递给冷却段套管层的二次冷却水,再进入再生段的壳层复热,同时对再生段中的一次水进行冷却。

I.2 稳压器

稳压器是考验回路的一个关键设备,用于调节与维持回路主冷却剂系统压力、提供超压后泄压通道,是一个直立圆筒形的耐高温高压容器,由筒体、上下封头和顶盖组成。在顶部设有喷淋头组件,中部有波动管组件,底部设有电加热元件,内部有电加热元件导向格架板与保护内壁的内筒。稳压器结构如图 I-5 所示。

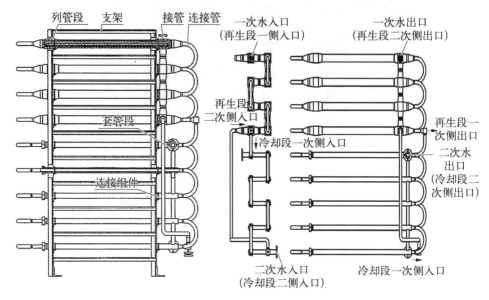

图 I-4　主热交换器结构示意图

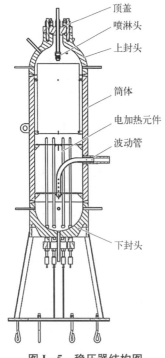

图 I-5　稳压器结构图

稳压器波动管连接到主泵入口,实现跟踪回路压力参数的变化。当回路压力升高时,由压力信号控制开启主泵出口喷淋阀,由主泵出口的过冷水喷淋稳压器上部蒸汽空间,限制压力的上升。而当回路压力降低时,稳压器底部的电加热元件对稳压器进行加热,限制压力的下降。通过上述方式,将控制回路系统及稳压器压力限定在设定的范围内。在极端条件下,回路压力上升至整定值时,压力信号依次导致2台安全阀启跳,将稳压器内一部分蒸汽输送到安全阀后的卸压箱内以保证回路压力不会超过限值。而当压力下降至设定值后,安全阀自动关闭。

I.3　净化系统

净化系统用于在考验回路运行期间连续去

除一次水中的可溶性放射性离子和悬浮杂质,维持一次水水质和放射性比活度在许可的范围内,并调节一次水的 pH 值、电导率等水质参数。净化系统主要包括水质净化、化学药物添加和取样检测等部分,其工艺流程如图 I-6 所示。

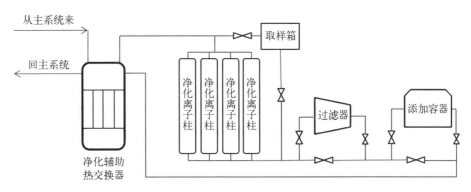

图 I-6 净化系统示意图

净化部分由 1 台再生式热交换器、数台离子交换柱(可根据实际需求添加阴、阳或者混合离子树脂)、过滤器、阀门和仪表组成。

化学添加部分由添加容器和相应的管道阀门组成,可以用来向一回路中添加联氨、氢气等,使得一回路的一次水的水质参数维持在允许的范围内。

取样检测部分由取样操作箱、减压阀和其他的阀门管道组成,通过定时取样分析,监测一回路水的水质。

根据考验任务需要,可以在该系统处额外设置水质在线监测系统和树脂失效监测系统,以对水中溶解的氢、氧含量进行在线监测,调节和验证树脂吸附失效的性能。

I.4 破损探测系统

破损探测系统用于监测一次水中缓发中子和总 γ 值,通过监测值判断燃料组件是否破损,指示被考验燃料组件的完整性。由 1 台辅助热交换器、缓发中子探测器、总 γ 探测器以及管道阀门和仪表组成,系统流程如图 I-7 所示。

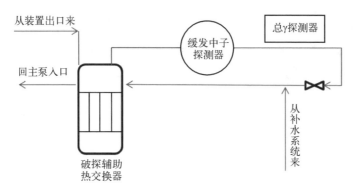

图 I-7 破损探测系统示意图

I.5 二次冷却水系统

二次冷却水系统为考验回路提供最终热阱,可以满足对主冷却剂系统主热交换器、净化系统辅助热交换器、破探系统辅助热交换器、主泵冷却水等的供水需求。

二次冷却水系采用开式循环,二次冷却水在流经设备换热后通过出口管道流向 HFETR 二次水出口总管,在出口管道上支管设有 γ 监测仪,一旦发现排水的 γ 值超标,可将排水切换至反应堆特排系统,进行收集处理,避免被沾污的水向环境意外释放。

I.6 安全注射系统

安全注射系统(以下简称"安注系统")在主冷却剂系统出现失水事故工况下,向考验装置提供应急冷却水,使考验组件得到淹没,导出余热,防止其烧毁,为主冷却剂系统提供应急冷却的能力。

根据压力高低不同,安注系统设计了高、中、低压 3 个安注系统,系统流程如图 I-8 所示。随着考验装置进、出口压力逐渐降低依次投入高压安注系统、中压安注系统和低压安注系统。

1) 高压安注系统

高压安注系统由 2 台高压安注泵、高压安注水箱、常闭式电磁阀、电动截止阀及有关仪表构成,有两条独立安全注射通道。

两条安全注射通道分别接到考验段进出口的主管道上,当考验段进出口压力下降到某定值时,由压力信号自动开启阀门并启动高压安注泵,分别向考验装置进出口管注水,使得考验燃料组件得到及时冷却。

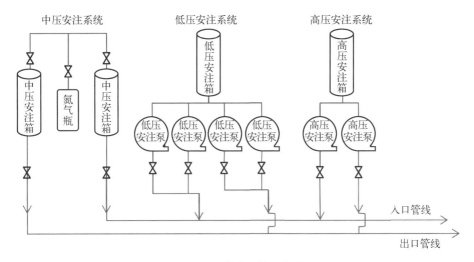

图 I-8　安注系统示意图

2）中压安注系统

中压安注系统设计为非能动的安全注射设施,利用带压氮气提供的动力向主冷却系统注射冷却水。由 2 台中压安注箱、电动截止阀、止回阀、氮气瓶及有关管道等组成 2 条独立的中压安全注射通道。正常运行时中压安注箱内下部为去离子水,上部充入氮气,当中压安注箱内的蓄压超过主回路系统的压力时,可以通过压力差自动将水注入考验装置。在失水事故等工况下,随着考验段进口压力的不断降低,压力信号使 2 条中压安注管道上的电动截止阀自动开启,中压安注箱的储水在氮气压力作用下,自动向考验装置进出口注水。

3）低压安注系统

由 1 台低压安注箱、4 台低压安注泵、电动截止阀和止回阀组成,并联设置 2 条各自独立的安全注射管线,分别连接至考验装置进出口的主管道上。每条安注管线均有 2 台低压安注泵、电动截止阀、止回阀等设备,2 条安注管线共用 1 台储水箱(低压安注箱),4 台低压安注泵的进水管均接到低压安注箱底部。在回路正常运行时,电动截止阀和止回阀将本系统的高温高压工作段和常温低压工作段分开。当回路系统出现失水事故时,回路系统的压力会迅速下降,高压安注系统和中压安注系统先后投入工作,然后,回路系统的压力继续下降,当压力降到 0.8 MPa,由压力信号使 4 台低压安注泵自行启动,电动截止阀自动开启,带有较高压力的去离子水推开止回阀,通过低压安注管线,注入考验装置,实现对考验组件的冷却。

安注系统的各个部分,在回路启动的升温升压和正常停堆降温降压的过程中,该系统都处于解除状态,只有回路处于稳定运行工况时才能投入。

I.7 补水系统

补水系统主要功能:在回路启动前,向系统充水。在系统正常运行工况下,因阀门或其他设备的正常泄漏造成冷却剂减少到定值时,系统发出稳压器水位低信号,可手动开启补水泵向系统补水。此外,补水系统还负责向回路中其他的用水容器充水,如安注箱、卸压箱等。

补水系统由 1 台补水箱和 2 台补水泵组成。由 HFETR 来的去离子水经补水泵加压后送至回路各个用水容器,系统流程如图 I-9 所示。当稳压器内水位过低时,启动补水泵,将水从补水箱送至破探系统辅热交换器的再生侧升温后再送入主回路系统。同时补水管线上设有补水预热器,能自动控制补水管线内的水温处于某一温度范围内。补水箱上设有液位信号,以便及时对补水箱充水。补水系统至破探系统的管道上除安装有截止阀外,还安装有止回阀,防止主系统的高压水向补水系统反冲。

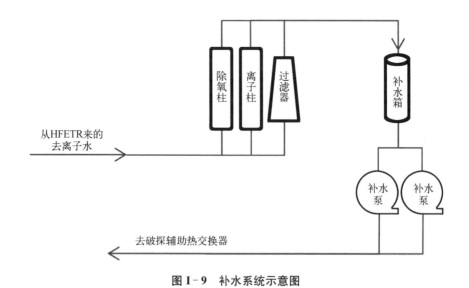

图 I-9 补水系统示意图

I.8 氮检漏系统

氮检漏系统用于监测考验装置压力管或绝热管是否发生破损,从而保证考验装置与反应堆完全隔绝,通过测量考验装置压力管或绝热管间的温度、压力、湿度参数实现。

氮检漏系统由2台检漏泵、1台流量计、1台温度计、1台湿度在线检测仪和氮气瓶组成,系统流程如图Ⅰ-10所示。检漏系统通过检漏泵将氮气瓶中的气体送入考验装置压力管和绝热管之间的环形缝隙里,流经缝隙里的氮气又回到检漏泵的吸入口,由此构成了一个氮气循环回路,流量、温度、湿度、压力等检测仪表设置在氮气循环回路的管道上,如果压力管或绝热管发生破损,导致湿度、压力等异常参数报警,则执行相关保护程序。

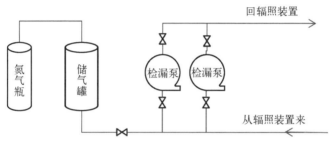

图Ⅰ-10　氮检漏系统示意图

Ⅱ　其他系统

为保障考验回路安全运行,辐照考验回路还包含有过程测量系统、监控系统、工艺辐射监测系统、电气系统、去污系统。

1)过程测量系统

辐照考验回路过程测量系统通过对回路各系统压力、流量、温度和液位等过程参数的实时监测,为试验回路的正常运行、工况变化和安全保护提供必要的信息和检测手段,从而满足考验回路的各种工况要求。过程测量系统的设备主要由现场检测仪表、信号传输电缆、仪表管线构成。

2)监控系统

辐照考验回路监控系统主要实现回路过程数据的实时采集与存储、工艺参数趋势显示及设备运行状态监视、过程参数报警、工艺参数的自动调节、设备联锁控制等功能,以满足考验回路的启动、运行、正常停堆等各种工况的监控需要。监控系统主要由重要过程参数监控设备、监控系统电源柜、计算机柜、监控系统机柜、操作员站、大屏幕站、通信网络设备组成。

3）工艺辐射监测系统

辐照考验回路工艺辐射监测系统由破损探测和二次冷却水 γ 活度监测装置组成，主要用于监测元件包壳是否破损和监测热交换器是否破损，防止放射性泄漏到环境中，保证环境辐射安全。考验回路工艺辐射监测系统的探测器和探测器配套设备均布置在考验回路工艺间内。γ 监测仪的处理组件布置在考验回路主控室工艺辐射监测系统机柜上。

4）电气系统

辐照考验回路用电负荷按设备类型分为泵类电机、阀门类电机、电加热类、供电类等，按安全等级分为安全级和非安全级。电气系统电压等级均为AC 380 V/220 V。在考验回路控制室设置正常电力系统和应急电力系统，电源分别来自主厂房对应配电间。

5）去污系统

去污系统的功用是回路设备或系统检修前根据沾污程度去除内表面沉积的腐蚀产物和活化产物，将放射性降至允许的水平。去污系统使用 1 台去污配液箱和计量筒配制好回路去污用的溶液，并借助去污泵将该溶液充入主冷却系统对回路进行去污。

索　引